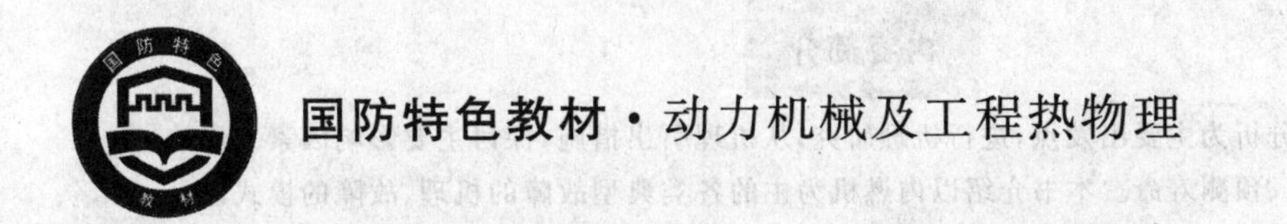

国防特色教材·动力机械及工程热物理

内燃机失效分析与评估

张卫正　刘金祥
原彦鹏　魏春源　编著

北京航空航天大学出版社
北京理工大学出版社　哈尔滨工业大学出版社
哈尔滨工程大学出版社　西北工业大学出版社

内容简介

以宏观判断与分析为主要出发点，进行机理研究，从机理引出措施，探讨主要影响因素及影响规律，从而建立模型、预测寿命。本书介绍以内燃机为主的各类典型故障的机理、故障的模式以及失效的痕迹特征；根据故障的痕迹特征，判别故障的原因，提出解决或缓解故障的措施，并进行故障（寿命）评估；介绍失效分析与评估的方法和途径。

本书主要作为动力机械及工程学科、从事内燃机可靠性方向研究的硕士生和博士生的教材，并适用于相关技术人员学习参考。

图书在版编目(CIP)数据

内燃机失效分析与评估/张卫正等编著. --北京 ：北京航空航天大学出版社，2011.3

ISBN 978-7-5124-0348-2

Ⅰ. ①内… Ⅱ. ①张… Ⅲ. ①内燃机—失效分析 Ⅳ. ①TK407

中国版本图书馆 CIP 数据核字(2011)第 025113 号

内燃机失效分析与评估

张卫正　刘金祥　原彦鹏　魏春源　编著

责任编辑　王　实

*

北京航空航天大学出版社出版发行

北京市海淀区学院路 37 号(邮编 100191)　http://www.buaapress.com.cn

发行部电话:(010)82317024　传真:(010)82328026

读者信箱: bhpress@263.net　邮购电话:(010)82316936

涿州市新华印刷有限公司印装　各地书店经销

*

开本:787×960　1/16　印张:15.25　字数:342 千字

2011 年 3 月第 1 版　2011 年 3 月第 1 次印刷　印数:2 500 册

ISBN 978-7-5124-0348-2　定价:32.00 元

前言

现代内燃机已经发展了100多年，它不仅引发了第二次工业革命，而且支撑着各个经济大国的支柱产业——汽车工业。能源、动力、汽车已经成为现代社会不可或缺的重要组成部分。现代内燃机的发展史是一部研究者不断追求提高经济性、提高可靠性、降低排放的历史。然而，近10年来人们更加关注降低排放和提高经济性的研究，对提高可靠性的研究有所忽视。殊不知，可靠性是一切新技术应用的基础。从全寿命概念上讲，提高可靠性就是提高全寿命周期的经济性，同时也有利于降低内燃机使用过程中的排放。可靠性研究的薄弱是我国众多新技术无法实用的根本原因，也是造成我国所研制的内燃机和汽车技术落后的关键问题之一。

本书作为内燃机方向的硕士生和博士生的教材，作者希望通过该课程的学习，使学生掌握内燃机各类典型故障的模式、故障的机理以及失效的痕迹特征，根据这些故障的痕迹特征，判别故障的原因，提出解决或缓解故障的措施；同时，学习和掌握失效分析与寿命评估的方法与途径，并具备进行故障（寿命）评估的能力。

本书注重将实际故障的图片、故障机理分析与寿命评估理论相结合；在侧重寿命评估方法介绍的同时，尽量包含内燃机各关键零件寿命评估的实例；在重点介绍寿命评估理论的同时，也适当介绍了数值计算评估与实验评估的方法。在对失效问题的研究过程中，以失效现象宏观判断与分析为出发点，进行机理研究，从机理引出措施，并进一步探讨主要影响因素及影响规律，从而建立模型，进行寿命预测。

本书针对性强，既可以作为硕士生和博士生的教材，也适用于相关技术人员学习参考。

由于内燃机的失效模式很多，因此本书侧重介绍理论性较强的机械负荷、热负荷以及摩擦磨损的失效分析与寿命评估的内容。在机械负荷失效分析中，重点介绍低循环疲劳等本科教学中很少涉及的内容。

目前，涉及失效模式分析特别是机械失效分析的书很多。但是内燃机作为热机，热负荷失效是一个很重要的问题，其各种主要失效往往都直接或间接受到热负荷的影响。因此，本书用三分之一以上的篇幅重点介绍热负荷失效，以区别于相关失效模式分析的其他著作。另外，作为硕士生和博士生的教材，书中以较大的篇幅介绍了各种寿命预测的理论和方法；工程技术人员在参阅本书时，可以根据使用情况做出合理选择。

作者在撰写本书过程中，参阅了大量已经发表的图片和寿命预测实例。有一些资料的来源可能在参考文献中未能全部标注清楚，在这里一并向进行内燃机及相关领域可靠性研究的同仁们表示感谢。同时，在撰写本书时发现，当前进行内燃机各类失效寿命预测研究的文献非常少。因此，在这里提议各位同仁更加重视该学科的研究，也希望有更多的硕士生、博士生毕业后能加入到该学科的深入研究中。

感谢博士生向长虎、刘晓、赵维茂、刘畅和曹元福以及硕士生王月、章磊在资料收集整理、翻译等方面给予的协助；感谢陆际清教授、左正兴教授对本书所进行的评审和修改。最后，对出版者、所有与发行本书有关的评阅人等，对他们的关心和合作表示谢意。对本书有任何批评和建议，希望不吝赐教，以便改进我们的教学和学术研究，必要时及时修改我们的教材。

作　者

2010 年 1 月

目　录

第1章 失效分析的概念与常规方法

内燃机发明至今已经有100多年的历史了。如果说内燃机的发明是由追求高效率的动力机械这一社会需求推动的结果，那么内燃机从真正实用到普及，便要归功于人们在提高可靠性方面所做的大量工作。从内燃机发展史来看，人们在内燃机可靠性上所做的工作远远多于为提高性能而进行的研究。以至于当前很多人认为，对内燃机来说无论从材料、工艺、设计，甚至使用维护都已经很成熟了。

然而，由于内燃机是一个独立的动力系统，功能异常复杂，很难进行优化设计，因此早期的设计往往比较保守。随着内燃机强化程度的提高，以及移动式车辆对内燃机单位体积功率、单位质量功率指标要求的不断提高，挖掘材料、工艺、设计等的潜能，将其尽可能用到极致，是当前内燃机可靠性研究的重点之一。

尽管当前内燃机研究的重点是降低排放和提高经济性，但是改善排放和经济性所采用的措施，绝大多数会降低内燃机的可靠性。例如，部分低排放柴油机的爆发压力已经突破20 MPa，并常采用收口式燃烧室，加强缸内涡流，减少活塞环的润滑油供应等措施，但这些措施都对提高可靠性不利。因此，当前研究内燃机可靠性的另一个重点是为降低排放和提高经济性提供保证。目前，国内对此研究还不够，许多技术措施难以实用。

100多年来，内燃机是在不断克服新挑战、解决新问题的过程中发展的。例如，当活塞处于上止点附近时，活塞环与缸套间处于接近干摩擦的混合润滑状态，高温环境、冷却不良，以及大量摩擦热使该处很容易出现熔着磨损；高强化柴油机铝合金活塞的使用温度已经达到350℃，其强度只有常温下的20%左右，等等。同时，内燃机复杂的使用状况使其很难维持在正常的工作状态，内燃机的失效往往是由整机或系统的异常工作引起的，即所谓“因异常，而失效”。内燃机的异常工作状况包括：频繁冷启动，长时间低怠速工作，汽油机出现爆燃、激爆，柴油机供油出现二次喷射等。这也是本书将从内燃机的异常工作状况的角度展开失效分析的原因。

内燃机可靠性研究的一个有效途径是从实际的失效问题出发进行研究。这样，不仅可以使研究者易于找到内燃机的薄弱环节和重点；同时，失效问题还给研究者提供了大量信息和很多值得研究的学科难点。这种研究方法有的放矢，实用性强。

与其他失效分析的著作相比，本书具有以下特点：

① 以内燃机零件的各种失效为对象进行研究，针对性强。

② 重点从内燃机应用与工作原理角度进行失效分析。因此，详细阅读本书需要有内燃机构造、原理和设计方面的知识。

③ 从内燃机的实际失效分析入手，最终的目标是寿命的预测评估。

④ 以研究为主，内容涵盖机理分析、计算研究、预测模型、概率分析和试验研究等。

⑤ 侧重于热负荷失效与寿命评估研究。内燃机作为热机，有别于普通机械失效的是热负荷失效，而且所占的比例很高，所涉及的零件包括：活塞、缸盖、缸套、排气门和涡轮等在高温下工作的受热件。

⑥ 简单的概念和通用知识不作展开解释。对通用知识也只作简单介绍，详细内容可参阅其他论著。同时，教师或学生可以结合自己的专业背景去理解或找到对照实例。

1.1 失效分析与评估的概念

1.1.1 失效分析与评估的定义及研究目的

1. 失效的定义

零部件丧失其规定功能的现象，称为失效。对可修复零部件的失效通常也称故障。故障额外强调了对丧失功能的可修复性。失效与故障的概念有一定的区别，但在工程上“失效”与“故障”常可混用，在本书中不加以特别区分。

失效根据其严重程度可分成以下三种情况：

① 完全不能工作。如曲轴断裂、气门弹簧断裂。

② 虽然还能运行，但已经部分失去原有的功能。如活塞环磨损严重，造成密封性能变差，功率下降过大。

③ 虽然能运行，并能发挥原有的功能，但因受伤而不能安全可靠地工作。例如，缸盖鼻梁区出现严重但并未穿透的裂纹。

内燃机零部件的失效有两大类。其中：一类是电子管理系统零件的失效，这类失效的机理较为简单，诊断自成体系；另一类是内燃机金属零部件及机构的失效。后者为本书的主要研究内容，在今后的论述中不再特别强调。

2. 失效分析

失效分析是指失效事件发生后，分析引起产品失效的原因，并提出对策，以防止其再发生的技术活动和管理活动。其中的核心内容是失效原因的分析，而最终的目的是要防止或减少失效的再发生。

3. 失效评估

失效评估包括两个方面：失效的严重性评估和可靠性寿命预测。

失效的严重性评估与失效内燃机的型号、使用该内燃机的机械、周边状况等具体问题密切相关，技术性、政策性很强，但涉及的理论相对不多。因此，本书所述的失效评估主要指可靠性寿命预测，它包括根据失效事件的统计分析进行寿命预测，或根据零部件的工作状况进行设计寿命预测，或根据已经出现的轻微失效进行余寿命预测。显然，可靠性寿命预测不再将失效看成一个只有失效与不失效的二值变量，而是损伤连续演变的连续变量，而且它贯穿于从设计、制造、维护到使用的各个阶段。

不同阶段寿命预测的分析方法和目的有所不同：

① 在设计阶段，常基于计算，采用全寿命预测方法或局部应力应变法和损伤容限法（基于检测及计算断裂力学方法），寿命评估的主要目的是校核设计的合理性。

② 在使用阶段，常基于测试，采用损伤容限法，主要目的是确定余寿命。

③ 在维修阶段，常采用统计分析的方法，主要目的是寻找失效的统计特点与主导因素。

当然，最终目的都是为找出薄弱环节，提出改进措施，指导设计、改进、使用和维护，提高寿命服务。

4. 失效分析的重要性

① 可总结经验教训，为产品设计和制造工艺的改进及其合理使用提供科学依据，避免同类事故再次发生。

② 能促进引进技术的消化，对进口设备的失效分析，可提供与外商索赔谈判需要的技术依据。

③ 失效分析的结果是修订或制定各相应规范、标准或法规的主要依据。

④ 使维护和修理工作事半功倍。

⑤ 失效分析的统计资料是制订科技开发规划和经济发展规划的重要依据之一。

⑥ 为正确处理现场技术问题提供必要的科学依据。

⑦ 可为公安部门侦破案情提供关键性证据，等等。

5. 内燃机失效分析的难度

① 内燃机应用于各种各样的场合，工作条件复杂多变，使用环境资料的收集很困难。

② 造成内燃机零部件失效的影响因素很多，且各因素间也相互影响。几乎每一个零件都同时承受机械载荷、热载荷、摩擦磨损和腐蚀等的作用。

③ 分析期限很短。很多场合常常不允许进行细致的研究就要给出准确的分析结论，甚至提出切实可行的改进措施。

④ 内燃机的失效模式很多，分析的思路不尽相同，解决措施也大相径庭。需要掌握各种失效模式的特点，迅速缩小分析的范围，同时掌握不同类型失效的技术核心，这样才能提出有针对性的措施。

⑤ 涉及的领域很多，并且要深入到微观领域。

⑥ 关键性试样十分有限，往往只容许一次取样、一次观察和测量。

⑦ 试样由于失效进程、氧化、腐蚀的影响会失去原貌。

1.1.2 失效分析与评估的基本问题

1. 内燃机失效分析与评估涉及的学科知识

进行内燃机失效分析与评估不仅需要坚实的内燃机结构、原理、设计、加工、制造、使用及维修方面的专业知识，而且还要有金属物理、断口学、金相学，各种检测技术，各种力学（断裂力学、损伤力学），各种失效模式所涉及学科（疲劳、磨损、腐蚀、高温蠕变与松弛、氢脆等），以及各种诊断方法（模糊数学、故障树、神经网络、专家系统等）等方面的知识。因此，对复杂的失效，在很多场合仅凭一个人的力量是不能完成的，往往要借助于一个集多方面专家的诊断分析小组共同完成。而本书将重点结合内燃机的若干主要失效模式，从内燃机专业的角度进行失效分析。

2. 失效分析与评估人员的素养要求

失效分析与评估人员除了要具备上述学科知识外，还需要具备以下素养：

① 有毅力，勇于面对各种困难，知难而进。

② 具有实事求是的工作态度，公正中立，不受外界干扰。

③ 敏锐的观察力和熟练的分析技术，善于利用一切手段（设备）捕捉失效的信息和证据。

④ 正确的失效分析思路和较强的失效模式、失效原因判断能力，要有“医生的思路，侦探的技巧”。

⑤ 看问题全面，能够冷静地从整体上得到正确的判断。

⑥ 具有搜集情报的外交技巧，会借助文献和案例分析问题。

⑦ 善于学习。要善于从书本学习，向同行学习，特别是从实践中学习。

⑧ 知识面广，有丰富的工作经验。有较好的文字和语言表达能力。

3. 失效分析应当注意的问题、遵守的原则和运用的方法

（1）注意的问题

进行失效分析时应当注意的问题如下：

① 有的放矢。失效分析的目的不同，分析对象的类别不同，分析的重点内容、进度、深度、思路和手段都有可能不同。如果是为了提高产品质量，那么失效分析的主要工作是根据失效模式，找出失效原因，以便有针对性地提出解决措施，研究的重点是后者——提出措施、防止再次失效。如果是为了事故的仲裁，那么找出事故原因，分清责任和损失将成为失效分析的主要工作，而工作的重点在于找失效的原因。

② 防止“以偏概全”。在失效分析过程中，有许多因素会影响分析人员全面分析问题。例如，失效现场提供的信息少、现场被破坏或看不到初始失效的图片资料、失效过程未知、个人的知识有限、当事人对失效信息的隐瞒甚至歪曲，等等。因此，在进行分析之前一定要尽可能收

集相关信息,掌握失效发生的过程,对复杂失效应该由不同学科的专家共同分析。

③ 深入现场。亲临现场调查,掌握第一手资料,这是失效分析的一条重要原则。这样才能通过现场调查、询问,掌握真实可信的资料,从而发现失效与环境、操作人员及维修保养等各方面之间的关系。

④ 计划周全。认真制订分析研究流程。仔细考虑失效的背景,研究它的特点,按照一般失效分析的要求,制订出一个能够获得充分必要信息和确凿证据的分析流程。尤其是破坏性的取样、清洗要慎重,注意制订正确的取样方案,尽可能不破坏失效痕迹。

⑤ 分析的数据要可靠,判断论据要充分,下结论要慎重,改善措施要可行。

(2)遵守的原则

进行失效分析时应遵循以下五条基本原则:

① 整体观念。要将失效件、设备、环境、操作人看成一个整体,进行统一分析,尤其是要注意它们之间异常的相互关系。

② 立体性原则(时间-逻辑-知识)。在失效分析中要多方位地考虑问题。将失效零件的设计、生产、使用过程(时间维),失效分析所涉及的学科知识(知识维),以及失效问题的解决、判断过程(逻辑维)有机地结合起来进行综合考虑,如图1-1所示。

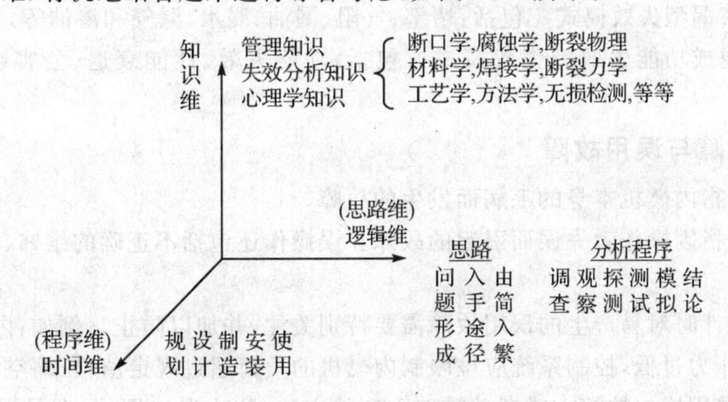

图1-1 失效分析的"三维结构图"

③ 从现象到本质的原则。对于失效问题,能够得到的第一手资料就是失效的现象。但是,实际中同一种失效现象往往有多种失效原因。例如,同为疲劳贝壳花样的断口,而导致疲劳断裂的常见原因不少于30种。要注意通过失效现象(失效模式),进一步找出失效的原因。

④ 动态性原则。内燃机的失效绝大多数是在使用过程中出现的。在失效发生的过程中,其所承受的载荷、温度、湿度、环境、位置、磨损、腐蚀和操作人员等都是变动的,应该充分考虑到这些变化对失效的影响。

⑤ 两分法原则。这一认识论的重要原则用于失效分析,要求我们切勿形成固定思维,切勿单方面盲目相信、切勿轻信名牌和国外设备,切勿轻易下结论。

1.1.3 失效(故障)模式与分类

1. 失效模式

失效模式是指失效的外在表现形式和过程规律,一般可理解为失效的性质和类型。

2. 失效分类

绝大多数失效是在环境和各种载荷作用下,由形成的局部缺陷(裂纹、松动、磨损、老化等)逐渐发展而成的,其外在表现的特征模式千差万别,对内燃机来说,常见的失效模式可分为以下六大类:

① 损坏型失效模式　包括:断裂、碎裂、开裂、裂纹、点蚀、烧蚀、击穿、变形、拉伤、龟裂和压痕等。

② 退化型失效模式　包括:老化、变质、剥落和异常磨损等。

③ 松脱型失效模式　包括:松脱和脱落等。

④ 失调型失效模式　包括:压力过高或过低、行程失调、间隙过大或过小、干涉和卡滞等。

⑤ 堵塞与渗漏型失效模式　包括:堵塞、气阻、漏油、漏水、漏气和渗油等。

⑥ 性能衰退或功能失效型失效模式　包括:功能失效、性能衰退、公害超标、异响和过热等。

3. 本质故障与误用故障

本质故障是指内燃机本身的毛病而发生的故障。

误用故障是指因操作者失误而引起的故障。误操作还包括不正确的维修、调整、润滑和冷却等。

在可靠性设计时对易产生的误用故障需要特别关注,并加以防止。例如:内燃机的冷却水温过低、润滑油压力过低,控制系统应该限制内燃机的负荷超过规定值;压缩空气压力不足时,汽车不能起步;采用增大挂挡力或搬动特殊手柄的方法,防止误挂倒挡;在易误装配的地方设置专门的检查工序等。

4. 一次故障与二次故障(原发性故障与继发性故障)

最初发生的故障称为一次故障,由一次故障导致的故障称为二次故障。故障(失效)模式一般指一次故障的模式,而二次故障作为一次故障的后果。如果二次或更高次故障不可避免时,可以用二次故障作为故障模式,而将一次故障视为故障的原因。如何在一系列故障中判别哪一个是原发故障(一次故障)是失效分析很关键的技术。

1.2 内燃机失效分析的常规思路

1.2.1 常用的几种失效分析思路

常用的几种失效分析思路如下：

① "撒大网"逐个因素排除法；

② 以设备制造全过程为一系统进行分析；

③ 根据部件失效模式分析；

④ 根据裂纹产生背景分析；

⑤ 根据部件工作条件分析；

⑥ 根据部件和设备类别分析；

⑦ 不合格产品分析。

1. "撒大网"逐个因素排除法

"撒大网"逐个因素排除法需要把人(man)、设备(machine)、材料(material)、方法(method)、管理(management)、环境(environment)当做一个系统来对待并进行分析，因此该方法又称为5M1E法。

操作人员作为可靠性链上的一个环节，有很大的局限性。例如，人事管理差错以及人的可靠性、耐疲劳性、健康标准、饮酒、疾病和责任心等因素都会导致不安全的行为。

① 缺乏经验，表现为判断错误；

② 无知和训练不够，反应迟钝，表现为技术低劣；

③ 主观臆断，违章操作，表现为违抗指令或规程；

④ 生理缺陷或心理状态不佳，表现为粗心大意；

⑤ 工作态度不好，缺乏责任心，表现为玩忽职守。

环境的变化对失效影响很大。例如，温度、载荷变化速度的高低会影响断裂形式。高温低速容易形成晶间断裂，而低温高速容易形成穿晶断裂。拉伸速度达到45～55 m/s，塑性材料也会表现出脆性断裂。

容易造成损伤的环境因素包括：

① 腐蚀性气氛介质；

② 高温或温度梯度过大；

③ 低温；

④ 海洋气氛；

⑤ 碱性溶液；

⑥ 氨气氛；

⑦ 润滑介质不合适；

⑧ 润滑剂变质或污染；

⑨ 流体介质中含有磨粒；

⑩ 控制或规定的环境不适当。

2. 以设备制造全过程为一系统进行分析

对于纯设备、零部件问题，以设备制造的全过程（规划、设计、选材、铸造、机械加工、热处理、二次精加工、运输、储存、装配、检测、磨合、使用环境、保养和维修）进行详细分析，以便发现引起失效的原因。

3. 根据部件失效模式分析

根据失效现象、断口等信息判断失效模式，根据失效模式进一步分析原因。

如表 1-1 所列为零部件较为常见的失效模式。

表 1-1 零部件常见失效模式

<table>
<tr><td>过量变形</td><td colspan="2">①热膨胀变形或力和温度引起的变形；②屈服；③压痕；④蠕变；⑤冲击变形</td></tr>
<tr><td rowspan="2">表面损伤</td><td>磨 损</td><td>①粘着磨损；②磨粒磨损；③腐蚀磨损；④变形磨损；⑤冲击磨损；⑥微动磨损；⑦接触疲劳磨损；⑧剥落</td></tr>
<tr><td>腐 蚀</td><td>①均匀腐蚀；②缝隙腐蚀；③电化学腐蚀；④点腐蚀；⑤晶间腐蚀；⑥选择浸出；⑦冲蚀；⑧气蚀；⑨氢损伤；⑩生物腐蚀；⑪应力腐蚀；⑫微动腐蚀</td></tr>
<tr><td rowspan="6">断 裂</td><td colspan="2">延性断裂</td></tr>
<tr><td colspan="2">脆性断裂</td></tr>
<tr><td colspan="2">冲击断裂</td></tr>
<tr><td>疲劳断裂</td><td>①高温疲劳；②低温疲劳；③热疲劳；④高循环疲劳；⑤低循环疲劳；⑥接触疲劳；⑦冲击疲劳；⑧腐蚀疲劳；⑨微动疲劳；⑩蠕变疲劳</td></tr>
<tr><td colspan="2">应力持久断裂</td></tr>
<tr><td colspan="2">蠕变-疲劳复合断裂</td></tr>
</table>

同一失效模式，往往有很多诱发原因。如表 1-2 所列，仅引起疲劳失效的因素就非常多，因此只通过失效现象来确定失效模式是远远不够的，必须进一步分析、监测、诊断其具体的原因。

表 1-2　金属部件疲劳失效的诱发原因

外　因	工作条件	加载频率	①低周高应力;②频繁断续加载
		超转速	
		工作温度	①过低或过高;②波动大;③热冲击;④蠕变疲劳
		环境介质	①腐蚀性气氛介质;②碱性溶液;③点腐蚀;④环境氢;⑤润滑剂不合要求;⑥应力腐蚀
		使用载荷集中	
		载荷谱状况	
		非零平均应力	……
	振蚀(微振磨损、微动腐蚀、微动疲劳)		
	累积损伤		
内　因	材料化学成分不合格		
	宏观组织的均匀性不合格		
	金相组织不合格	①晶粒粗大或混晶;②存在魏氏组织;③带状组织严重;④氧化物夹杂不合格;⑤皮下碳化物聚集	
	材料内部缺陷	①冶炼;②铸造;③锻造;④焊接	
	热处理缺陷		
	机械加工引起的(包括设计的)缺陷	①表面加工粗糙;②表面擦伤、划伤;③表面残余拉应力;④校直不当造成的残余拉应力;⑤压印标记造成的残余拉应力;⑥开孔位置错误;⑦倒角尖锐;⑧电弧烧伤应力集中;⑨焊点应力集中;⑩外形截面突变……	

4. 根据裂纹产生背景分析

失效件(或其局部)都有其制造、工作运行的背景,可以通过分析其中的各个环节(包括人为的因素)寻找失效的原因。

5. 根据部件工作条件分析

根据失效件的服役条件分析,寻找可能导致失效的诱发因素。四大类诱发因素包括:力、时间、温度和活性环境。

6. 根据部件和设备类别分析

同类部件往往具有相近的失效模式,不同的设备也有其常见失效类型和失效原因。该方法是以类比或专业经验为基础进行的同类部件(轴类、轴承、齿轮)、设备的失效分析。

7. 不合格产品分析

未出厂的不合格产品往往已经反映出了一些失效的诱发因素,逆向而上逐段检查有关生产工艺，是寻找失效根源的方法之一。

1.2.2 失效分析的程序和步骤

失效分析的程序大致有以下16个步骤。它概括了从调查检查、检验测试、归纳分析、给出结论、提出建议到回访落实的整个过程。具体如下：

① 现场调查与背景资料的搜集；

② 失效部件的宏观检查；

③ 试样的选取、标号、清洗与保存；

④ 断口的微观检验；

⑤ 金相试验；

⑥ 无损检验；

⑦ 化学成分分析；

⑧ X射线技术分析；

⑨ 力学性能测试；

⑩ 断裂力学分析；

⑪ 机械设备失效中的人为因素和失效概率；

⑫ 失效率与部件失效百分比；

⑬ 失效机理的确定；

⑭ 全部信息的归纳、综合分析和判断；

⑮ 给出结论和建议；

⑯ 回访与促进建议的贯彻。

1. 调 查

调查包括现场调查和收集背景资料等。对于现场调查要注意：

① 事故发生的时间、地点、失效经过和发生时间的顺序（记录）；

② 骸碎片与主体相对位置的分布（照相）；

③ 部件的畸变程度和损伤情况（照相）；

④ 目击者证词（询问操作者或其他能提供有用信息的人员）；

⑤ 考虑选取试样的部位或方法（为实验室工作做准备）。

失效的背景资料包括：

① 监视设备的记录和运转日记。

② 主系统和要害部件的履历资料。包括：设备记录、运转条件；维护、调整和维修情况记录；经销单位售出记录或排除故障报告等。

而工程设计的背景资料需要由专家有针对性地进行查阅和分析。工程设计资料包括：

① 系统的说明书；

② 系统或部件的功能；

③ 装配程序说明书；

④ 维护程序；

⑤ 设计说明书；

⑥ 设计图(蓝图)；

⑦ 制造程序和质量控制程序及其水平；

⑧ 工程设计的分析和报告；

⑨ 质量检查报告；

⑩ 有关规范和标准。

2. 观　察

失效的观察尽管精度不高，但却是最重要的一环。失效分析人员在观察时，同时处理的信息量大，所以易于进行关联性分析与判别。需要特别注意现场观察的内容主要包括：

① 失效系统或部件的宏观检验；

② 必须拆卸时应提供记录(包括照相)文件；

③ 针对设计图纸核对尺寸；

④ 可用小于50倍的放大镜进行检查；

⑤ 全部试样(金相的和力学试验的)的选定、标号、切取、保存和(或)清洗；

⑥ 断口的宏观和微观观察(用体视显微镜、扫描电镜)；

⑦ 对断口附近和非损坏区的金相组织做对比观察。

3. 探　测

① 无损探伤检验。

② 化学成分分析。常规的成分分析方法有光谱分析等；针对局部或微区的成分分析方法有辉光光谱、电子探针(电子能谱)等；针对表面或界面的失效参数的方法有能谱法。

③ 组织结构分析的方法有X射线衍射分析。

4. 测　试

测试内容包括：

① 机械性能测试(包括硬度测量)；

② 断裂韧度测试；

③ 应力-强度-寿命分析；

④ 可检测性分析——质量控制分析。

5. 模拟试验

通过必要的模拟试验，验证失效机理和现象，或再现失效现场。

① 失效的概率分析。

② 失效机理的确定。

③ 模拟服役条件下的试验。

6. 提出结论

① 对所取得的信息、数据进行分析与评价。分析评价时要考虑信息和数据的可靠性；对提出的失效原因达到"两个一致"，即与失效事实一致，与工程和物理原理一致；对假说的描述要证明是正确的；对工程模型的描述要证明是正确的；要能解释判断的判据。

② 结论的根据要充分、可靠。

③ 写出有建议的报告。要注意建议的现实性（考虑费用和可行性），要能解释并证明建议的正确性。

7. 回访与落实

回访与落实的目的是检查失效分析的正确性和效果，促进建议的贯彻执行。

1.3 失效分析中的几种系统工程方法

系统工程是一门纵览全局、着眼整体、综合利用现有各学科的思想方法，处理系统各部分的匹配与协调，借助于数学方法与电子计算机工具，规划、设计、组建和运行整个系统，使系统的技术、经济和社会效果达到最优的方法性科学。

可见，系统工程解决问题的思路和方法，有很多地方与失效分析的思路和方法是一致的。因此，可以将系统工程解决问题的思路和方法用于失效分析。

可用于失效分析的系统工程方法有许多种，如故障树分析法（简称 FTA）、特征-因素图分析法、失效模式及后果分析法（简称 FMEA）、失效模式与后果及致命度分析法（简称 FMECA）、事件时序树分析法（简称 ETA）、系统失效统计分析法，以及失效的模糊数学分析法等。下面仅就较常用的失效模式及后果分析法（FMEA）、故障树分析法（FTA）和模糊数学分析法进行简单介绍，详细内容请参阅专门的论著。

1.3.1 失效模式及后果分析法（FMEA）

1. 故障模式及后果分析的定义

故障模式及后果分析 FMEA（Failure Mode Effects Analysis）是在产品设计阶段或工艺设计阶段对构成产品的子系统、零部件，或对构成工艺过程的各工序（每一个环节）逐一进行分析，找出所有可能的失效模式及其对子系统、零部件可靠性所产生的可能的后果，并且分析失效的严重性，给出防止失效的措施。

FMEA法是事先发现设计中的薄弱环节，并及时采取措施，以避免产品投入生产或市场后才发现问题而造成巨大损失的一种技术方法。但是，该方法同样可以用于出现失效后的原因反查分析与诊断。

内燃机的失效，很大一部分是由于设计（包括工艺设计）时考虑不全面、不仔细造成的。这些失效很难通过生产过程的质量管理来解决，可以说可靠性首先是设计出来的。

内燃机是一个复杂的系统，由于个人或小集体的能力、水平有限，在设计中很难面面俱到，因此需要一种严格的考虑、审查问题的程序和方法来加以约束和提示。而在进行FMEA的过程中，可以继承已有机型或零件已经做出的FMEA结果，所以该方法对前人的工作成果和经验的继承性和积累效果很好。

2. FMEA的意义

① 通过逐个零部件或工序的分析，把可能考虑到的问题都找出来，并落实解决和述诸文字，避免设计上的疏忽和遗漏。

② 通过FMEA，找出对可靠性影响的关键项目，并在设计中采取特殊有效的预防措施。

③ FMEA文件将作为设计评审中的重要资料，供参加评审的各方面专家审查之用。

④ 不断积累设计经验，留给以后设计时参照，把设计经验留给后来人。

⑤ 为预测系统可靠性提供资料。

3. FMEA实施步骤

设计、加工、安装等都有相应的FMEA。其实施步骤如下：

① 确定分析对象与负责人；

② 明确功能及可靠性要求；

③ 分析可能的故障模式（针对各个环节）；

④ 分析故障发生的可能原因；

⑤ 危害度分析；

⑥ 频度预测；

⑦ 不易探测程度分析；

⑧ 计算危险度数；

⑨ 确定危险度排序及是否列入关键项目；

⑩ 研究解决措施。

4. FMEA工作单

FMEA工作单如表1-3所列。

表 1-3 FMEA 工作单

序号	零件名称	零件功能	故障模式	故障后果	故障原因	任务阶段	故障影响			检测方法	预防措施	严重度	频度	易测度	风险顺序数	备注
							自身	对上一级	最终							

5. 危害度分析

故障的危害度是一个模糊概念，危害度数的范围为1～100，如表1-4所列。

6. 频度预测

频度表示故障发生的可能性，频度数的范围为1～10，如表1-5所列。

表 1-4 故障危险度分级表

故障级别	危害度数范围
整体毁坏性故障	61～100
严重故障	31～60
一般故障	11～30
轻微故障	1～10

表 1-5 故障频度分级表

故障发生的可能性	频度数取值范围
极易发生	8～10
易发生	6～7
有时发生	3～5
很少发生	1～2

7. 不易探测程度分析

故障是否能在产品进入市场之前被发现，是十分重要的。例如：强度不足、早期磨损以及设计原因造成的故障，多数不易在生产过程中被探测到，如表1-6所列。而松动、漏装和沙眼等发生的故障有可能在试验、检查中被发现。

表 1-6 产品不易探测程度分级表

不易探测程度	取值范围
投放市场前不能探测	10
投放市场前较少被探测	7～9
投放市场前可能探测	4～6
投放市场前多数被探测	2～3
不可能进入市场	1

8. 计算危险度数，确定危险度排序

危险度数的计算公式为

$$危险度数=危害度数\times频度数\times不易探测数$$

按危害度数大小排序，并根据实际经验，确定该故障是否列入关键项目，并重点解决。关键项目如表1-7所列。

表1-7 关键项目表

编 号	系统、子系统、零件编号	故障模式	FMEA表编号	危险度数	责任部门

9. 应用实例

下面从内燃机设计、铸造、加工和装配的几个环节，举例说明FMEA的应用，如表1-8～表1-11所列。从这些例子中可以看出，设计、加工制造和使用等各个细小环节的失误可能导致的后果、原因、严重度，以及所采取的预防措施等都一目了然。因此，应用FMEA对使用者的理论要求不高，可以直接用于指导产品开发的全过程。

表1-8 活塞环设计过程FMEA

零件名称	零件功能	故障模式	故障后果	故障原因	频度	严重度	易测度	风险顺序数	预防措施
活塞气环	①气密作用 ②导热	断	气缸密封性下降，窜机油，功率下降，有异响，划伤缸套	①材料及硬度要求不合适； ②径向厚度过大； ③自由开口过大	4	5	10	100	①注意选择材料及硬度； ②注意径向厚度与轴向厚度比例； ③注意自由开口选择
	③减振 ④支撑导向	表面拉伤	引起活塞、缸套拉伤导致漏气、功率下降，直至抱死	①表面处理选择不适宜； ②摩擦副硬度及金相组织选择不合理； ③润滑条件不良； ④机油选择不当	5	7	8	168	①根据材料选择正确的热处理要求； ②进行摩擦副材料的摩擦试验； ③使润滑均匀； ④注意机油品质的选择

表1-9 铸铁进气歧管铸造过程FMEA

工艺名称	工艺功能	故障模式	故障后果	故障原因	频度	严重度	易测度	风险顺序数	建议的改进措施及其状况
保温炉浇注备料	装料加热搅拌铁水	铸造针孔与气孔	漏气(真空时)使发动机工作不稳定	在混料时掺入杂质，温度过高或过低	2	7	8	112	对浇铸铁水做100%分析，对加工能力进行研究，以确定优选温度范围

续表 1-9

工艺名称	工艺功能	故障模式	故障后果	故障原因	频度	严重度	易测度	风险顺序数	建议的改进措施及其状况
浇铸机浇模	浇铁水入模，并保持到凝固	微小孔穴与气孔	漏气（真空时）使发动机工作不稳定	冷却管道阻塞引起过热。由于模子设计原因造成薄壁，不适当的浇冒口	3	7	8	168	复查模子的设计，使用X射线和QC图进行功能检查，增加冷却管道的检测次数
		发状裂纹	漏气（真空时）使发动机工作不稳定	芯子拔出时间太晚	1	7	8	56	指导操作者及调整工掌握正确的芯子拔出方法，进行工艺能力的研究（周期时间）
自动打毛刺	用火焰切割浇冒口毛刺	裂纹与小孔	漏气（真空时）使发动机工作不稳定，过热，气阀损坏	由于铸模上过多废渣引起定位不正确，妨碍正常铸件位置，气孔位置偏差	2	7	8	112	增加定位传感器，复查模子设计，使之能有效清除废渣、铁屑，检查铸造过程的气孔

表 1-10 进气歧管机加工生产过程 FMEA

工艺名称	工艺功能	故障模式	故障后果	故障原因	频度	严重度	易测度	风险顺序数	建议的改进措施及其状况
35号工位：工序：铣钻倒角铰孔铣锥口	铣削整个结合面	不平整	漏水（或冷却液）、过热、气阀损坏	铣削不均匀，夹紧力不足或松动；铁屑或脏物致使定位不正确	2	10	5	100	防止铸件下有铁屑或脏物，进行能力研究及初始过程管理（即控制图），在另外工位上复审整个平面的加工水平
	喷油器安装孔铣出锥口	在锥孔壁上出现微小的裂口、沙眼	漏气（真空时）使发动机工作不稳定	铸造时壁厚偏差大，铸造定位不正确（锥孔歪斜），夹紧力不足；铸件下有铁屑或脏物	2	7	8	112	100%目检及气压试验；防止铸件下有铁屑或脏物；进行过程能力研究
	整个平面上孔铣出锥口	在锥口壁上出现微小的裂纹（小孔）	漏水（或冷却液）、过热、气阀损坏	铸造时壁厚偏差大，铸造定位不正确（锥孔歪斜），夹紧力不足；铸件下有铁屑或脏物	1	10	8	80	100%目检及气压试验；防止铸件下有铁屑或脏物；进行过程能力研究

表 1-11　进气歧管装配过程 FMEA

工艺名称	工艺功能	故障模式	故障后果	故障原因	频度	严重度	易测度	风险顺序数	建议的改进措施及其状况
歧管装配	将歧管装到气缸盖上	垫片漏装或不对正	漏气，影响排放，发动机工作不稳	装配工失误，没有防止误操作的措施	3	7	2	42	防止漏装垫片，在垫片上应有宽于歧管的可见部分，以便于装配线检查员检查
		装配时损坏垫片		装配工在拧紧中间螺钉之前先拧紧两端螺钉(结合面)	3	7	8	168	要求操作者首先拧紧中间螺钉（用低扭矩扳手），然后拧紧两端螺钉。在装配线上提供螺钉装配次序图。进行过程能力研究，采用螺钉自动拧紧机械
		力矩不足：歧管或喷油器固定螺钉松动		气动扳手气压不足，空气软管漏，垫片遗漏	4	7	5	140	考虑采用扭矩传感器自动读出每个螺钉的力矩；加强过程管理

1.3.2　故障树分析法(FTA)

1. 故障树的定义

故障树 FTA(Fault Tree Analysis)是将所研究系统中最不希望发生的故障(顶事件)与直接导致这一故障发生的全部基本因素(底事件)，用中间事件、逻辑门等符号连接起来，用以反映各子系统或各部件故障之间的逻辑关系的树状结构图。

利用故障树以及底事件发生的概率，可以对顶事件发生的可能性(概率)进行定量分析计算；并对故障树(系统)中的薄弱环节进行分析计算。这是故障树在系统可靠性问题研究中的应用。在故障诊断中利用故障树，可以明确故障与各因素间的关系，并通过监测中间环节及关键因素，实现"工况监视"和快速"故障诊断"。

故障树分析法由直接引起系统故障的原因开始按树状结构逐级细化、逐级向下推，直到得到无法或无须再细分的因素为止。该方法简单、概念清晰，容易被人接受。除了用于可靠性研究、故障诊断外，它对动态系统的设计、工厂试验或对现场设备工况状态分析也是一种有效的工具。

2. 故障树的建立

故障树建立的步骤如下：

① 明确研究对象(系统或子系统)及系统所包含的内容(包括环境及人的因素等)，将要研究的可能发生的故障作为顶事件。

② 对引起顶事件故障的直接因素(中间事件)进行分析。

③ 再逐级分析中间事件故障形成的原因，一直到无须再深究的因素(底事件)为止。底事件可以是设计、制造、运行、人为因素等。

④ 将顶事件、中间事件、底事件，根据事件间的逻辑关系联结起来，即得到故障树。

如图 1-2 所示，一棵故障树只能有一个顶事件。同一个系统往往需要建立多棵故障树。

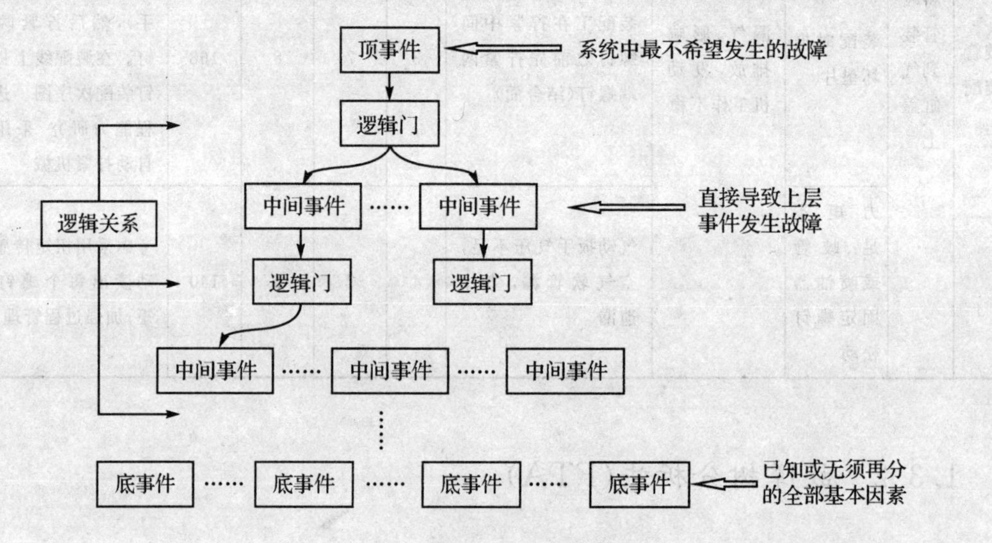

图 1-2 故障树的建立过程

对一个较复杂的系统要建立某一种故障的故障树是很困难的。因为影响故障的因素往往很多，很难全面考虑到，因此建故障树的过程是一个需要多次反复、逐步深入、逐步完善的过程。在建故障树的过程中即可发现系统的薄弱环节，可以边建故障树边修改系统；在系统的设计、制造和使用等过程中也可以发现一些新的问题，进而修改故障树。所以，对于重要系统，在设计的初期，即应开始同步建立相关的故障树。

得到某一故障的故障树后，就可以通过试验或统计分析等方法，寻找底事件出现的概率，并应用故障树给出的各事件间的逻辑关系，由底事件开始向上进行概率计算，得到各事件，包括中间事件及顶事件(故障)出现的概率。通过分析这些概率数据，即可明确故障与影响因素间的概率对应关系。通过检测底事件的有关参数即可监控或预报故障的状况；适当监测有关中间环节的参数可帮助寻找故障产生的原因(底事件)。

故障树分析方法中应用的符号可分为两类，即代表故障事件的符号和联系事件之间的逻辑门符号。表 1－12 所列为故障树分析法中常用的符号。

表 1－12　故障树分析法的常用符号

分类	符号	说明
逻辑门	x_1, x_2 → Z	“与”门　$Z=(x_1\cap x_2)=x_1\cdot x_2$ 输入事件 x_1，x_2 同时存在时，输出事件 Z 才发生
	x_1, x_2 → Z	“或”门 $Z=(x_1\cup x_2)=x_1+x_2$ 只要有一个输入事件 x_1 或 x_2 存在，输出事件 Z 即发生
	x ～ Z	“非”门 $Z=\overline{X}$
事件		中间事件是指还可划分成底事件的事件
		底事件是指由系统内部件、元件失效或人为失误引起的事件
		不完整事件是指由于缺乏资料而不能进一步分析的事件
		条件事件是指当条件满足时，这一事件才成立，否则除去

3. 故障树分析法的特点

故障树分析法具有以下特点：

① 故障树分析法研究的是系统失效，分析的直接结果是系统的不可靠度。

② 故障树分析法更易于全面考虑影响系统的因素。它还可以对人为、自然和环境等因素，以及由多个复杂原因造成的故障进行分析处理，逻辑关系清晰。

③ 故障树分析法不仅能分析“正常”和“失效”的两态单调关联系统，还能分析两态非单调关联系统和多态系统。但当用故障树作定量分析时，也只能分析两态单调关联系统。

④ 在进行故障树分析时，不仅是获得系统的不可靠度值，而且对中间结果，各因素的影响大小、程度及作用途径等均能进行定量或定性的研究分析。因为故障树除表示故障直接原因的底事件和最终研究对象的顶事件外，还有大量、详细地反映底事件和顶事件间相互关系的中间事件。

⑤ 可用故障树分析法分析系统的薄弱环节，进行系统故障诊断等研究。

⑥ 可以根据故障树计算系统的可靠性特征量值，即进行定量计算。

⑦ 故障树分析的最大局限性就是烦琐，不论是建树，还是计算，只有在方案较为成熟时使用。

4. 建立故障树实例

针对内燃机缸套的损坏，可以建立如图 1-3 所示的故障树（局部）。

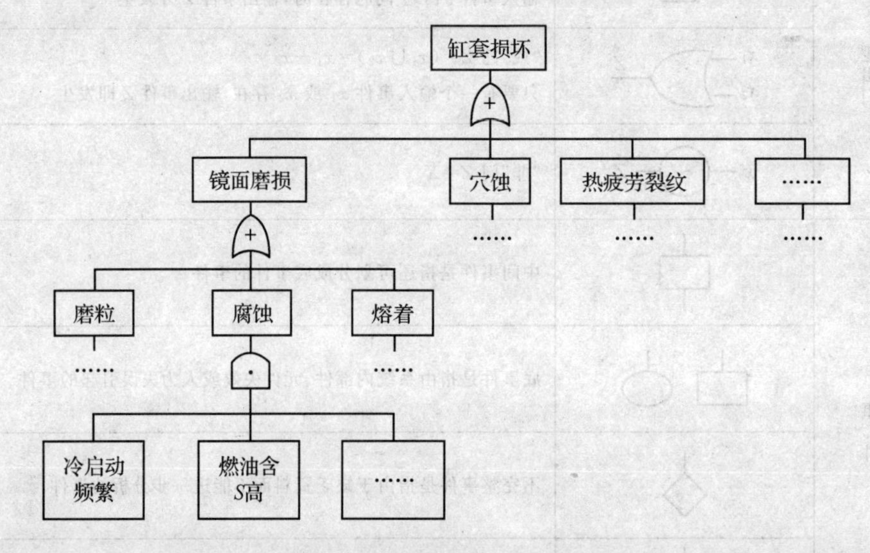

图 1-3 缸套故障树（局部）

有了详细、精确的故障树，就能进行可靠性分析、故障原因分析、薄弱环节分析、监控点及监控内容的确定。根据故障树及检测结果进行工况监视及快速故障诊断。

下面介绍故障树的定量计算分析方法。

5. 等效故障树

在故障树的定量分析时，故障树只能包含"与"门和"或"门。要将其他形式的逻辑门转化为"与"门及"或"门的组合，得到等效故障树。如图 1-4 和图 1-5 所示为两个较复杂逻辑门及其等效故障树。

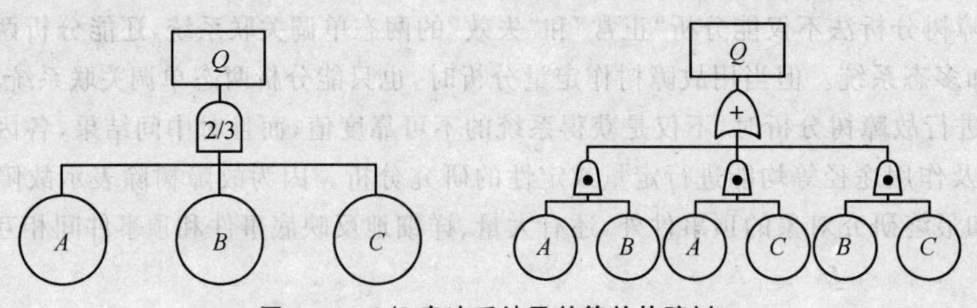

图 1-4 2/3 表决系统及其等效故障树

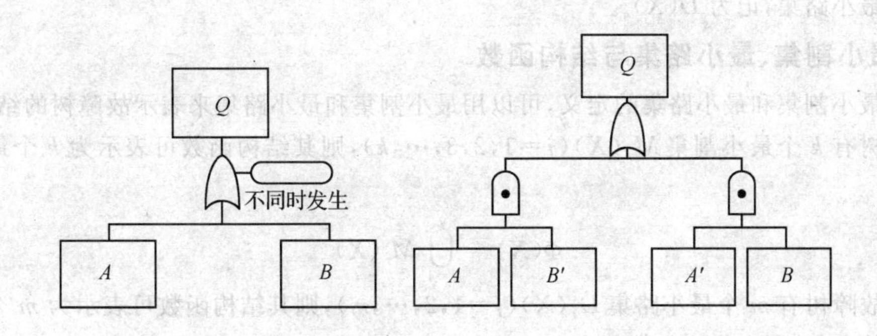

图 1-5　"与或"门及其等效故障树

6. 故障树的结构函数

故障树底事件及顶事件发生表示出现故障，其出现的概率为不可靠度。

构成故障树的每一个底事件 x_i，$i=1,2,\cdots,n$ 只有"发生"和"不发生"两种状态。用二值变量 $x_i\in\{1,0\}$ 表示：发生用 $x_i=1$ 表示，其概率为不可靠度 $Q_i=P\{x_i=1\}$；不发生用 $x_i=0$ 表示，其概率为可靠度 $R_i=1-Q_i=P\{x_i=0\}$。

顶事件的状态也可用一个二值函数表示 $\Phi(X)=\Phi(x_1,x_2,\cdots,x_n)\in\{1,0\}$：当顶事件发生时，$\Phi(X)=1$；当顶事件不发生时，$\Phi(X)=0$。这个 n 维二值函数就是故障树的结构函数。

由于结构函数只能取 0 或 1，则其均值为

$$\mathrm{E}[\Phi(X)]=P\{\Phi(X)=1\}\times 1+P\{\Phi(X)=0\}\times 0=P\{\Phi(X)=1\}=Q_s \tag{1-1}$$

由此可知，顶事件的不可靠度等于其故障树结构函数的均值 $\mathrm{E}[\Phi(X)]$。

7. 故障树的最小割集

已知故障树底事件的集合为 $\Omega=\{x_i,i=1,2,\cdots,n\}$，子集 $\omega_i(X)=x_{ij}\subseteq\Omega$，$j=1,2,\cdots,L$。当 $x_{i1}x_{i2}\cdots x_{iL}=1$ 时，故障树的结构函数 $\Phi(X)=1$，即该子集 i 中所包含的全部底事件都发生（失效）时，顶事件必然发生（失效）。从可靠性框图的角度理解，子集中每一底事件的发生都将系统达到正常的路全部割断，使系统失效，这样的子集称为可靠性系统的割集，针对故障树问题，可称为故障树的割集。如果将此割集中所包含的底事件去掉任何一个，都将使割集不再是割集、顶事件不再发生，则这样的割集即最小割集，记为 $M(X)$。

8. 故障树的最小路集

如果子集 $\omega_i(X)=x_{ij}\subseteq\Omega$，$j=1,2,\cdots,L$，那么当 $x_{i1}x_{i2}\cdots x_{iL}=0$ 时，必然使故障树的结构函数 $\Phi(X)=0$，即该子集 i 中所包含的全部底事件都不发生（正常）时，顶事件必然不发生（正常）。子集中每一底事件的正常都将系统达到正常的路接通，使系统正常，这样的子集称为故障树的路集。如果将此路集中所包含的底事件去掉任何一个，都将使路集不再是路集，则这样

的路集即最小路集，记为 $D(X)$ 。

9. 最小割集、最小路集与结构函数

根据最小割集和最小路集的定义，可以用最小割集和最小路集来表示故障树的结构函数。如果故障树有 k 个最小割集 $M_j(X)(j=1,2,3,\cdots,k)$，则其结构函数可表示为 k 个最小割集的并集：

$$\Phi(X)=\bigcup_{j=1}^{k}M_j(X) \tag{1-2}$$

如果故障树有 m 个最小路集 $D_j(X)(j=1,2,\cdots,m)$，则其结构函数可表示为 m 个最小路集的"非"的交集(所有的路集都不存在)：

$$\Phi(X)=\bigcap_{j=1}^{m}\overline{D}_j(X) \tag{1-3}$$

$$Q_s=\mathrm{E}[\Phi(X)]=P\{\Phi(X)=1\}=P\left\{\bigcup_{j=1}^{k}M_j(X)=1\right\} \tag{1-4}$$

10. 最小割集的求法

"或"门 $X=A\cup B$，表示事件 A、B 只要有一个发生，事件 X 即发生。显然，此时故障树的割集有两个$\{A\}$和$\{B\}$。遇到"或"门则割集数增加。

"与"门 $X=A\cap B$，表示只有事件 A 和 B 同时发生，事件 X 才发生。因此，故障树的割集只有一个$\{A,B\}$。遇到"与"门则割集数不变，割集的元素增加。

最小割集的求法：

首先，从顶事件开始，顺着所有分支向下搜索，遇到"或"门，则增加割集的数量，遇到"与"门，则增加割集所含的事件数，一直搜索到所有的底事件，即可得到所有的割集。

然后，对所得到的割集，利用 $xyy\rightarrow xy,(y,xy)\rightarrow y$，将割集中重复的部分去除，即可得到全部的最小割集。

11. 故障树的计算分析

如果所有最小割集 $M_j(X)$ 两两相互独立，则式(1-4)可简化为

$$Q_s=\sum_{j=1}^{k}P\{M_j(X)=1\} \tag{1-5}$$

如果所有底事件也两两相互独立，则式(1-5)可进一步简化为

$$Q_s=\sum_{j=1}^{k}\prod_{i=1}^{m_j}Q_{ji} \tag{1-6}$$

式中：m_j 为第 j 个最小割集中的底事件数；Q_{ji} 为第 j 个最小割集中第 i 个底事件的不可靠度。

由于最小割集常有相互共用的底事件，最小割集间一般不满足两两间均相互独立的条件，不能采用上述式计算。可采用容斥定理：

$$P\left\{\bigcup_{j=1}^{k} M_j\right\} = \sum_{j=1}^{k}(-1)^{j-1}\sum_{1\leqslant i_1<\cdots<i_j\leqslant n} P\left\{\bigcap_{i=i_1,i_2,\cdots,i_j} M_i\right\} \tag{1-7}$$

即

$$Q_s = P\left\{\bigcup_{j=1}^{k} M_j\right\} = \sum_{j=1}^{k}P(M_j) - \sum_{i\neq j}^{k}P(M_i \cap M_j) + \sum_{i\neq j\neq l}^{k}P(M_i \cap M_j \cap M_l) + \cdots + (-1)^{k-1}P\left(\bigcap_{i=1}^{k} M_i\right) \tag{1-8}$$

如果底事件两两均相互独立，容斥定理可变成：

$$Q_s = P\left\{\bigcup_{j=1}^{k} M_j(X)=1\right\} = \sum_{j=1}^{k}(-1)^{j-1}\sum_{1\leqslant i_1<\cdots<i_j\leqslant n} P\left\{\bigcap_{i=i_1,i_2,\cdots i_j}\bigcap_{l=1}^{m_i} x_{il}=1\right\} \tag{1-9}$$

式中：x_{il} 为第 i 个割集中第 l 个底事件。它的不可靠度为 $P(x_{il}=1)$。

12. 故障树分析示例

故障树分析示例如图 1-6 所示。

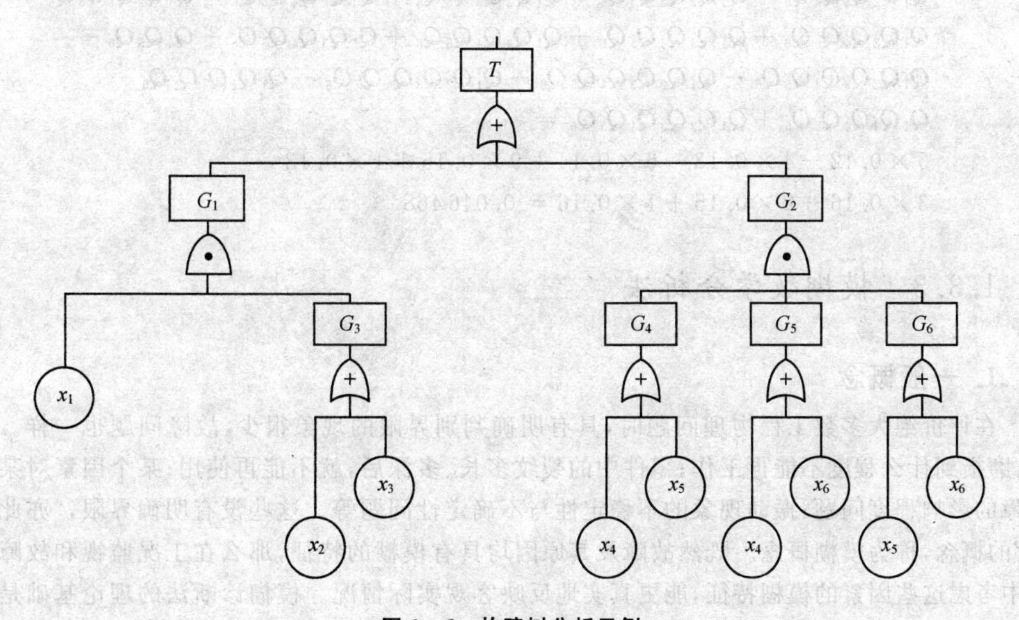

图 1-6　故障树分析示例

$$T \to G_1 \to x_1 G_3 \quad \to x_1 x_2 \quad \to x_1 x_2$$

$$x_1 x_3 \quad \to x_1 x_3$$

$$G_2 \to G_4 G_5 G_6 \to x_4 G_5 G_6 \to x_4 x_4 G_6 \to x_4 x_4 x_5 \to x_4 x_5 \quad \to x_4 x_5$$

$$x_4 x_4 x_6 \to x_4 x_6 \quad \to x_4 x_6$$

$$x_4 x_6 G_6 \to x_4 x_6 x_5 \to x_4 x_5 x_6$$

$$x_4 x_6 x_6 \to x_4 x_6$$

$$x_5 G_5 G_6 \to x_5 x_4 G_6 \to x_5 x_4 x_5 \to x_4 x_5$$

$$x_5 x_4 x_6 \to x_4 x_5 x_6$$

$$x_5 x_6 G_6 \to x_5 x_6 x_5 \to x_5 x_6 \quad \to x_5 x_6$$

$$x_5 x_6 x_6 \to x_5 x_6$$

当不同底事件相互独立，由 $Q_i \cap Q_i = Q_i$，对上述例题用式(1－9)展开，并设各底事件的不可靠度为：$Q_1 = Q_2 = Q_3 = Q_4 = Q_5 = Q_6 = 0.1$，则：

$$\begin{aligned}
Q_s = & + Q_1Q_2 + Q_1Q_3 + Q_4Q_5 + Q_4Q_6 + Q_5Q_6 - \\
& Q_1Q_2Q_3 - Q_1Q_2Q_4Q_5 - Q_1Q_2Q_4Q_6 - Q_1Q_2Q_5Q_6 - Q_1Q_3Q_4Q_5 - \\
& Q_1Q_3Q_4Q_6 - Q_1Q_3Q_5Q_6 - Q_4Q_5Q_6 - Q_4Q_5Q_6 - Q_4Q_5Q_6 + \\
& Q_1Q_2Q_3Q_4Q_5 + Q_1Q_2Q_3Q_4Q_6 + Q_1Q_2Q_3Q_5Q_6 + Q_1Q_2Q_4Q_5Q_6 + Q_1Q_2Q_4Q_5Q_6 + \\
& Q_1Q_2Q_4Q_5Q_6 + Q_1Q_3Q_4Q_5Q_6 + Q_1Q_3Q_4Q_5Q_6 + Q_1Q_3Q_4Q_5Q_6 + Q_4Q_5Q_6 - \\
& Q_1Q_2Q_3Q_4Q_5Q_6 - Q_1Q_2Q_3Q_4Q_5Q_6 - Q_1Q_2Q_3Q_4Q_5Q_6 - Q_1Q_2Q_4Q_5Q_6 - \\
& Q_1Q_3Q_4Q_5Q_6 + Q_1Q_2Q_3Q_4Q_5Q_6 = \\
& 5 \times 0.12 - 4 \times 0.13 - 6 \times 0.14 + 9 \times 0.15 + 1 \times 0.13 - \\
& 3 \times 0.16 - 2 \times 0.15 + 1 \times 0.16 = 0.046\,468
\end{aligned}$$

1.3.3 模糊数学分析法

1. 一般概念

在评价绝大多数工程物理问题时，具有明确判别界限的现象很少，故障问题也一样。例如：磨损到什么程度不能再工作；零件中的裂纹多长、多深后，就不能再使用；某个因素对某一故障的影响程度问题；振动现象的不稳定性与不确定性问题等。这些没有明确界限，“亦此亦彼”的概念，称为模糊概念。既然故障及其原因均具有模糊的特征，那么在工况监视和故障诊断中考虑这些因素的模糊特征，能更真实地反映客观实际情况。模糊诊断法的理论基础是模糊集合论。模糊集合论是刻画模糊性现象的数学，亦即模糊数学。它是由美国人扎德(L. A. Zadeh)在 1965 年创立的。模糊数学能够描述和刻画故障诊断的复杂概念，将故障诊断理论的判断和推理表示成模糊集合的运算和变换。

模糊数学将 0、1 二值逻辑推广到可取[0,1]闭区间中任意值的连续逻辑。

可以用一个集合来表示所有可能的问题空间，这个集合称为论域Ω。所谓论域Ω上的一个模糊子集A，是指对于论域中的任一点$x(x\in\Omega)$都给定了一个隶属函数$\mu_A(x)(0\leqslant\mu_A(x)\leqslant 1)$，以表征$x$以多大的程度（概率）隶属于论域上的模糊子集$A$。其中，$\mu_A(x)$称为模糊子集$A$的隶属函数，而$\mu_A(x_i)$为$x_i$对模糊子域$A$的隶属度。注意，由于隶属函数$\mu_A(x)$并非一定等于1或0，所以与普通集合不一样，论域$\Omega$上的模糊子集$A$，并非完全由论域$\Omega$内的部分元素或等效元素组成，论域$\Omega$内的元素要靠隶属函数与模糊子集建立联系。

对简单的故障诊断问题，如果论域Ω表示内燃机的所有具体故障因素的集合，那么论域Ω上的模糊子集可以是某一种待研究的故障现象。如内燃机功率下降，这一模糊子集可以是论域内某一具体故障因素引起的，也可以是由几个具体故障的因素按一定的关系（隶属函数）组合引起的。

假设论域$\Omega=\{a,b,c,d,e\}$表示某种轴心轨迹集合（见图 1－7），在此论域上定义一个模糊子集A表示“轴心轨迹为椭圆形”这一模糊概念，则各元素对A的隶属度可以定为

$$a\to 1, b\to 0.9, c\to 0.4, d\to 0.2, e\to 0.0$$

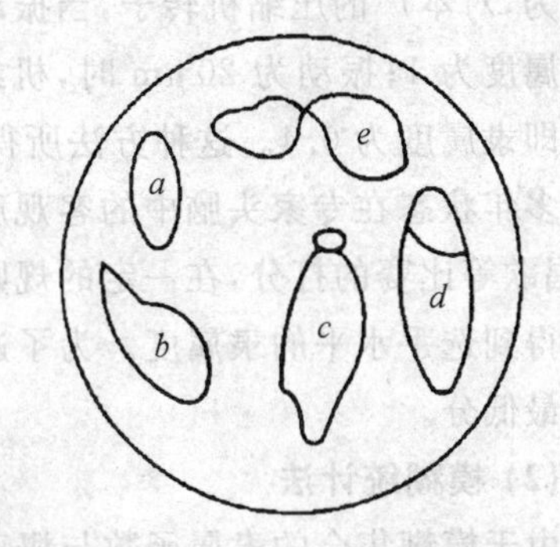

图 1－7　论域Ω上的“椭圆形”模糊子集

若Ω由有限个元素组成，称为有限论域，则有限论域上的模糊子集可以用向量来表示：

$$\mathbf{A}=(1,0.9,0.4,0.2,0.0)$$

为了进行模糊子集A和B的运算，作如下定义：

设A，B为论域Ω上的两个模糊子集，$\mu_A(x)$和$\mu_B(x)$分别为它们的隶属函数，则定义A与B的并集$A\cup B$、交集$A\cap B$和余集$\overline{A}$的隶属函数如下：

$$\mu_{A\cup B}(x)\overset{\text{def}}{=}\max[\mu_A(x),\mu_B(x)]$$

$$\mu_{A\cap B}(x)\overset{\text{def}}{=}\max[\mu_A(x),\mu_B(x)]$$

$$\mu_{\overline{A}}(x)\overset{\text{def}}{=}1-\mu_A(x)$$

由上述定义可知，模糊逻辑中没有二值逻辑中的互补率

$$\mu_{A\cap\overline{A}}(x)\neq 1,\ \mu_{A\cap\overline{A}}(x)\neq 0$$

如若定义

	a	b	c	d	e
A(椭圆形)$\Rightarrow$(	1.0	0.9	0.4	0.2	0.0)
B(双环椭圆形)$\Rightarrow$(	0.2	0.3	0.6	0.1	0.0)

则

$A\cup B$(或椭圆形或双环椭圆形)$\Rightarrow$(	1.0	0.9	0.6	0.2	0.0)
$A\cap B$(亦椭圆形亦双环椭圆形)$\Rightarrow$(	0.2	0.3	0.4	0.1	0.0)
$\overline{A}$(不是椭圆形)$\Rightarrow$(	0.0	0.1	0.6	0.8	1.0)

2. 隶属函数的确定

模糊集合是用隶属函数描述的。确定隶属函数的合理性，会直接影响研究对象的客观性，影响故障诊断的精度。但是，要较准确地确定隶属函数也是很困难的。目前，确定隶属函数还没有一种成熟的方法，仍然停留在依靠经验确定，然后再通过实验或计算模拟得到的反馈信息进行修正，因此具有一定的盲目性和主观性。常用的方法有：专家经验法、模糊统计法、二元对比排序法、函数分段法和滤波函数法等。

(1) 专家经验法

专家经验法是由多位专家根据在实际中所获得的各故障现象与故障间对应关系的经验直接给出概率值(隶属度)，然后进行综合，以获得隶属函数。例如，某厂的工程师，根据多年的经验认为，对本厂的压缩机转子，当振动为 50 μm 时，机组肯定发生了故障，即此种状态对于故障的隶属度为 1；振动为 20 μm 时，机组正常，隶属度为 0；振动为 30 μm 时，出现故障的概率为 0.4，即隶属度为 0.4。这种方法所得结果的可靠性主要取决于专家的经验。由于专家经验是机组多年状态在专家头脑中的客观反应，受客观的制约，具有一定的客观性。再如，对体操、跳水、唱歌等比赛的打分，在一定的规则条件下，通过计算专家所打分数的平均值再除以满分值，即可得到选手水平的隶属度。为了避免个别专家的偏向或失常，有时规定去掉一个最高分和一个最低分。

(2) 模糊统计法

由于模糊集合的隶属函数与概率问题的概率密度在形式上具有一定的相似性，因此可以用类似概率密度的统计方法来求得隶属度，这种方法称为模糊统计法。

在模糊统计试验中，首先要选择一个论域 Ω，在 Ω 上按要求定义一个模糊子集 A，并在 Ω 上取一固定的元素 x_0，在与问题有关的适合人选中调查认为 $x_0 \in A$ 的次数，则

$$\mu(x_0) = \lim_{N \to \infty} \frac{n(x_0 \in A)}{N} \tag{1-10}$$

式中：N 为调查次数；$n(x_0 \in A)$ 表示调查中认为 $x_0 \in A$ 的次数。实践表明，随着 N 的增大，式(1-10)右边的比值(即隶属频率)将渐趋稳定于[0,1]闭区间中的某一值，此值即为用模糊统计法得到的隶属度。

例如，可以将某零件或设备的可能寿命作为寿命论域 $\Omega = [0, 10\,000\ \text{h}]$，在 Ω 上定义的模糊子集 A 为“可靠”，选取一个固定的寿命 $x_0 = 5\,000$ h，然后从使用、推销、维修该零件或设备等的合适人员中选取若干人，分别回答是否认为 $x_0 \in A$，那么将所得结果代入式(1-10)，即可得到 $x_0 \in A$ 的隶属度估计值。如果要求被调查人员自己给出认为“可靠”的下限值，那么经过统计可以得到隶属函数曲线的估计。

(3) 二元对比排序法

二元对比排序法是按各元素对模糊子集的相关(隶属)程度的大小两两相比，得某元素的

相对隶属程度值 $0 \leqslant g(x,y) \leqslant 1$，再将针对某元素的值进行加权平均，即可得到各元素对模糊子集 A 的隶属值。

例如，论域 Ω 是 a、b、c、d 四种新设计的内燃机 $\Omega=\{a,b,c,d\}$，要求按“综合性能的优良程度”求隶属值。仅向部分有经验的人进行调查，通过由两两内燃机的对比中，得出各内燃机对“综合性能优良程度”这一模糊子集相关程度的相对值，如表 1-13 所列。$g(x,y)$ 的确定方法可以是：当假设元素 y 对“综合性能优良程度”这一模糊子集的隶属度值为 0.5 时，与 y 相比较可确定 x 对模糊子集的隶属值。

一般情况下可取相同的加权数，即都是 1/3 来进行加权平均，则得各元素对“综合性能优良程度”模糊子集的隶属值为

$$\mu(a)=\frac{1}{3}(0.20+0.10+0.30)=0.20$$

$$\mu(b)=\frac{1}{3}(0.85+0.6+0.7)\approx 0.72$$

表 1-13　各内燃机对于“综合性能优良程度”模糊子集的二元对比相对值

$g(x,y)$ （x \ y）	a	b	c	d
a		0.2	0.10	0.30
b	0.85		0.6	0.7
c	0.95	0.85		0.90
d	0.6	0.5	0.4	

同样：$\mu(c)=0.90$；$\mu(d)=0.50$。显然，综合性能优良程度的顺序为，$c>b>d>a$。如果对含有某些特点的内燃机有特殊的偏爱，加权系数也可取不同值。

也可以用概率统计法获得两因素间的相对隶属程度值。

例如：针对“柴油机排气冒黑烟”选择可能引起该征兆的六个因素作为要研究的论域 $\Omega=[a,b,c,d,e,f]$。其中：a 为活塞环积炭卡死；b 为供油齿圈松动，供油量过大；c 为喷油雾化不良；d 为供油提前角过迟；e 为气门间隙不对，密封不良；f 为排气背压过高。利用统计的方法确定各因素对模糊子集“柴油机排气冒黑烟”的隶属值。

请 N 名专家将六种($m=6$)原因两两对比，把各专家认为两原因(i,j)中较容易造成“柴油机排气冒黑烟”的原因记下来。设 $n_{i,j}$ 表示 N 名专家在对(i,j)两原因比较时，认为 i 因素较容易造成“柴油机排气冒黑烟”的次数。显然，$n_{i,j}+n_{j,i}=N$。那么，因素 i 对模糊子集“柴油机排气冒黑烟”的隶属值可由下式求得：

$$\mu_i=\frac{1}{(m-1)N}\sum_{j=1,j\neq i}^{m} n_{i,j} \tag{1-11}$$

注意，二元对比排序法得到的隶属度是相对值，可以按实际情况乘以一比例系数。

隶属函数的确定比较困难，也可以根据实际情况的特点，从多种常用的隶属函数中选择一种较合适的隶属函数，并在使用中不断调整、修改。下面是四种最常用的隶属函数类型：

① 正态型（见图 1-8）

$$\mu(x)=\mathrm{e}^{-\left(\frac{x-a}{b}\right)^2}$$

② Γ 型（见图 1-9）

$$\mu(x)=\begin{cases}0 & x<0\\ \left(\dfrac{x}{ab}\right)^a \mathrm{e}^{a-\frac{x}{b}} & x\geqslant 0,(a>0,b>0)\end{cases}$$

③ 戒下型（见图 1-10）

$$\mu(x)=\begin{cases}0 & x<0\\ \dfrac{1}{1+[a(x-c)]^b} & 0<x<c,(a>0,b>0)\\ 1 & x\geqslant c\end{cases}$$

④ 戒上型（见图 1-11）

$$\mu(x)=\begin{cases}1 & 0<x\leqslant c\\ \dfrac{1}{1+[a(x-c)]^b} & x>c,(a>0,b>0)\end{cases}$$

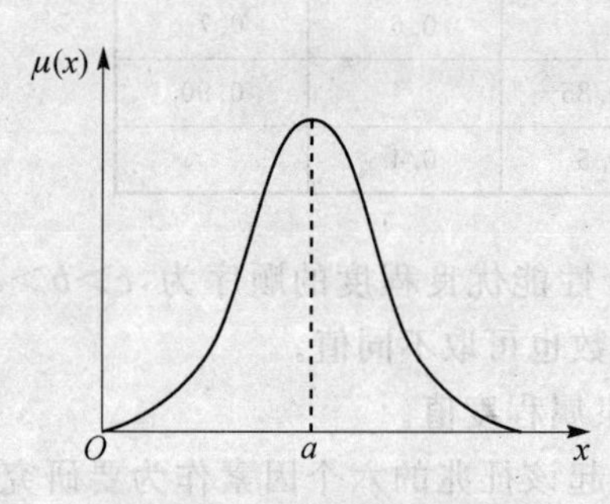

图 1-8　正态型隶属函数

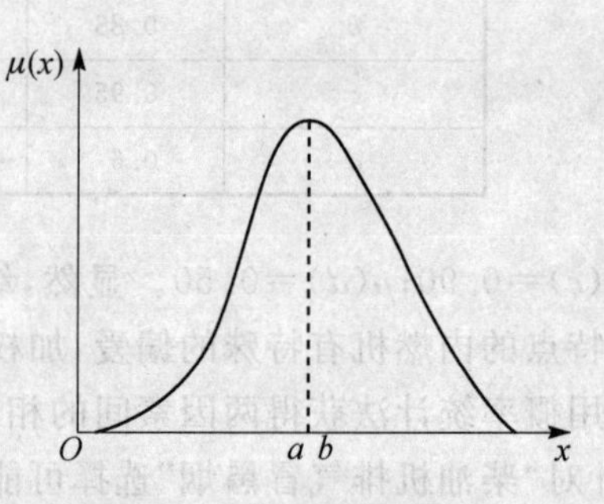

图 1-9　Γ 型隶属函数

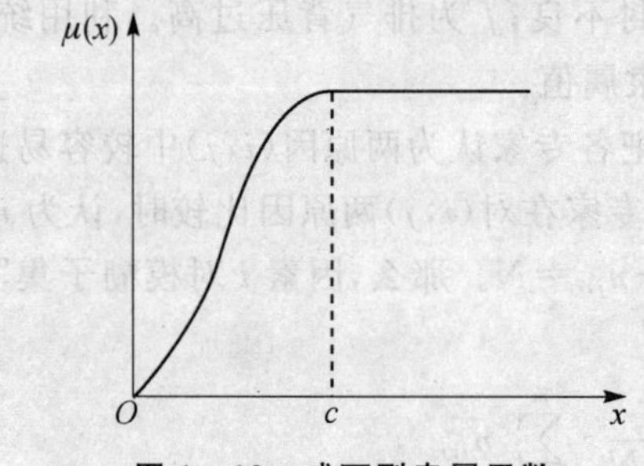

图 1-10　戒下型隶属函数

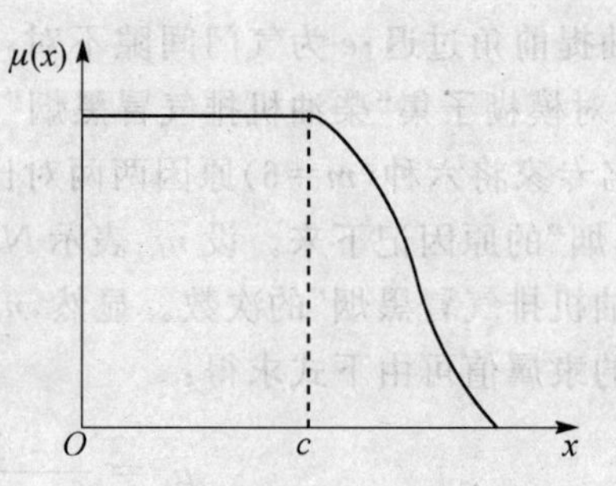

图 1-11　戒上型隶属函数

3. 模糊矢量及模糊关系方程

对于较简单的故障诊断问题,可以只建立一个特征或故障因素的论域,而将研究的故障定义为在此论域之上的模糊子集,通过隶属函数即能反映故障因素(或称故障特征)与故障间的模糊关系。但对复杂的故障诊断问题,故障论域和故障特征论域要分别建立。

对一个系统或一台机器中可能发生的所有故障可用一个集合来定义,称为状态论域Ω,即

$$\Omega = \{\omega_1, \omega_2, \cdots, \omega_i, \cdots, \omega_m\} \tag{1-12}$$

式中:m为故障的种数;ω_i为某一具体故障。

同理,对于与所有这些故障有关的各种特征也可用一个集合来定义,称为特征论域K,即

$$K = \{K_1, K_2, \cdots, K_j, \cdots, K_n\} \tag{1-13}$$

式中:n为特征的种数;K_j为某一与故障有关的特征。

以上两个论域中的元素均用模糊变量而不是用逻辑变量来描述,它们均有各自的隶属函数,如故障ω_i的隶属函数为$\mu_{\omega_i}(i=1,2,\cdots,m)$,它表示此故障发生的可能性;特征$K_j$的隶属函数为$\mu_{K_j}(j=1,2,\cdots,n)$,也可以将其理解为此特征发生的可能性。那么,其矢量形式可具体表示为

$$\boldsymbol{A} = [\mu_{K_1}, \mu_{K_2}, \cdots, \mu_{K_n}]^{\mathrm{T}} \tag{1-14}$$

$$\boldsymbol{B} = [\mu_{\omega_1}, \mu_{\omega_2}, \cdots, \mu_{\omega_m}]^{\mathrm{T}} \tag{1-15}$$

式中:$\boldsymbol{A}$为特征模糊矢量,是故障在某一具体特征论域K上的表现;$\boldsymbol{B}$为故障模糊矢量,是故障在具体状态论域Ω上的表现。

故障的模糊诊断过程,可以认为是状态论域Ω与特征论域K之间的模糊矩阵运算,模糊关系方程为

$$\boldsymbol{B} = \boldsymbol{R} * \boldsymbol{A}$$

式中:$\boldsymbol{R}$为模糊关系矩阵,$\boldsymbol{R}=[R_{ij}]_{mn}$,$0 \leqslant R_{ij} \leqslant 1$,表示故障原因与故障特征之间的因果关系,也称为权重系数;"$*$"为广义模糊逻辑算子,可表示不同的逻辑运算。模糊关系矩阵也是一种隶属函数,可用与模糊子集运算基本相同的方法确定。

4. 模糊识别应用

根据滚动轴承运动状态的现场监测数据,利用模糊识别技术对五种故障状态(五个滚动轴承的故障现象)进行故障诊断。

① 状态论域。根据滚动轴承的主要运行状态,选择了四种主要的参考模式:f_1,轴承有明显损伤,需抓紧检修,更换轴承;f_2,轴承磨损严重,应做更换准备;f_3,轴承有轻微损伤,宜缩短监测周期;f_4,正常状态。由此,得状态论域为$F=\{f_1, f_2, f_3, f_4\}$。

② 特征论域。如表1-14所列,从五个滚动轴承振动的监测结果中提取的三个参量,它们分别为:DBc振动最小值;DBm振动峰值;DB幅值,DB=DBm−DBc。选择了7个特征参数$S_i(i=1,2,\cdots,7)$分别为参数DBc、DBm、DB及其分段线性函数(根据不同的大小值分段,

每段有不同的隶属值，具体形式从略)。由此，得特征论域为

$$S=\{S_1,S_2,S_3,S_4,S_5,S_6,S_7\}$$

表 1-14 五种轴承及其现场监测数据

参数 \ 轴承型号	6312	6312	N312	6312	N317
DBc	30	6	33	28	35
DBm	45	44	52	42	56
DB	15	38	19	14	21

③ 用确定隶属函数的方法可以构造模糊关系矩阵为

$$\boldsymbol{R}^{\mathrm{T}}=\begin{array}{c} \begin{matrix} f_1 & f_2 & f_3 & f_4 \end{matrix} \\ \begin{bmatrix} 1.0 & 0.4 & 0.8 & 0.0 \\ 0.5 & 0.0 & 1.0 & 0.2 \\ 0.4 & 1.0 & 0.0 & 0.0 \\ 0.2 & 0.0 & 1.0 & 0.2 \\ 0.0 & 1.0 & 0.0 & 0.0 \\ 0.5 & 1.0 & 0.5 & 0.2 \\ 1.0 & 0.5 & 0.5 & 0.0 \end{bmatrix} \end{array} \begin{matrix} S_1 \\ S_2 \\ S_3 \\ S_4 \\ S_5 \\ S_6 \\ S_7 \end{matrix} \Bigg\} \text{特征参数}$$

④ 由特征参量模糊化后可得特征模糊参量的向量矩阵为

$$\boldsymbol{S}=\begin{array}{c} \begin{matrix} S_1 & S_2 & S_3 & S_4 & S_5 & S_6 & S_7 \end{matrix} \\ \begin{bmatrix} 0.5 & 0.5 & 0.0 & 0.5 & 0.0 & 1.0 & 0.0 \\ 0.5 & 0.5 & 0.0 & 0.5 & 0.0 & 0.5 & 1.0 \\ 0.2 & 0.0 & 0.4 & 0.6 & 0.0 & 0.8 & 0.4 \\ 0.5 & 0.6 & 0.0 & 0.6 & 0.0 & 0.9 & 0.0 \\ 0.4 & 0.0 & 1.0 & 0.5 & 0.0 & 0.4 & 0.7 \end{bmatrix} \end{array} \begin{matrix} S_1 \\ S_2 \\ S_3 \\ S_4 \\ S_5 \end{matrix} \Bigg\} \text{待检特征参量}$$

⑤ 用模糊关系方程求解得

$$\boldsymbol{F}=\boldsymbol{S}*\boldsymbol{R}^{\mathrm{T}}$$

式中:“*”广义模糊逻辑算子，为“乘积取小，求和取大”的运算，运算结果为

$$\boldsymbol{F}=\boldsymbol{S}*\boldsymbol{R}^{\mathrm{T}}=\begin{array}{c} \begin{matrix} f_1 & f_2 & f_3 & f_4 \end{matrix} \\ \begin{bmatrix} 0.5 & 1.0 & 0.5 & 0.2 \\ 1.0 & 0.5 & 0.5 & 0.2 \\ 0.5 & 0.8 & 0.6 & 0.2 \\ 0.5 & 0.9 & 0.6 & 0.2 \\ 0.7 & 1.0 & 0.5 & 0.2 \end{bmatrix} \end{array} \begin{matrix} S_1 \\ S_2 \\ S_3 \\ S_4 \\ S_5 \end{matrix} \quad \text{诊断结果} \left\{ \begin{array}{l} S_1 \rightarrow f_2 \\ S_2 \rightarrow f_1 \\ S_3 \rightarrow f_2, f_3 \\ S_4 \rightarrow f_2, f_3 \\ S_5 \rightarrow f_2, f_1 \end{array} \right.$$

⑥ 结果对比

模糊诊断与实物解体结果对比如表 1－15 所列。

表 1－15　模糊诊断与实物解体结果对照表

轴承序(型)号	诊断结果	解体结果
1(6312)	严重磨损	内外圈有很多宽 1～2 mm 的磨沟
2(6312)	明显损伤	外圈有一 10 mm 的剥落区，个别滚动体有缺陷
3(N312)	严重磨损、轻微损伤	外圈有细密环向毛沟，滚动体面发黑
4(6312)	严重磨损、轻微损伤	保持架已散架
5(N312)	严重磨损、明显损伤	内圈布满拉沟，局部剥落，外圈 1/4 剥皮，滚动体有压痕

第2章　内燃机异常工作状况与失效

100多年来，经过不断研究改进，内燃机的设计水平已经达到很高程度。对于已经商品化的车用内燃机来说，在正常工作状况下，其可靠性已经达到人们对其寿命的要求。例如，高档轿车的内燃机可以保证在10～15年内不用大修；好的商用货车所用内燃机的大修期可以达到100万公里以上。然而，实际内燃机的失效事件并不是一个偶然现象，依然经常发生。除了内燃机的保有量太大，内燃机过于复杂，小的失效问题在所难免；内燃机在不断强化，新问题还在不断出现，还有不少劣质发动机或零配件等理由外，多数故障都与内燃机异常的工作状况有关，如低温环境频繁冷启动、市区内长期低速怠速工作、燃油不合格或环境温度过高引起汽油机爆燃等。这些异常的工作状况，不仅对内燃机经济性、排放造成很大影响，也是内燃机零部件断裂、磨损和腐蚀等失效的最根本的原因。

2.1　内燃机频繁冷启动与失效

1. 正常低温冷启动问题

正常低温冷启动的问题如下：

① 启动初期，各摩擦面没有润滑油，处于干摩擦状态，磨损严重。

② 冷却水、润滑油、燃油、进气过冷，燃烧环境过冷，不利于正常着火，尤其对柴油机会造成启动困难。

③ 在真正着火前，燃油已经以低雾化质量喷入气缸，有很大一部分积聚在零件表面，有可能燃油先于机油到达缸套即活塞环与缸套之间，不仅稀释了润滑油，还可能使润滑油难以到达摩擦面。

④ 即便开始燃烧，依然可能有部分油着壁，形成后期附壁燃烧。

2. 冷启动异常问题

冷启动异常的问题如下：

① 如果未正常启动（滞后），喷入气缸的燃油稀释了润滑油，会加剧活塞环、活塞头、活塞裙部、活塞销和缸套等的磨损。

② 活塞上止点处，活塞、活塞环与缸套在稀释润滑油的条件下，在活塞、活塞环与缸套之间难以建立良好的润滑油膜，摩擦力增加，容易出现摩擦高温，进而产生熔着磨损，直至拉缸。

③ 如果大量燃油滞留在缸内，一旦燃烧，大量燃油附壁燃烧，反而会引起零件高温烧蚀，如图2-1所示。

3. 启动对磨损的影响

内燃机启动，特别是在低温冷启动时，由于运动件间缺乏正常的润滑，机油粘度过高，转速过低，零件相对运动表面不能形成稳定的油膜等因素使内燃机运动件磨损非常严重。启动时的磨损过程可分三个阶段，如图 2-2 所示。第一阶段也称初始阶段 t_1，机油没有进入运动零件表面，相互运动零件处于干摩擦或半干摩擦状态，磨损出现峰值。随后，由于机油的进入，磨损量很快下降，这就是第二阶段的磨损情况。最后是内燃机的暖机阶段，运动零件表面的润滑状况变好，轴承等零件的油膜间隙稳定，建立了良好的润滑油膜，因而磨损单调下降并趋最小稳定值。

图 2-1　活塞顶烧蚀图片

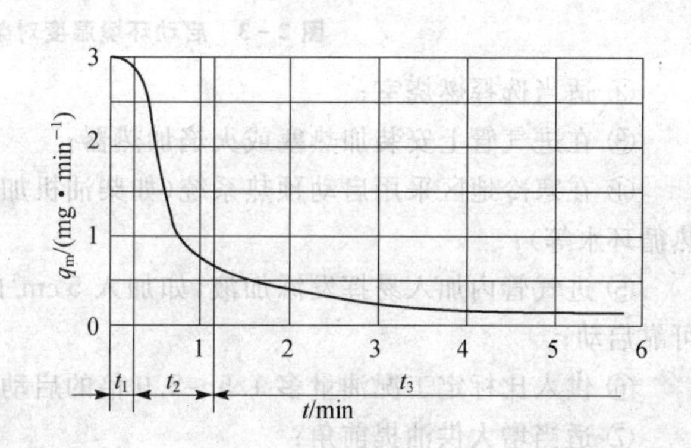

图 2-2　启动时的磨损过程

大量试验与统计资料表明，内燃机每启动一次所造成的运动件磨损相当于内燃机正常工作（带负荷）几个小时产生的磨损。如某拖拉机用柴油机，100 次冷启动后再进行暖机所引起的总磨损量相当于柴油机正常工作 800～1000 h。不但如此，启动时周围环境温度对磨损也有很大影响。当外界温度 t_0 从 25 ℃降到 -30 ℃，冷却液温度 t_c = 55 ℃时，曲轴轴承磨损量将增加 60%（见图 2-3(a)）。当冷却液温度从 55℃提高到 105 ℃，磨损量则减少 30%。由图 2-3(a) 还可看出，磨损速度实际与环境温度和冷却液温度（即气缸壁温度）呈线性关系。柴油机铝合金活塞的磨损速度也有相似情况，但其磨损的数值要高一个数量级（见图 2-3(b)）。据某拖拉机用柴油机磨损统计，拖拉机从启动、预热到冷态行驶，柴油机在夏天的磨损占总磨损量的 26%～30%，而在周围环境温度从 10 ℃降到 -30 ℃的冬天，其磨损占总磨损量的45%～65%，这意味着柴油机总磨损量的约 80%是由于启动引起的。

4. 改善柴油机启动工况的途径

为改善柴油机的启动工况，常用的单个或多个复合措施如下：

① 提高压缩比或采用可变压缩比；

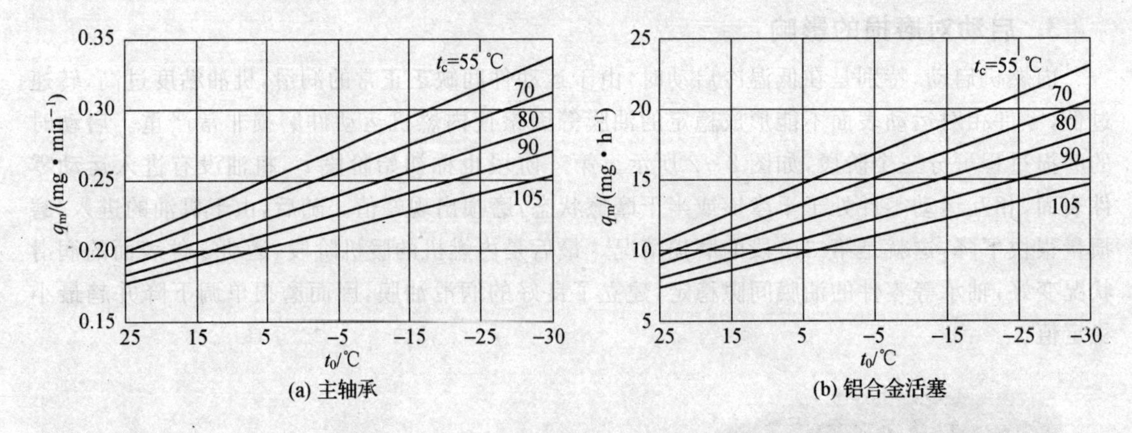

图 2-3 启动环境温度对柴油机磨损的影响

② 适当选择燃烧室；

③ 在进气管上安装加热塞或火焰加热器；

④ 在寒冷地区采用启动预热系统(如柴油机加温器，部分废气导入进气管内，冷却系加入热循环水等)；

⑤ 进气管内加入易挥发添加液，如加入 5 cm^3 的二乙醚可保证 12V150 柴油机在 −36 ℃可靠启动；

⑥ 供入比标定工况油量多 1.5～2.0 倍的启动油量；

⑦ 适当增大供油提前角；

⑧ 较早关闭进气门(减小进气门滞后关闭角)，提高初始阶段充气系数；

⑨ 采用较大容量和较大低温放电电流的蓄电池和启动电机，蓄电池需保温(蓄电池从 −20 ℃降到 −40 ℃时电解液的比电阻增加 6 倍，粘度增加 11 倍，会使蓄电池低温放电电流急剧减小)，等等。

2.2 长期低速、怠速工作与失效

内燃机工作不但怕过热，也怕过冷。它的最佳工作状态应是水温保持在 75～95 ℃，机油温度保持在 80～105 ℃。过冷的表现是冷却液温度、机油温度低于 45 ℃，气缸套(壁)的温度低于燃气的冷凝温度。内燃机长期在低速、怠速条件下工作，特别是当环境温度较低时，很容易造成过冷。

内燃机长期在低速、怠速条件下工作的危害有下列几方面：

① 易产生不规则喷射与后喷滴油。若喷油量减少到标定工况的 1/4～1/5 时，则喷射压力急剧降低，燃油雾化能力变差，油柱的穿透力减弱，同时还容易产生不规则喷射与后喷滴油。这些非正常的喷油会使燃烧恶化，不仅影响内燃机的经济性、排放特性，还会造成后燃严重等

问题，对燃烧室零件的可靠性也极其不利。

② 不能保证正常润滑。低速运动和低压、低流量、高阻力的润滑油供应，不能维持运动件润滑的正常油膜。

③ 机油稀释。机油容易被燃油稀释，加剧磨损，如图 2-4 所示。

④ 腐蚀磨损。内燃机在过冷环境下工作，燃烧形成的氧化硫等产物会与过冷缸壁上凝结的水结合，形成一些酸性介质，进而产生酸性介质腐蚀磨损。

⑤ 机械效率低，经济性差。

⑥ HC 排放高。主要是燃烧变差，容易产生不完全燃烧及提前熄燃、未燃等现象。

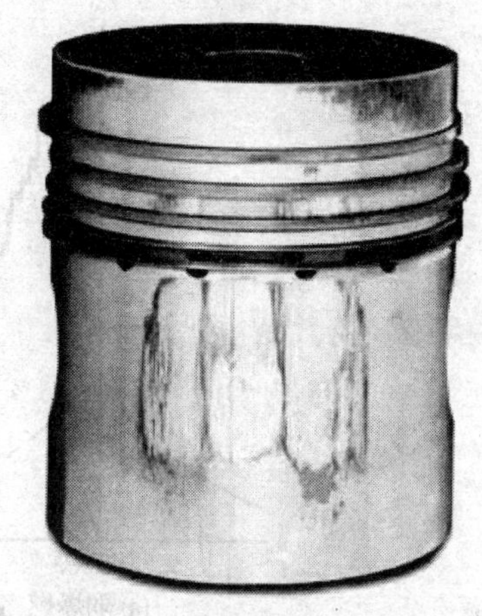

图 2-4　活塞裙部缺少润滑引起的磨损

2.3　汽油机燃烧异常与失效

2.3.1　汽油机爆燃

1. 汽油机爆燃现象

在最高压力点后，缸内压力曲线出现高频、大幅度波动，dp/dt 值剧烈波动达 $(dp/dt)_{max}=0.2\,MPa/\mu s$ 或 $(dp/d\varphi)_{max}=6.5\,MPa/°CA$，火焰传播速度和前锋形状发生急剧的改变，这种汽油机燃烧的异常现象称为爆燃，如图 2-5 所示。

在正常情况下，火焰传播速度在 30～70 m/s；而轻微爆燃的火焰传播速度为 100～300 m/s，一般情况是允许的；对强烈爆燃，火焰传播速度可以达到 800～1 000 m/s。

2. 汽油机爆燃原因

部分末端混合气在火焰未传到时，在高温、高压、已燃气体辐射和压缩等因素作用下自燃。如图 2-6 所示，末端混合气是指离火花塞最远的区域。

由于汽油机属于预混合燃烧，油气已经提前预混合完成，因此只要充量中有大于 5% 的部分瞬间同时自燃，就足以引起剧烈爆燃。

汽油机是否产生剧烈爆燃取决于：

① 末端混合气的温度—压力—时间历程；末端混合气自燃前准备的快慢。

② 火焰传播到末端的时间是否小于末端混合气的滞燃期（准备时间）。如果正常火焰传播到燃烧室末端之前，已经有一部分混合气燃前准备完毕，则会出现爆燃现象。

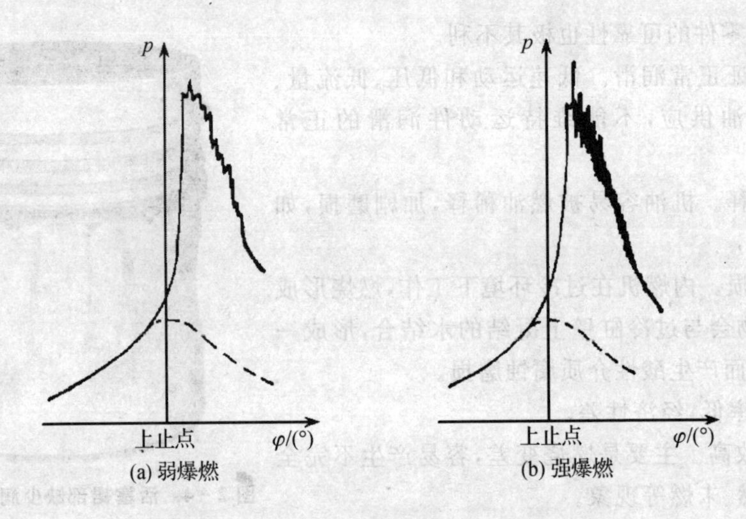

图 2－5 爆燃时的 $p-\varphi$ 图

③ 是否产生剧烈爆燃与焰前反应的多少和程度有关。

3. 汽油机爆燃的后果

汽油机爆燃是汽油机燃烧组织的一个核心问题，它不仅影响汽油机的性能，同样会对汽油机的可靠性产生巨大影响。防止爆燃是汽油机燃料设计、燃烧组织、冷却，甚至结构设计的重点或重要约束条件。

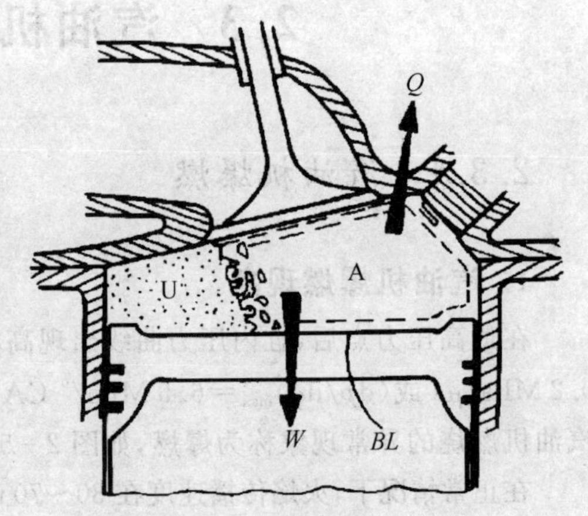

图 2－6 汽油机燃烧过程的已燃区(A 区)与未燃区(U 区)

从性能角度讲，汽油机爆燃会出现以下问题：

① 发出金属敲击声(敲缸)；

② P_e下降，工作不稳定，转速下降，振动大(轻微爆燃 P_e会微增)；

③ 噪声增加。

从可靠性角度讲，汽油机爆燃会出现以下问题：

① 引起冷却(润滑)系统过热；

② 活塞、缸盖温度上升，热负荷上升；

③ 燃烧室零件烧蚀，如图 2－7 所示。

4. 强烈爆燃后果分析

强烈爆燃后果分析如下：

① 汽油机强烈爆燃将引起爆发压力 p_{zmax} 上升，机械载荷上升，摩擦力增加，机械效率下

降，进而导致汽油机功率 P_e 下降。同时，机械负荷上升会引起零件应力增加，相关轴承、轴、轴瓦的可靠性均会下降。

② 汽油机强烈爆燃将引起压力升高率 $dp/d\varphi$ 大幅度上升，直接使燃烧的高频噪声（5 000 Hz 左右）的声强和振动大幅度增加。压力的剧烈波动还会破坏附面层，使燃烧室零件表面的对流换热系数增加，零件温度增加。

③ 爆燃造成燃烧室零件温度增加，传热损失增加，冷却、润滑系统过热。容易引起表面点火，进一步促使爆燃的产生。

图 2－7　汽油机爆燃造成的活塞烧蚀失效

④ 剧烈的压力波动，油膜不易形成、磨损加剧，容易产生拉缸、烧瓦，功率 P_e 将下降。

⑤ 爆燃局部区域的最高温度 T_{zmax} 将有所上升，会促使燃烧产物的高温分解，对提高热效率和功率 P_e 都不利。

⑥ 末端气体低温燃烧（爆燃）形成的反向压力波对减少后燃没有好处，并会促使积炭生成，容易破坏活塞环、气门和火花塞的正常工作。

5. 影响爆燃的运转因素

如果火焰中心形成至正常火焰传播到末端混合气所需的时间为 t_1，火焰中心形成至末端混合气自燃所需的时间为 t_2，出现爆燃的条件是 t_1（火焰传播时间）$>t_2$（末端混合气准备时间），则使 t_1 减小（加快燃速、缩短路程）、t_2 增加的因素均可降低爆燃的倾向。反之，均使爆燃倾向增加。

影响爆燃的运转因素如下：

(1) 点火提前角

点火提前角增加，爆燃倾向增大。点火提前角增加会使起燃点提前，等容燃烧的比例增加，燃烧的爆发压力 p_z 增加（如图 2－8 所示），对末端混合气挤压作用增加，末端混合气温度增加，准备时间 t_2 减小。同时，点火提前角增加，整体燃烧速度有所增加，t_1 稍稍减小。上述两个因素相比，前者是主要的，因此，点火提前角增加使爆燃倾向增大。

(2) 转　速

转速增加，爆燃倾向减小。转速增加，缸内湍流度增加，火焰传播速度增加，t_1 减小；转速增加，进气阻力增加，充量系数 ϕ_c 下降，缸内压力 p 和温度 T 下降，末端混合气着火准备时间 t_2 增加，爆燃倾向减小。

(3) 负　荷

负荷增大，爆燃倾向增加。低速、节气门全开（负荷大）时最易发生爆燃。节气门开度减小

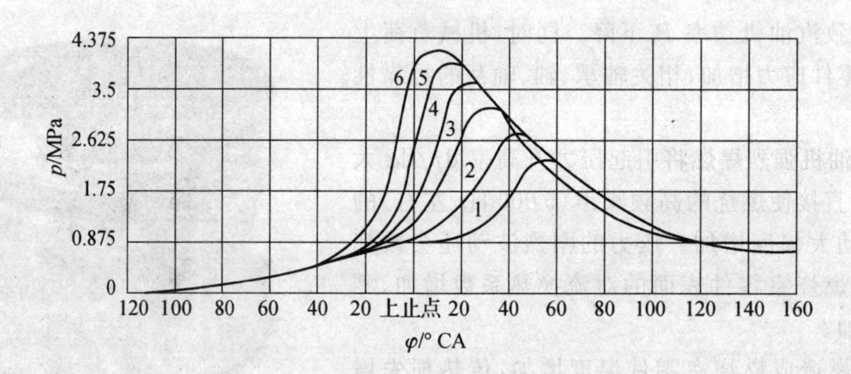

图 2-8 不同点火提前角下的 $p-\varphi$ 图(1、2、3、4、5、6 分别表示 10°、20°、30°、40°、50°、60°点火提前角)

(负荷减小),残余废气系数增大,相对传热损失增加,爆发压力 p_z 下降,末端混合气温度 T 下降,末端混合气着火准备时间 t_2 增加,爆燃倾向下降。

(4) 混合气浓度

混合气的过量空气系数 ϕ_a=0.8～0.9 时,火焰传播速度最快,但滞燃期也最短,后者起主导作用。因此,当 ϕ_a=0.8～0.9 时,爆燃倾向最大,过稀过浓都将减小爆燃倾向。

(5) 燃烧室沉积物

燃烧室沉积物不利于抑制爆燃。燃烧室沉积物的温度高、导热差,并且还占一定的体积,使实际压比有所增加,进而会促使爆燃的产生。

6. 影响爆燃的结构因素

(1) 气缸直径

缸径越小,火焰传播的距离越短,火焰传播的时间缩短,爆燃倾向减小。

(2) 火花塞位置

火花塞处于燃烧室的中心,距离末端混合气的距离会缩短,对抑制爆燃有利。

(3) 气缸盖与活塞的材料

零件温度低,有利于降低爆燃。铝合金材料的导热性高,零件的使用温度低,对抑制爆燃有利。

(4) 燃烧室结构

燃烧室的结构对火焰传播距离、缸内湍流强度、散热状况、末端混合气处零件温度,以及是否有不利于抑制爆燃的局部高温点等,都会产生影响,因此,燃烧室的设计对爆燃有很大的影响。尤其是随着缸内直喷、分层燃烧等技术的使用,对爆燃有所不利。

7. 防止爆燃的方法

实际发动机常采用的措施如下:

① 提高汽油的辛烷值。

② 推迟点火。

③ 从燃烧室设计和火花塞布置上缩短火焰传播距离。

④ 加强末端混合气的冷却。

⑤ 增加缸内气体湍流。

⑥ 增大扫气重叠角,以增强燃烧室扫气的冷却作用。

2.3.2　表面点火

1. 表面点火的定义

表面点火指非火花点火,是由过热火花塞绝缘体、火花塞电极、排气门或积炭等过热点引起的点火燃烧现象。表面点火多发生在压缩比 ε 大于 9 的强化汽油机中。

2. 正常(非爆燃性)表面点火

(1) 后　火

炽热点的温度较低,正常点火后,炽热点点燃其附近的混合气,燃速增加不多,对发动机影响不大。后火的观测:如果汽油机存在后火现象,断火后会继续运转一段,如图 2-9 中的曲线 3。

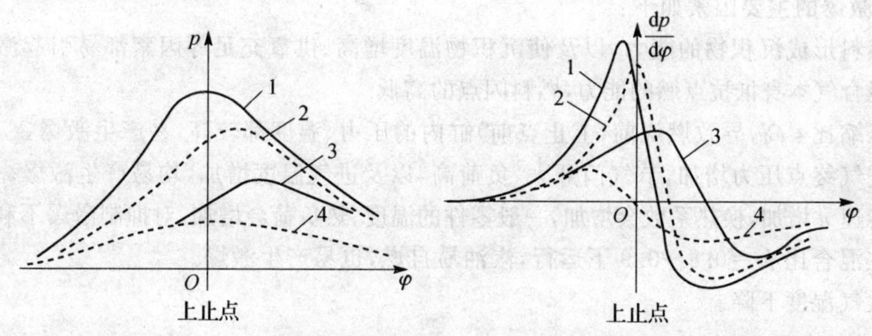

1—早火;2—正常点火;3—后火;4—倒拖

图 2-9　正常表面点火现象

(2) 早　火

炽热点的温度较高,在火花塞点火前,由炽热点将混合气提前点燃燃烧。这将造成燃烧速度提高,压力升高率增大,压缩阶段负功增加。早火由于压缩阶段负功增加,对单缸汽油机极易导致停车;对多缸机将引起连杆、气门、火花塞和活塞等零件的过热,机械负荷增加,可靠性降低。

汽油机产生早火的原因,主要是长时间高速、高负荷工作造成火花塞绝缘体、电极和排气门等零件的高温。

3. 爆燃性表面点火(激爆)

爆燃性表面点火是由于大面积的炽热沉积物引起早火,由于炽热沉积物的面积大,点火点很多,由此引起的表面点火非常剧烈,又称激爆。

汽油机表面点火与汽油机的爆燃机理差别很大,但多数影响因素和影响趋势是相同的,会相互激励。

4. 汽油机激爆的后果

与爆燃类似,汽油机激爆会对其经济性、动力性和排放性能产生不利影响,同样也会对其可靠性产生很大影响。激爆会引起爆发压力增加、压力升高率大幅度增加,零件换热系数增加,冷却(润滑)系统过热,活塞、缸盖温度上升,热负荷上升,燃烧室零件烧蚀,在活塞薄弱区域(低强度点、高温点)产生失效。

图 2-10 表面点火造成的活塞头部穿孔

图 2-10 所示是汽油机非正常表面点火(激爆)造成的活塞头部穿孔。而爆燃失效往往出现在距火花塞较远的产生爆燃的地方。

5. 影响激爆的主要因素

影响激爆的主要因素如下:

① 燃料形成沉积物的能力,以及使沉积物温度增高、供氧充足等因素都易引起激爆。

② 混合气本身抵抗点燃的能力,燃料闪点的高低。

③ 压缩比 ε 高,导致燃烧前(上止点前)缸内的压力、温度都较高,易产生激爆。

④ 进气终点压力增加,节气门开大,负荷高,以及进气温度增加,均易产生激爆。

⑤ 转速 n 增加,换热系数会增加,一般零件的温度、热负荷会增加,对抑制激爆不利。

⑥ 在混合比 $\phi_a=0.8\sim0.9$ 下运行,汽油易自燃,也易产生激爆。

⑦ 大气湿度下降。

6. 防止激爆的措施

防止激爆的措施如下:

① 选用沸点低的汽油和成焦性小的润滑油,防止在零件表面形成大量的沉积物。

② 适当降低压缩比 ε。

③ 避免长时间低负荷运行和频繁加减速行驶。这样会产生大量积炭,在高负荷时易产生激爆。

④ 应用磷化物为燃油添加剂,提高沉积物中炭的着火温度,使积炭能在较低温度下烧掉。

2.4　柴油机燃烧粗暴与失效

1. 柴油机燃烧粗暴的原因

柴油机燃烧粗暴的原因如下：

① 柴油机起燃属于多点自燃，其最高燃烧速度远远大于汽油机。

② 有些低排放柴油机为了在降低排放的同时，不降低其经济性，将燃油喷射压力提高到 150 MPa 以上，喷油持续角也大幅度减小，爆发压力已经上升到 20 MPa 以上。

③ 军用及部分民用柴油机的大幅度强化。

2. 对可靠性的影响

柴油机这种粗暴的燃烧方式，尤其是在大幅度强化的情况下，如果相关设计技术不能随之提高，则很容易出现以下一系列可靠性问题：

① 平均温度增加，压力升高率增加，换热增加，造成热负荷大幅度增加，容易引起烧蚀、拉缸和热裂纹等。

② 爆发压力增加，会使机械负荷增加，运动表面的磨损、活塞拉缸、活塞销孔裂纹、小头衬套与连杆瓦抱瓦及磨损等故障都比较容易出现。如图 2－11～2－14 所示为强化柴油机易出现的几种失效形式。

图 2－11　活塞销座断裂

图 2－12　活塞销与销孔破坏

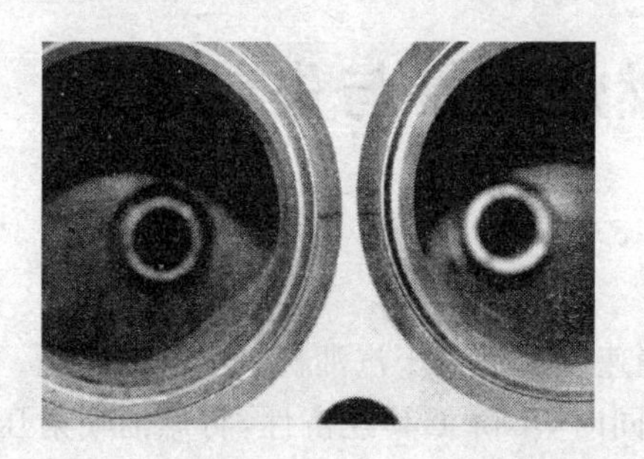 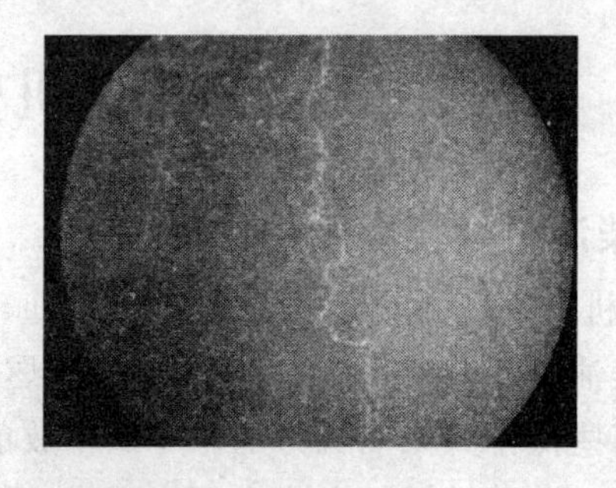

图 2-13 缸盖鼻梁区热疲劳裂纹

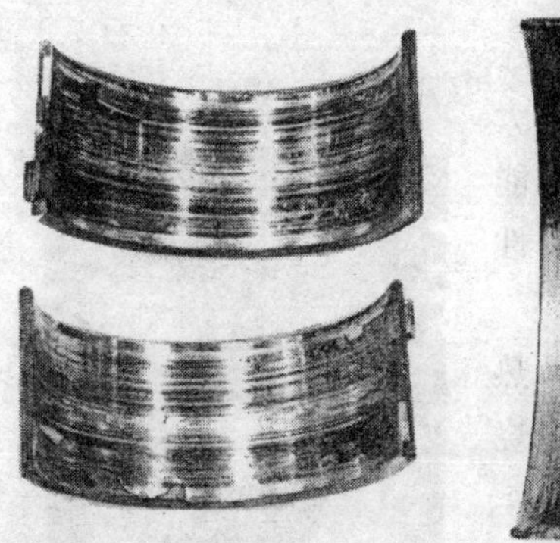  

图 2-14 轴瓦的严重磨损与抱瓦

2.5 柴油机异常喷射与失效

柴油机异常喷射分类如下：

① 二次喷射；

② 空泡与穴蚀；

③ 不稳定喷射；

④ 后喷滴油。

不稳定喷射依据严重程度还可以细分为：不规则喷射、断续喷射和隔次喷射。

2.5.1 二次喷射

1. 二次喷射的定义

燃油喷射结束，针阀落座后，又非正常地再次开启，形成第二次喷射。如图 2-15 所示为燃油喷射过程中，出现二次喷射时的针阀升程曲线。

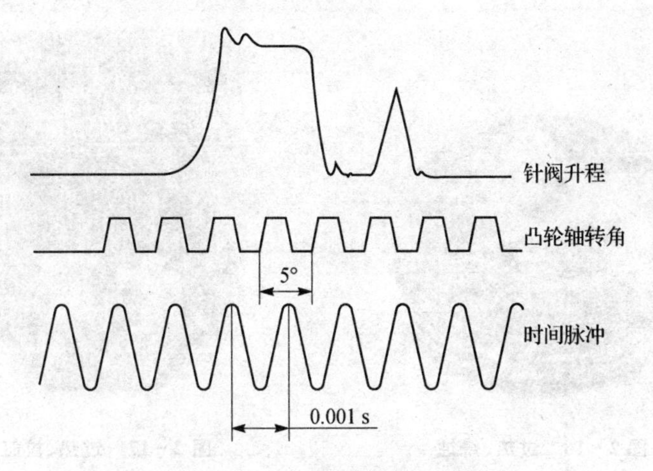

图 2－15　二次喷射的针阀升程曲线

2. 柴油机出现二次喷射的原因

出现二次喷射的原因如下：

① 残压 p 过大。高压系统在不供油时，残压 p 过大。

② 压力波动 Δp 过大。在停止供油后，高压系统中压力波动 Δp 过大。

3. 柴油机出现二次喷射的常见供油系统和工况

高压供油系统的针阀开启压力较高，不供油时残余的压力也比较大；而在大负荷、高速工况，供油速率高，各个阀门开启与落座的速度也快，高压系统中的压力波动往往较高。

4. 柴油机出现二次喷射的后果

从性能角度，柴油机出现二次喷射会引起：

① 炭烟排放增加。

② 燃油消耗率 b_e 增加。

从可靠性角度，柴油机出现二次喷射会引起：

① 后燃，排温 T_r 将增加。

② 热负荷高，影响受热件的可靠性。如图 2－16 所示为过热产生的烧蚀；图 2－17 为头部过热膨胀过大，配缸间隙过小，引起从头部开始的拉缸失效。

③ 会加重柴油机积炭，堵塞喷油器孔。

5. 二次喷射的判断方法

二次喷射的判断方法如下：

① 根据测量针阀的升程可以准确判断是否出现二次喷射。

图 2-16 过热、烧蚀

图 2-17 过热、拉缸

② 可以根据故障现象较为准确地判断。在不超过冒烟极限的情况下，柴油机在高转速、大负荷条件下工作时，燃烧状况一般较好，如果此时炭烟排放、油耗突然增加，出现积炭、堵塞等严重问题，那么出现二次喷射的可能性很高。

6. 二次喷射的解决措施

解决二次喷射的措施主要应从引起二次喷射的根本原因出发，即主要从高压系统残压 p 过大和压力波动 Δp 过大这两点来考虑。

① 适当减小高压系统容积。

② 适当增强出油阀减压作用，以减小高压系统的残余压力，但要防止出现气穴。

③ 适当加大泵的进出油孔孔径，从而加快泵端回流速度，消减压力波动。

④ 采用阻尼阀、等压阀，如图 2-18 所示，以便削减压力波动 Δp。

⑤ 适当增大针阀开启压力。

⑥ 适当增加喷油器喷孔的直径 d，则产生二次喷射的临界转速 n 会增加。通过增大喷孔直径，可以将产生二次喷射临界转速提高到发动机转速范围之外。

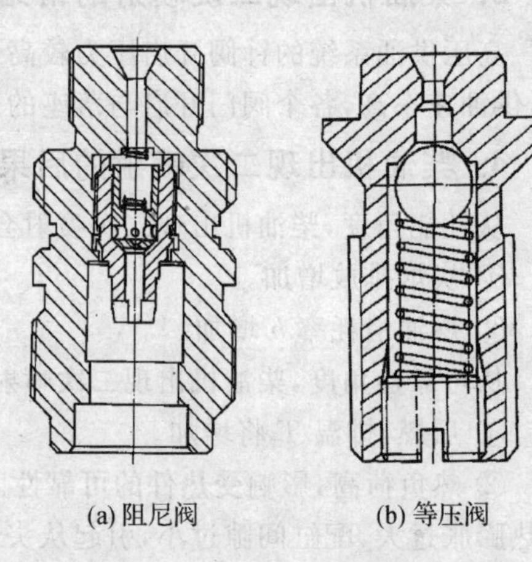

图 2-18 降低压力波动的出油阀

2.5.2　后喷滴油

1. 后喷滴油的定义

供喷油系统不能保证喷油器针阀可靠关闭或迅速关闭，造成喷油后期，燃油以极低的压力滴入气缸。

2. 产生后喷滴油的原因

产生后喷滴油有以下原因：

① 针阀关闭慢，油压低、喷油少；

② 转速低，喷油速度低；

③ 残余压力过高，或阀座表面冲击损坏，喷油器针阀关闭不严；

④ 振动造成喷油器针阀关闭不可靠；

⑤ 针阀密封压力（开启压力）过低，造成喷油器针阀关闭不可靠。

3. 产生后喷滴油的常见工况

产生后喷滴油的常见工况是低压供油系统（轴针式），低速、低负荷工况。

4. 产生后喷滴油的后果

从性能角度，后喷滴油会引起：

① 雾化差、排气烟度高；

② 油耗率 b_e 上升；

③ 积炭、堵塞喷油器孔；

④ HC 排放增加。

从可靠性角度，后喷滴油会引起：

① 后燃严重，热负荷增加；

② 引起烧蚀；

③ 稀释润滑油引起磨损、拉缸，如图 2-19 所示。

图 2-19　润滑油被稀释后的活塞磨损状况

5. 后喷滴油的判断

对于后喷滴油的判断主要通过测量针阀升程来确定，其次可以参考工况及外在表现。

6. 后喷滴油的解决措施

解决后喷滴油的措施如下：

① 适当增加喷油器弹簧的预紧力；

② 适当减小喷孔直径；

③ 适当提高喷油压力；

④ 适当增加出油阀减压容积,降低高压系统的残余压力;

⑤ 采用低惯量针阀,使关闭迅速。

2.6 内燃机改进过程中的失效问题

由于直喷式柴油机的经济性远远高于分割燃烧室式柴油机,同时,直喷式柴油机易于利用高新技术,因此,近年来小缸径柴油机的燃烧室也在普遍由涡流室式改为直喷式,并且正在不断提高燃油喷射压力,采用收口式燃烧室等技术。在改进过程中,也出现了不少可靠性问题。

1. 小缸径直喷式柴油机采用的技术

小缸径直喷式柴油机采用的技术有:

① 高压喷射。如采用共轨喷油系统,喷射压力大于 150 MPa。

② 采用深、收口型的燃烧室,以便利用挤流和逆挤流,如图2-20所示。

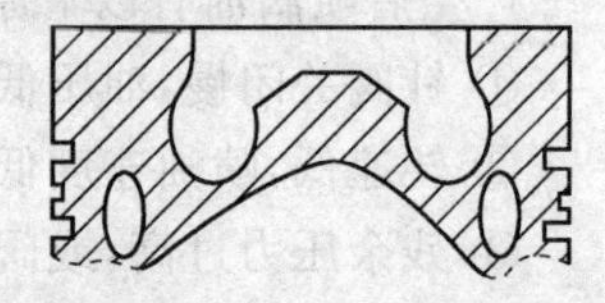

图 2-20 收口式燃烧室

③ 需要进气涡流配合,以便促进混合。

2. 小缸径柴油机直喷化的技术难点

小缸径柴油机直喷化的技术难点如下:

① 油束射程控制困难。要防止在很高的喷射压力下,大量油喷到壁面上,产生附壁燃烧。

② 燃烧组织变难。需要喷油和缸内气流的合理匹配,难度高。一般需要较强的进气涡流。由于柴油机转速变化会引起进气涡流及缸内气流强度的大幅度变化,因此这种柴油机对工况比较敏感。

③ 热负荷高,可靠性有待改进。由于这种柴油机常采用深、收口型的燃烧室,以便形成较强的进气涡流和膨胀逆挤流,而燃烧室喉口温度高、热应力也大,因此易产生烧蚀或热疲劳裂纹。同时,由于这种柴油机燃烧室小,喷油压力高,因此易产生附壁燃烧,会更进一步提高热负荷。

④ 需要采用振荡冷却油腔,设计制造困难。由于这种柴油机的热负荷高,因此要采用冷却散热效果很好的振荡冷却油腔,而这种冷却油腔常采用盐芯法制造。铝合金活塞第一环一般镶有高镍铸铁镶圈,由于铸造与可靠性的原因,冷却油腔与第一环保护镶圈间要有一定的壁厚,这对冷却油腔的布局设计有一定的影响,限制了冷却油腔对第一环的冷却,增加了冷却油腔设计制作的难度。

⑤ 带振荡冷却油腔的活塞一般采用铸造,活塞销座强度比锻造低 15%,易造成活塞销孔棱缘疲劳断裂失效。

3. 失效现象

出现的失效现象如下：

① 收口燃烧室喉口的烧蚀和热疲劳裂纹。如图 2-21 所示为燃烧室边缘裂纹导致活塞头部穿孔。

② 活塞销孔内侧棱缘的疲劳裂纹。

③ 活塞环区断裂。由于设有冷却油腔，环区刚度大幅度降低，而该处正好是由头部向裙部的过渡处，应变量大，由此引起的应力较高。

④ 铸铁镶圈的铸造质量引起的失效。

⑤ 冷却油腔顶部内侧的温度梯度大，热应力高，易产生裂纹。

图 2-21　燃烧室边缘裂纹导致活塞头部穿孔

第3章　内燃机机械失效模式与诊断预防技术

3.1　内燃机机械失效模式

3.1.1　内燃机机械失效定义

内燃机机械失效是指主要在机械负荷的作用下，引起内燃机零部件丧失规定功能的现象。

内燃机内主要的机械负荷包括：缸内气体压力、运动件惯性力、各紧固螺栓的预紧力、气门落座撞击、活塞对缸套的拍击及振动附加载荷等。还有一些机械失效是由一些不正常的撞击引起的，例如由于热负荷过高、热膨胀过大、磨损严重等原因造成活塞与缸盖撞击，进而造成活塞销孔出现裂纹，这种机械失效可以看成是二次失效(故障)。

容易产生机械失效的内燃机零件及关键部位包括：活塞销孔、活塞销、缸盖顶板、缸盖中隔板、缸套凸肩、曲轴、机体隔板、齿轮齿根及活塞环岸等。

3.1.2　内燃机机械失效的主要模式

内燃机机械失效的主要模式为疲劳断裂、过载断裂和变形过大，其中最常见的机械失效模式为疲劳断裂。

1. 活塞销孔及活塞销疲劳断裂

尽管导致活塞销孔及活塞销断裂(见图3-1)的原因主要是循环载荷过大，但引起接触面间载荷过大的核心问题是活塞销孔与活塞销变形的不协调性。由于不协调变形造成活塞销孔内侧棱缘载荷及该处销的应力远远大于零件内的平均应力，进而引起疲劳断裂。如何进行接触面间的变形协调设计将在3.4节中简单介绍。活塞销孔与活塞销间润滑不好会加速断裂过程，强化柴油机燃气压力过高，活塞与缸盖、气门相撞等均会对活塞销孔和活塞销的断裂起推动作用。

2. 活塞环岸过载断裂

断裂从第一环岸根部开始。环岸没有磨损、漏气烧蚀的痕迹，断裂完全是由过载引起。过载可能是由于爆燃引起的高压或因液体(水、燃油、润滑油)进入气缸造成的液体高压等原因产生的。活塞环岸断裂现象如图3-2所示。

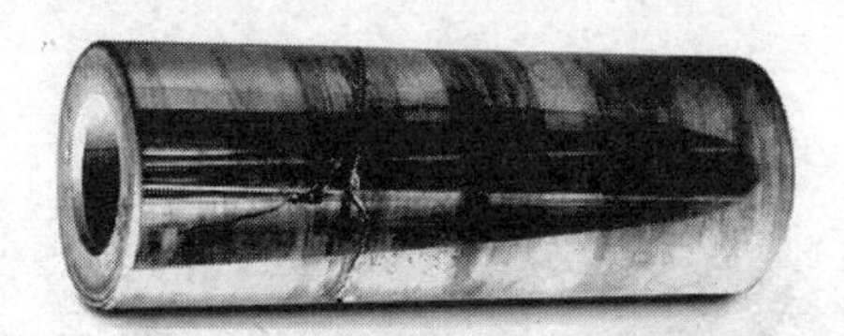

图 3 - 1　活塞销孔、活塞销断裂

3. 缸套凸肩疲劳断裂

缸套凸肩完全断裂，如图 3 - 3 所示。凸缘裂纹从凸肩过渡圆角处开始，以约 30°角向上扩展。

这种损伤是由于设计不合理（机体与缸套在过渡圆角处干涉）、加工精度低（不平整）、安装不当（接合面有杂质）等原因产生过大的弯矩引起的。对于安装高压共轨燃油喷射系统的最新一代强化车用柴油机，不断增长的缸内燃气压力使气缸套承受的载荷也迅速增加，在这种柴油机上常使用钢制的气缸盖衬垫，柴油机在运转一段时间后，曲轴箱的扭曲变形也会影响缸套接触状态，产生附加的弯曲载荷。

图 3 - 2　活塞环岸断裂

图 3 - 3　缸套凸肩断裂

4. 缸套顶部过载断裂裂纹

这种损伤往往是由大量水或者燃油进入气缸造成的。活塞在向上运动的过程中挤压缸内液体，使其压力急剧上升，高压作用在缸套表面和活塞顶面，使活塞侧压力大幅度上升，从而造成缸套顶部主、副压力面出现裂纹，如图 3－4 所示，对应活塞的头部也有撞击的痕迹。很高的缸内液体压力会使活塞产生径向变形，配缸间隙减小，更容易在缸套内表面、活塞的压力面和副压力面产生拉缸。

(a) 缸套顶部裂纹

(b) 活塞撞痕及拉缸痕迹

图 3－4　缸套顶部主、副压力面的裂纹

造成水或燃油进入缸内的原因有：

① 在深水、水坑或河道中工作，路过的车辆或前方的车辆溅起大量的水时，造成水从气口突然进到缸内；

② 由于缸垫泄漏或者零件裂纹导致发动机停止时在缸内充满了水；

③ 由于喷嘴泄漏导致发动机停止时缸内充满了燃油，燃油喷射系统的残压通过泄漏的喷嘴进入到气缸中。

5. 缸盖顶板疲劳裂纹

缸盖顶板裂纹是过大的燃烧爆发压力以及预紧力等载荷共同作用的结果。裂纹往往起始于内侧（水侧）。缸盖顶板疲劳裂纹如图 3－5 所示。

6. 排气门疲劳断裂

排气门失效常常都是在头部。如图 3－6 所示，裂纹从端面过渡区和渐缩面的交界处开始萌生，然后向气门的底部扩展。断面的显微分析发现疲劳是其失效的主要原因。

7. 曲轴曲柄臂弯曲疲劳断裂

曲轴上应力集中最严重的部位在轴颈至曲柄臂的过渡圆角处和轴径油孔周围，如图 3－7 所示。在周期性变化的法向力作用下，曲轴还会出现弯曲振动，进一步增大了弯曲疲劳载荷。常见的曲轴弯曲疲劳裂纹是从轴颈根部表面的圆角处发展到曲柄臂上，基本上沿 45°角折断曲柄臂。

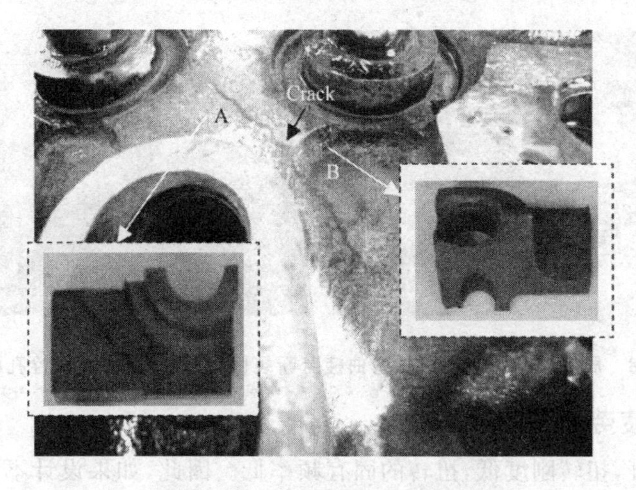

图 3-5　缸盖顶板疲劳裂纹

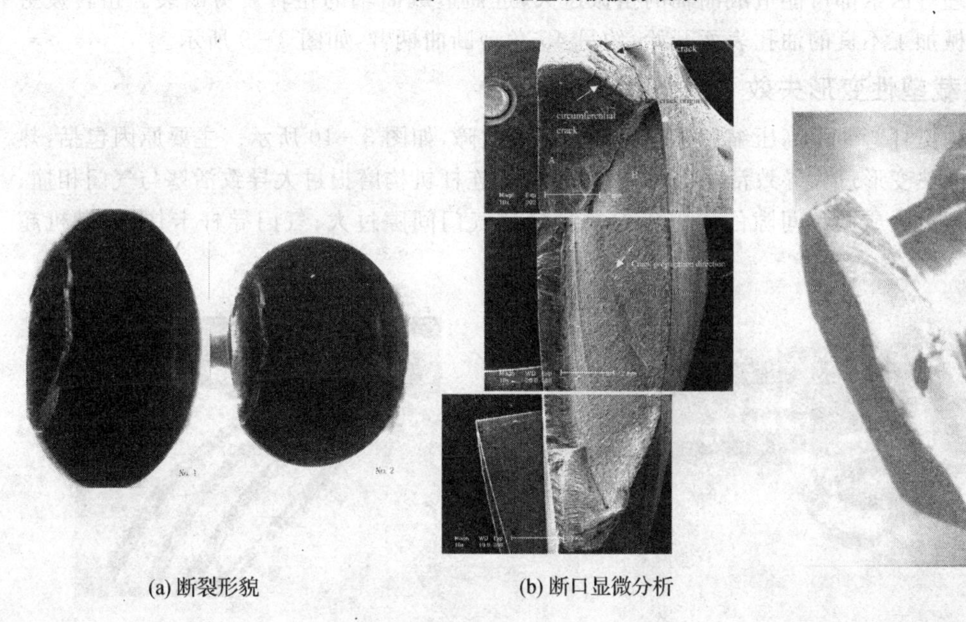

(a) 断裂形貌　　(b) 断口显微分析

图 3-6　排气门疲劳断裂

图 3-7　曲轴曲柄臂弯曲疲劳（疲劳源在连杆轴径与曲柄臂相交的过渡圆角处）

8. 局部缺陷引起的机械疲劳断裂

同样是曲轴弯曲疲劳断裂，但是局部缺陷可能会代替结构上的薄弱环节成为裂纹源。如图 3-8 所示为起源于曲轴平衡重底部的曲轴弯曲疲劳。断面同样与曲轴轴线呈 45°角。

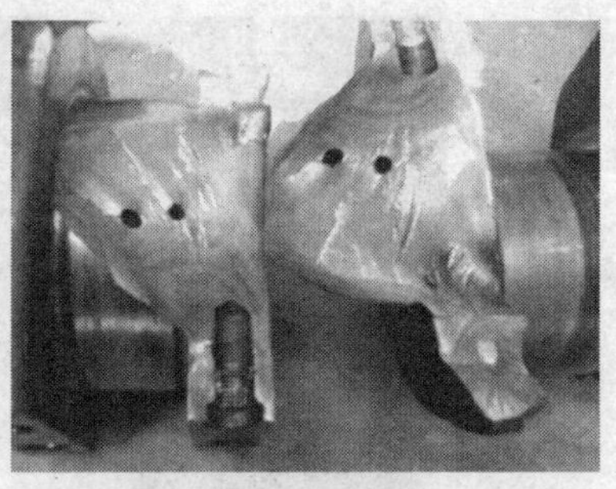

图 3-8 局部缺陷引起的曲轴弯曲疲劳断裂(疲劳源在平衡重螺栓孔根部)

9. 曲轴扭转疲劳断裂

曲轴属于细长杆,扭转刚度低,扭转的固有频率低。因此,如果设计不当或曲轴扭振减振器匹配不合理等因素都可能造成曲轴的扭振过大,进而造成曲轴的扭转疲劳断裂。扭转疲劳一般是从机械加工不良的油孔表面开始,约呈 45°角剪断曲柄臂,如图 3-9 所示。

10. 过载塑性变形失效

配气机构挺杆弯曲是高压缩比柴油机较常见的故障,如图 3-10 所示。主要原因包括:热负荷过大引起热变形过大导致活塞与气门相撞;曲柄连杆机构磨损过大导致活塞与气门相撞;配气机构磨损过大或调整间隙的调整螺钉松动导致气门间隙过大;气门导杆卡住;内燃机超速,等等。

图 3-9 连杆轴颈扭转疲劳断裂(疲劳源在油孔处)

图 3-10 配气机构挺杆弯曲

3.2 裂纹源位置的判别技术

内燃机机械疲劳破坏最常见的失效模式是断裂或未完全断裂的裂纹。进行零件断裂分析时首要的任务是判断裂纹源的位置,并由此进一步判别造成初始裂纹的机理。

对于未完全断裂的裂纹,在断裂面上往往远离未断裂区地方就是裂纹源。对于完全断裂的情况，应该认真检查同样条件下工作的同类内燃机的相关零件，发现尚未断裂的裂纹，对判断裂纹源很有帮助。

对于完全断裂的情况，进行裂纹源判别的一些通用方法主要有下面两大类。

1. 直接判别方法

(1)碎块拼凑法

如果零件断裂成许多块，由于后断部位的断裂多属于超载、高速断裂，断口多属于脆性断裂，断裂时塑性变形小，断口配合程度好。通过拼合各碎块，如图3-11所示，缝隙大的地方A处是首先断裂的地方。断口配合规律是“宽先窄后”。

(2)T形法

在同一个零件上后产生的裂纹不可能穿越原有裂纹扩展。因此，如果在一个零件上有两条相交的裂纹构成“T”形，如图3-12所示，则在通常情况下横穿裂纹A为先开裂纹。图中A为主裂纹，B为二次裂纹。

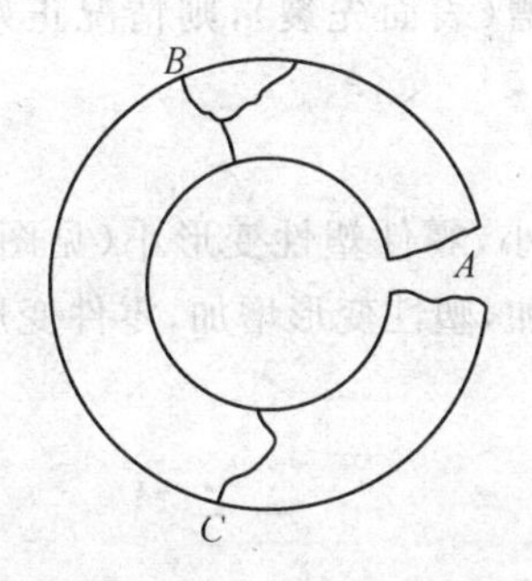

图3-11 碎块拼凑法判别裂纹源示意图

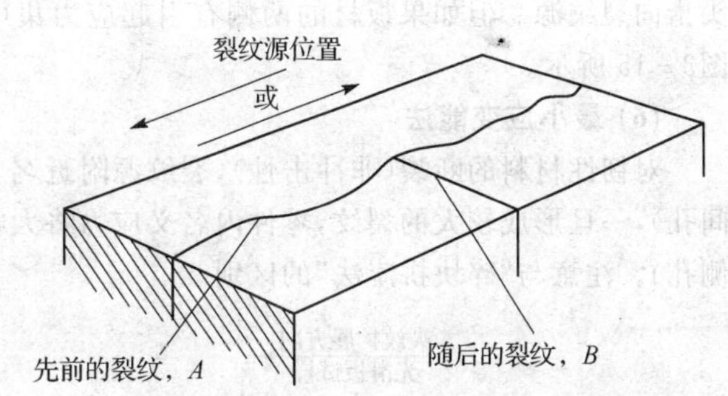

图3-12 T形法判别裂纹源示意图

(3) 分叉法

零件断裂过程中常常产生许多分叉，通常情况下裂纹分叉的方向为裂纹扩展方向，扩展的反方向指向裂纹源位置。裂纹源在主裂纹上，一般情况下主裂纹宽而长，如图3-13所示，A即为主裂纹。

(4) 解理断面上的河流花样

解理断裂是由于正应力破坏了原子结合键，使裂纹沿一定的晶体学平面快速分离的过程。解理断裂的初期，处于不同高度上的解理裂纹间以次生解理或撕裂的方式互相连接而形成解理台阶。解理台阶在裂纹的扩展过程中，要发生合并与消失或台阶高度减小等变化，因此在解理断面上会形成河流花样，河流花样逐渐汇合的方向即是裂纹扩展方向，反方向指向裂纹源位置，如图3-14所示。注意：该方法与分叉法的判断趋势正好相反。

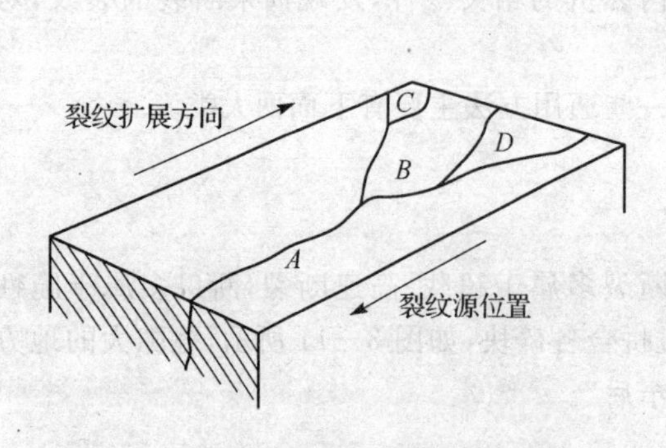

图 3-13 分叉法判别裂纹源示意图

图 3-14 解理断面上的河流花样

(5)“人”字形法

很多材料发生快速断裂时，断口上留有“人”字形花样(辐射状标记发展而成)。“人”字尖头指向裂纹源。但如果板材的两侧有引起应力集中的沟槽(表面先裂)，则情况正好相反，如图3-15 所示。

(6)最小应变能法

对韧性材料的断裂(非冲击性)，裂纹源附近名义应力小，零件塑性变形小(见图 3-16 中间孔)，一旦形成较大的裂纹，零件内名义应力将大幅度增加，塑性变形增加，零件变形严重(两侧孔)。注意与“碎块拼凑法”的区别。

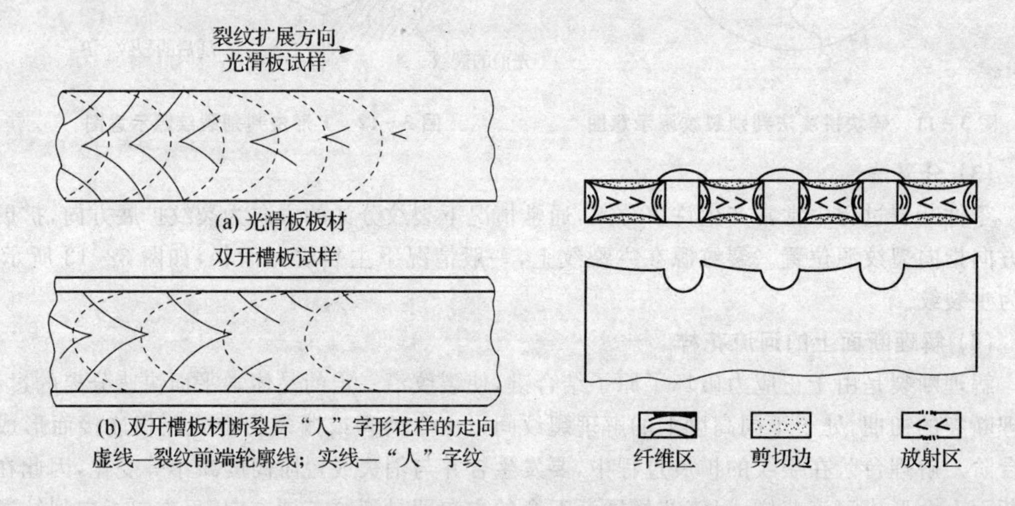

图 3-15 “人”字形法判别裂纹源示意图

图 3-16 最小应变能法判别裂纹源示意图

(7)放射标记法

拉应力过载断口上往往出现放射状(撕裂棱)标记，如图 3-17 所示，它的会聚区即为裂纹源区。

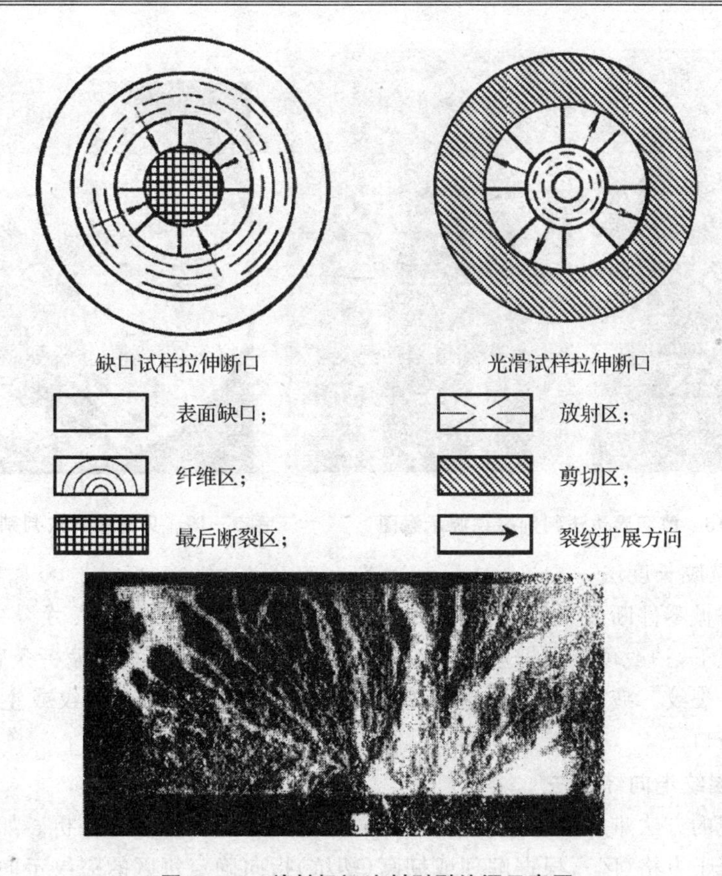

图3-17　放射标记法判别裂纹源示意图

不同的零件形状，常见裂纹源的位置也不同。

① 无切口圆棒：中心区；

② 带切口圆棒：切口；

③ 板材：表面或皮下；

④ 方形或矩形截面：角。

(8) 剪切唇边法

剪切唇边只有离开断裂源一定的距离（常是对面）才会出现。对小的剪切唇边，可通过触摸边缘是否剐手来判断。如图3-18所示，剪切唇在四周，裂纹源在正中心。

(9) 贝壳花样法

利用在受交变应力或应力腐蚀的断口上，肉眼可见的弧形贝壳花样来判断。裂纹源往往在弧形的向心侧，裂纹扩展方向为弧形的外法向，裂纹扩展的终端为突然断裂的过载断裂区，如图3-19所示。

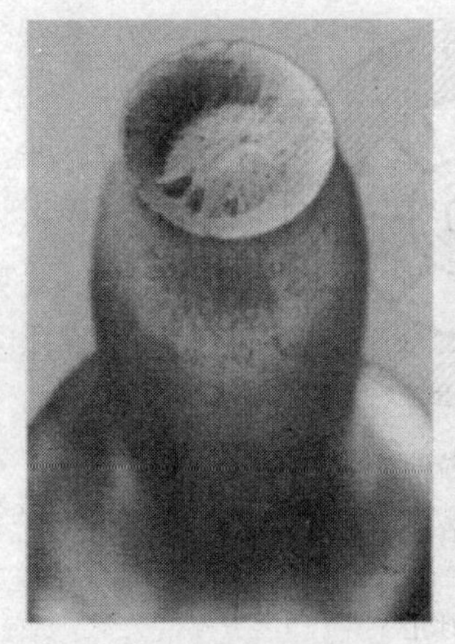
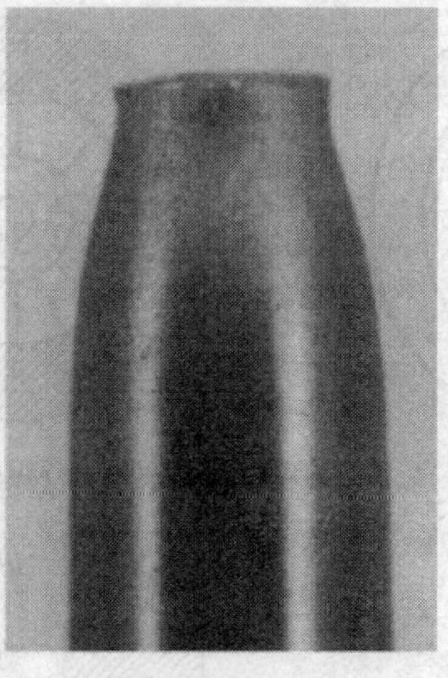

图 3-18 剪切唇边法判别裂纹源示意图

图 3-19 贝壳花样法判别裂纹源示意图

(10) 疲劳裂纹长度法

在实际的机械零件断裂失效中,往往在同一零件上同时出现多条疲劳裂纹或多个疲劳断口。在这种情况下,一般可以根据疲劳裂纹扩展区的长度、疲劳弧线或疲劳条带间距的疏密来判定主断口或主裂纹。疲劳裂纹长、疲劳弧线或条带间距密者,为主裂纹或主断口,反之为次生裂纹或二次断口。

(11) 局部裂纹走向综合法

如果用宏观的方法难以准确判断,则可以通过微观分析进行综合分析。如图 3-20 所示,将断口划分成若干方格(区),根据解理或韧窝(塑坑)指向确定每区的裂纹走向,从而整体判断裂纹源。

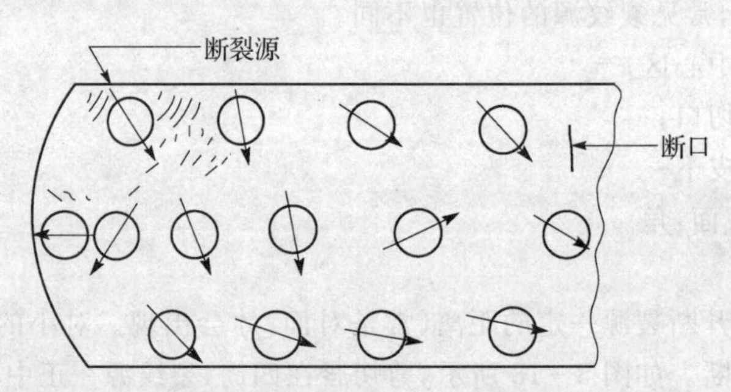

图 3-20 局部裂纹走向综合法判别裂纹源示意图

(12) 氧化颜色法

机械零件断裂后,在环境介质与温度的作用下发生腐蚀和氧化,并随时间的增长而趋于严重,由于主断裂面开裂的时间比二次裂纹要早,经历的时间要长,腐蚀氧化要重,颜色要深。因此，可以判断，氧化腐蚀比较严重，颜色较深的部位是主断裂部位，而氧化腐蚀较轻，颜色较浅的部位是二次裂纹的部位。

由于实际内燃机的断裂失效情况复杂多变，因此，在实际分析中应根据具体情况和具体条件灵活运用第 1 章所介绍的失效分析思路；要清楚内燃机工作的状况，特别是非正常的工作状况；要掌握失效零件在工作时的薄弱环节；再利用一些宏观、微观的方法协助进行判断。

2. 低倍酸腐蚀检验方法

除了上述直接判断方法外，还有一些辅助的提取断裂表面信息的方法，其中最常用的方法是利用低倍酸腐蚀检验以下各方面的质量信息：

① 内部缺陷（偏析、疏松、夹杂、气孔等）；

② 表面缺陷（夹砂、斑疤、折叠）；

③ 内裂纹（氢白点、氢腐蚀、过烧等）；

④ 钢材软硬部位的区分；

⑤ 硬部位贯穿的深度；

⑥ 流线的走向和断续情况；

⑦ 焊接质量；

⑧ 磨损的烧伤、碾碎和其他表面的损伤，等等。

3.3　常见机械失效的宏观断口特征

不同的断裂失效模式其断口往往都有明显的特征，通过裸眼或低倍放大检查就可以识别这些特征，同时还可以根据破坏零件断面的组织结构揭示出断裂载荷的情况。

3.3.1　拉伸过载断裂特征

1. 圆截面拉伸过载断裂（韧性断裂）

尽管是单向拉伸，对于韧性断裂，一旦径缩开始，局部即形成三维应力。如图 3－21 所示，对于光滑试件，随着拉伸载荷的增加，裂纹源往往在试件中心，当裂纹发展充分后，内部裂纹边缘高度的三维应力就会在外圈连接的材料中引发 45°的大切应力，然后此区域就沿着此角度的总体平面而断裂，形成剪切唇区域。

图 3－21(b)所示为典型的圆截面韧性过载断裂的断口。中心是初始断裂的区域，由于其形貌与破断的纤维结构相似，故称为纤维区。在此区域的外缘又向外辐射的痕迹称为辐射区。辐射区外围是 45°剪切断裂的剪切唇。

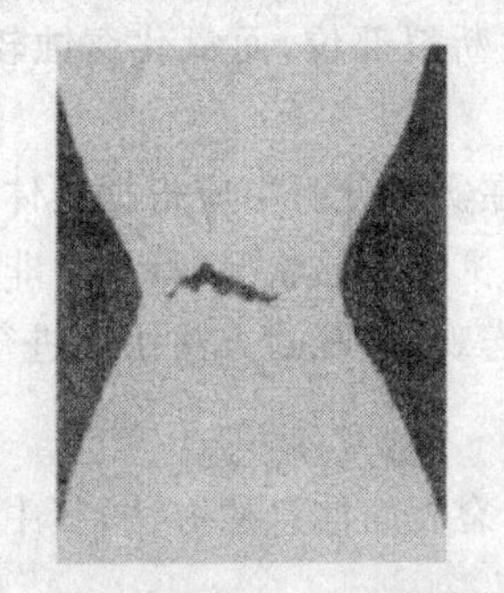

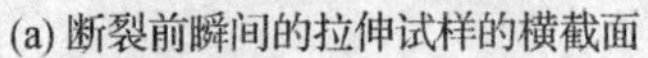

(a) 断裂前瞬间的拉伸试样的横截面

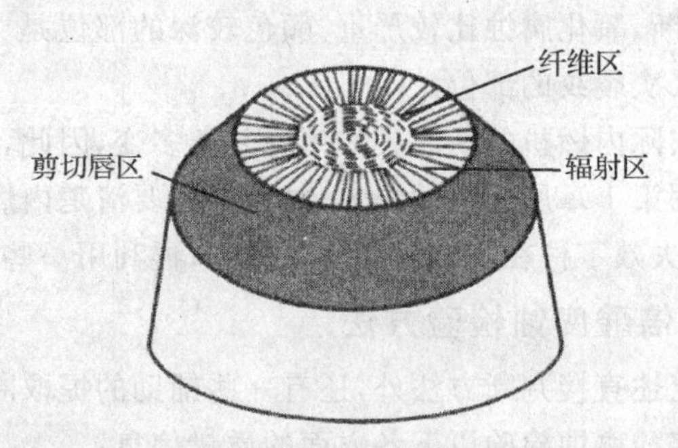

(b) 拉伸韧性断裂断口

图 3-21 拉伸过载断裂

每个区域的范围、痕迹的深浅甚至有无都与材料的特性、环境状况和断裂速度等有关。如图 3-22 所示，图(a)为某高强度材料的断面，没有纤维状区，剪切唇很小；图(b)为不完整的剪切唇。一般说，当材料强度增加时，缩颈量减小，同时剪切唇的范围减少，中心纤维区覆盖的面积也减少，辐射区的粗糙程度降低，如图 3-23、图 3-24 所示。

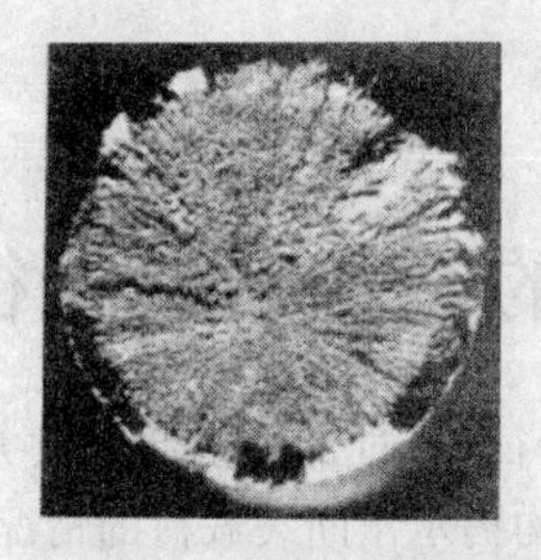

(a) 无纤维区断口

(b) 剪切唇

图 3-22 非典型断口(一)

(a) 高强度

(b) 低强度

图 3-23 非典型断口(二)

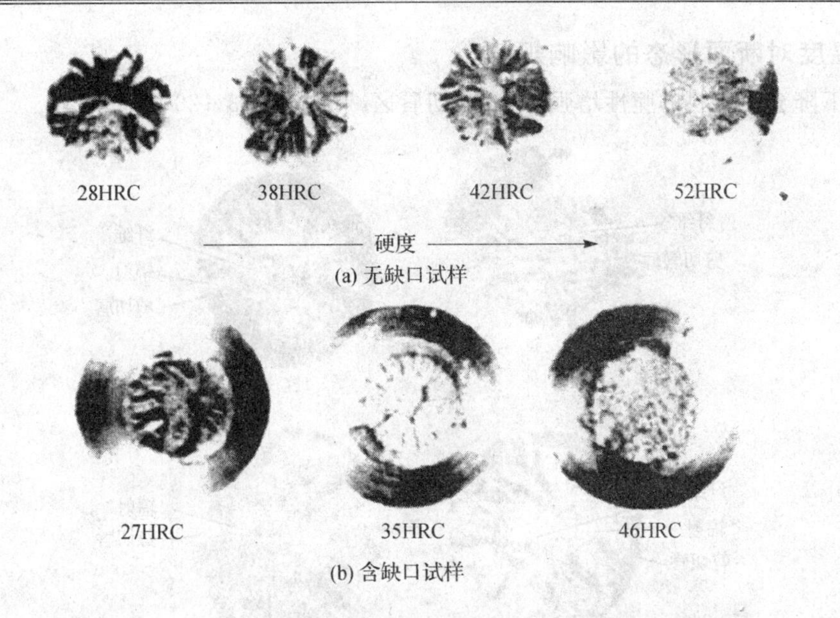

(a) 无缺口试样

(b) 含缺口试样

图 3－24　不同硬度(强度)材料的断口表面

2. 矩形截面拉伸过载断裂(韧性断裂)

对于矩形截面,其典型的断口结构与圆截面一样,实际端口形态与圆截面类似,如图 3－25 所示。当宽厚比增加时,辐射状痕迹发展成为“人”字形花纹,花纹反向指向裂纹源。

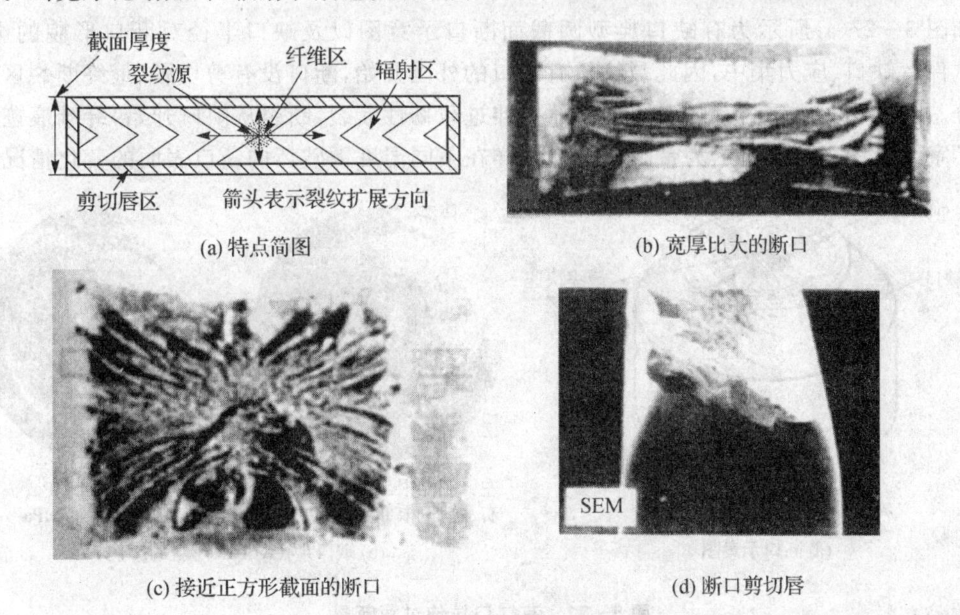

(a) 特点简图　　(b) 宽厚比大的断口

(c) 接近正方形截面的断口　　(d) 断口剪切唇

图 3－25　矩形拉伸试样断口

3. 温度对断面形态的影响规律

温度下降会使材料的脆性增强，导致剪切唇区减小，如图 3－26 所示。

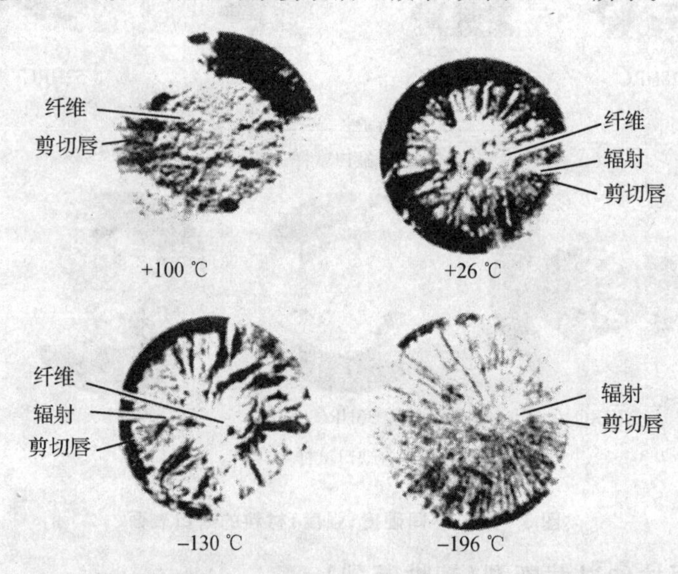

图 3－26 同种材料在不同温度下拉伸试样破坏的断口表面

4. 有缺口试件拉伸过载断裂(韧性断裂)

如图 3－27(a)所示为有缺口典型圆截面断口示意图以及缺口半径对断口形貌的影响。由于试件有缺口、应力集中，因此裂纹从有缺口的外围开始，断口没有剪切唇、最终断裂区在中心部分。图 3－28 所示为有缺口矩形截面拉伸过载韧性断裂，断裂从缺口开始，纤维痕迹发展成"人"字纹。图 3－29 所示为带缺口拉伸试样在不同温度下破坏的断口表面的变化情况。

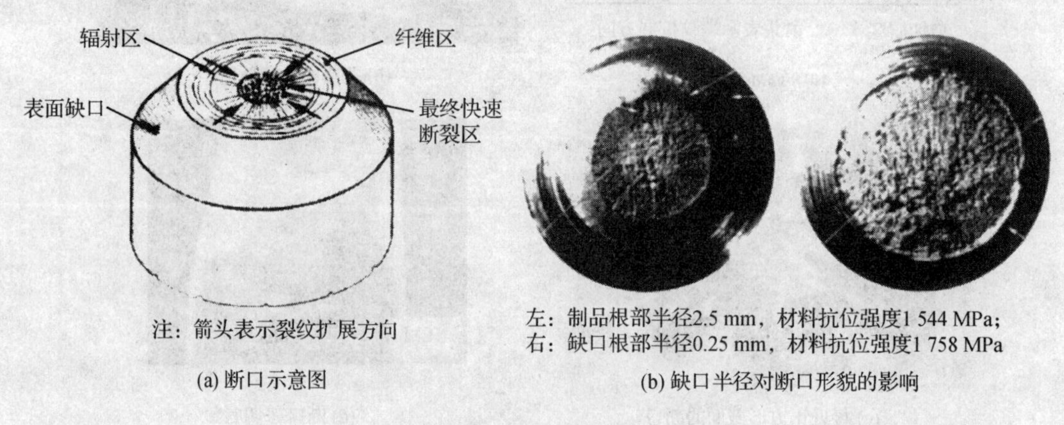

(a) 断口示意图　　(b) 缺口半径对断口形貌的影响

图 3－27 有缺口拉伸过载断裂

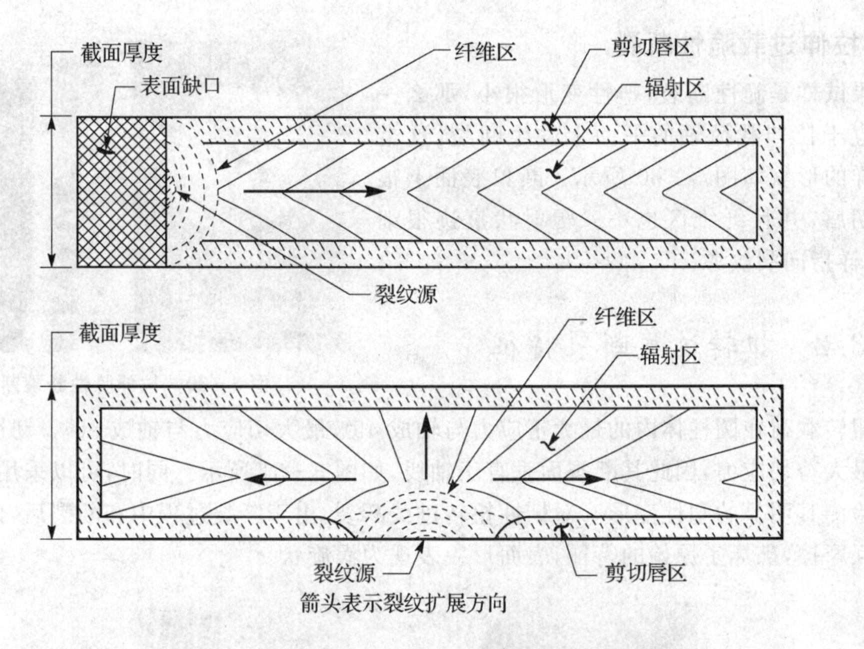

图 3-28　带缺口的矩形拉伸试样的断口表面特征

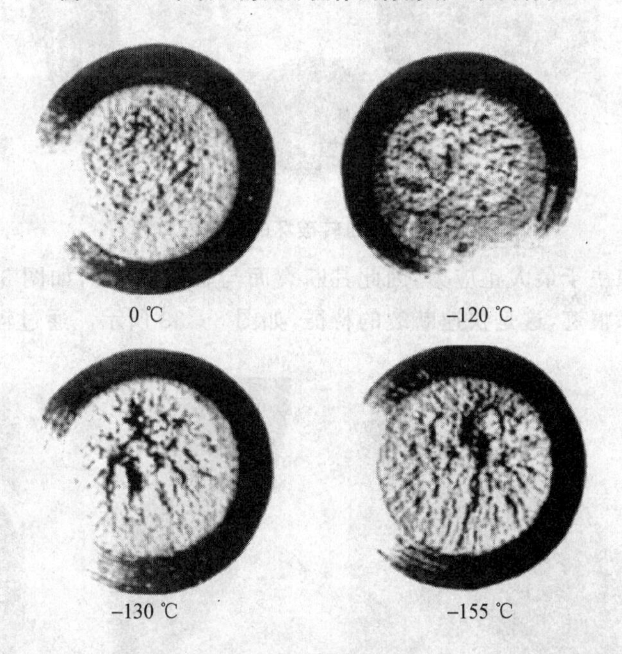

图 3-29　带缺口拉伸试样在不同温度下破坏的断口表面

5. 拉伸过载脆性断裂

如果试样是脆性断裂，塑性变形很小，那么一般在垂直于拉伸载荷轴的平面上发生断裂，这类拉断试样的形貌如图 3－30 所示。断口表面上很少有剪切唇，并且纤维区也小。辐射状痕迹很细小，但同样指向裂纹源。

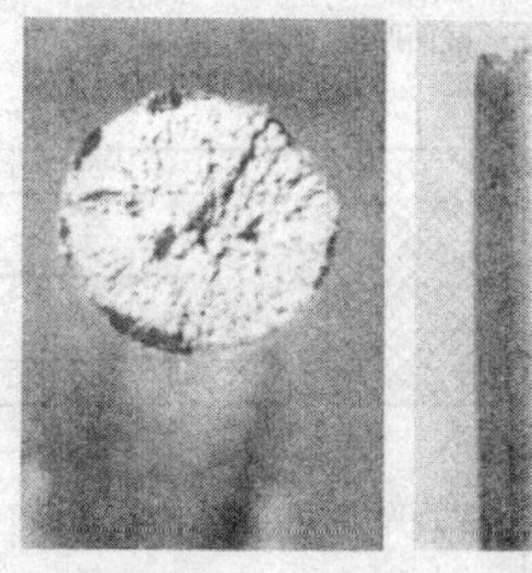
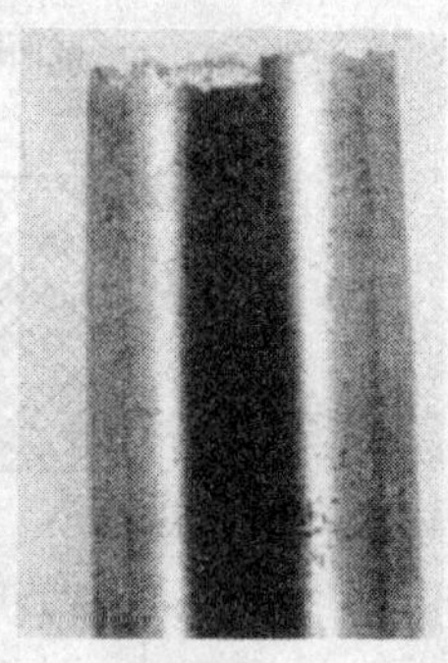

图 3－30 拉伸脆性断裂断口

3.3.2 扭转过载断裂特征

纯扭转载荷在圆柱体内的最大正应力与轴成 45°，最大切应力与轴成 90°。韧性断裂主要取决于最大剪切应力，因此其断裂面垂直于轴线，如图 3－31 所示。同时，可以采用划线、酸蚀的方法检测其明显的塑性变形。对韧性扭转过载断裂，由于断裂过程中和断裂后，两断口表面往往相互摩擦，破坏了原始的特征，表面形貌表现为涡旋状。

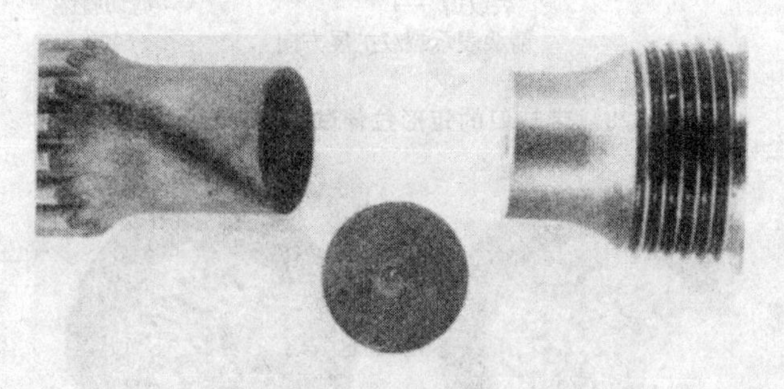

图 3－31 扭转破坏的轴与断口

脆性断裂主要取决于最大正应力，因此其断裂面与轴线成 45°，如图 3－32 所示。断口表面显示出只有辐射状痕迹，这是快速断裂的特征，如图 3－33 所示。通过辐射痕迹可以回溯裂纹源的位置。

图 3－32 扭转过载轴的脆性断口

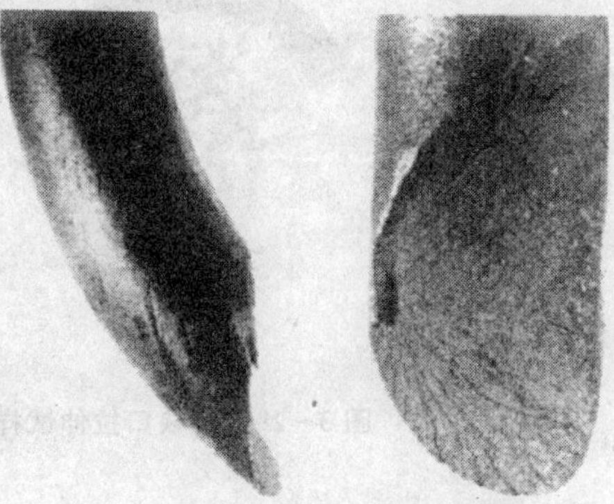

图 3－33 脆性破坏的螺旋弹簧

3.3.3　弯曲过载断裂特征

弯曲断裂的断口表面总体上与拉伸过载所产生的相似。产生一定差别的原因在于弯曲零件的一侧受拉,而另一侧受压。因此,裂纹总是在拉伸一侧形成并扩展。对于韧性弯曲断裂,剪切唇往往垂直于裂纹源。对于脆性弯曲过载断裂,往往没有可借以定位裂纹源的清晰特点,如图 3－34所示。在某些场合,脆性断口也会形成辐射痕迹,可以由此回溯裂纹源,如图 3－35 所示。

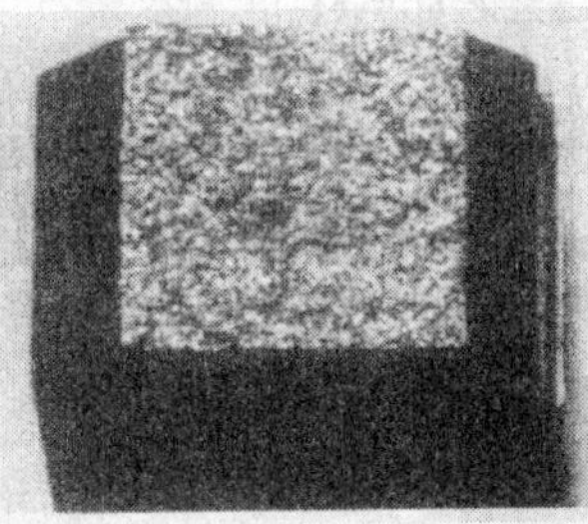

图 3－34　弯曲过载脆性断口

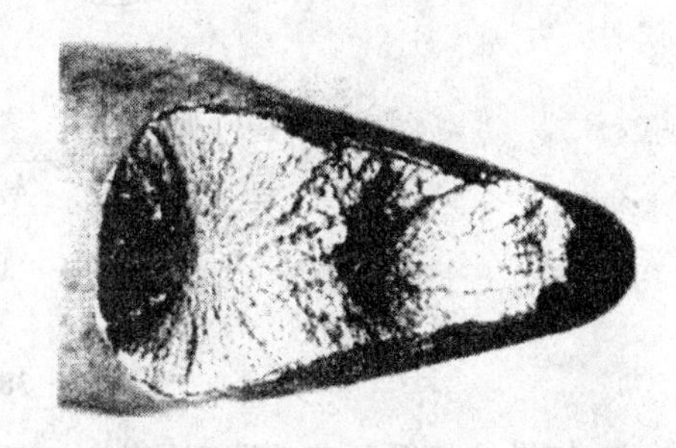

图 3－35　弯曲过载脆性断口(有辐射痕迹)

3.3.4　疲劳过载断裂特征

1. 疲劳断口特征

疲劳断口表面在宏观上通常呈现为两个明显的区域:疲劳裂纹扩展区及最终过载突然断裂区,如图 3－36 所示。在疲劳裂纹扩展区常有贝壳状标记,它是由间歇工作间的腐蚀引起的,如果不停歇,持续工作到断裂将不会出现贝壳纹,如图 3－37 所示,而贝壳纹的形成过程如图 3－38 所示。

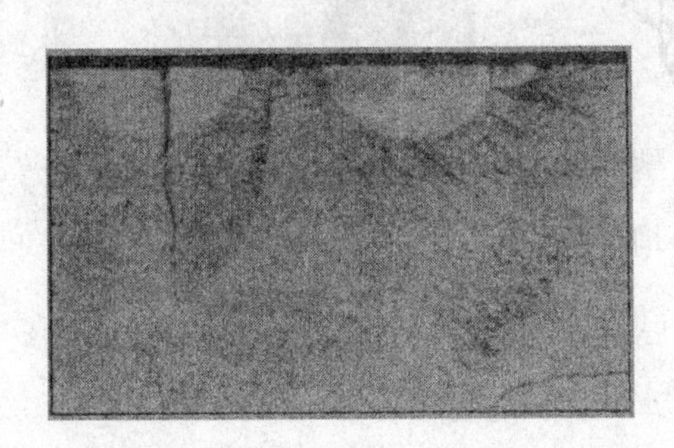

图 3－36　疲劳破坏的典型断口

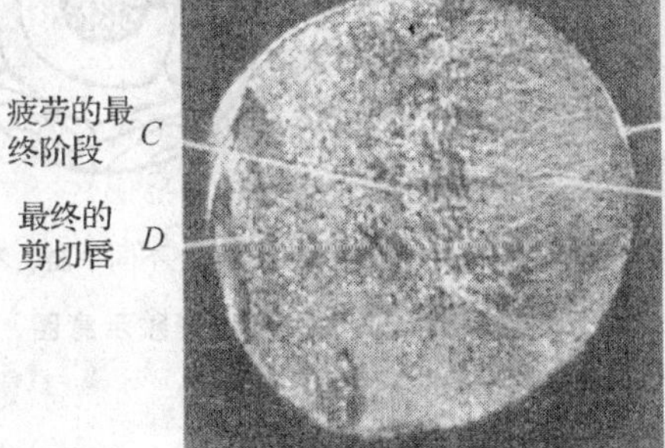

图 3－37　无间歇的疲劳断口

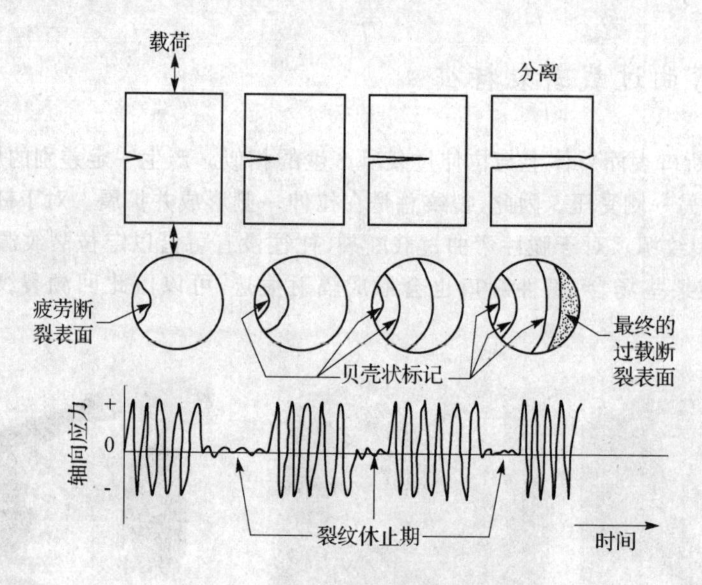

图 3-38 疲劳断面贝壳痕迹的形成

如果是高循环疲劳断裂，裂纹扩展的一个特点是没有明显的塑性变形。

2. 旋转弯曲疲劳断口特征

对旋转弯曲疲劳，初始疲劳裂纹往往在周向不同平面、不同部位萌生，在裂纹从外侧向内扩展过程中，在不同水平处相遇时就可能结合成一个疲劳裂纹，并在表面留下偏移痕迹，形成独特的"棘轮"标记。如图 3-39 所示为旋转弯曲疲劳断口形貌示意图，图 3-40 所示为实际零件的旋转弯曲疲劳断口，其外围有细小棘轮标记。

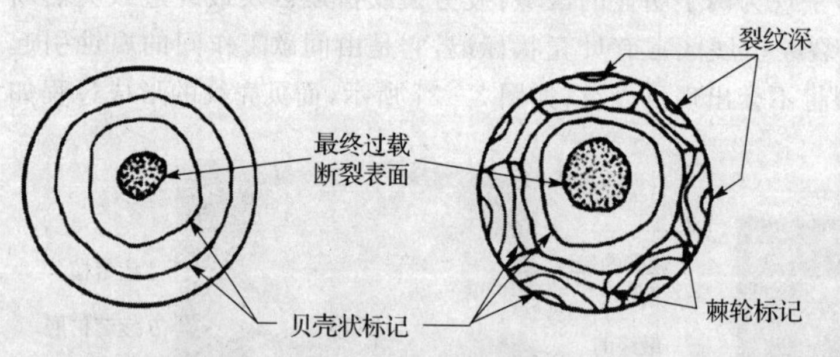

(a) 疲劳裂纹周向同时萌生 (b) 疲劳裂纹在不同平面、不同部位萌生

图 3-39 旋转弯曲疲劳断口形貌示意图

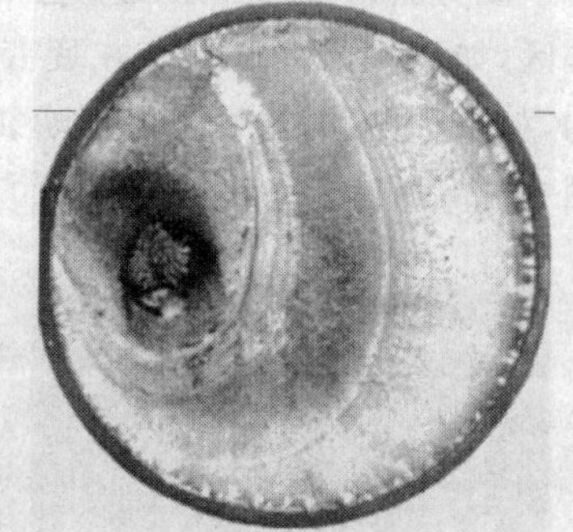

图 3-40 旋转疲劳断口(外围有细小棘轮标记)

3. 反复扭转疲劳断口特征

由于疲劳裂纹仅在拉伸的条件下扩展，在扭转时圆柱体内的裂纹与轴线成 45°。断口往

往也与轴线成 45°,如图 3－41 和图 3－42 所示。在带有键槽的圆柱体中,常常在键槽的根部萌生扭转疲劳裂纹,并且沿着这些部位向内扩展,如图 3－43 所示。

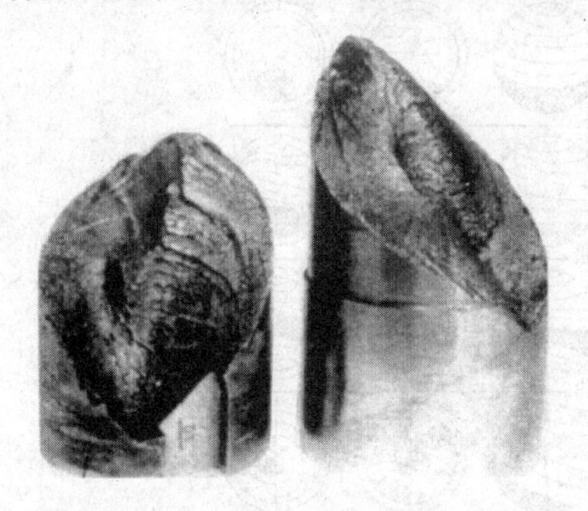

图 3－41　因反复扭转载荷而破坏的轴的疲劳断口

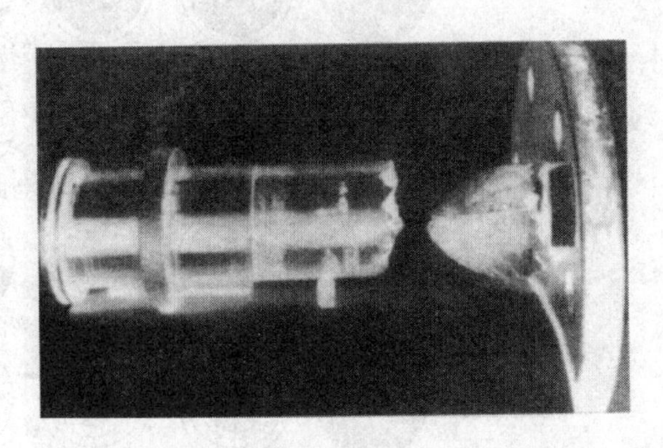

图 3－42　因反复扭转载荷而破坏的钢轴的疲劳断口

(a) 断　口

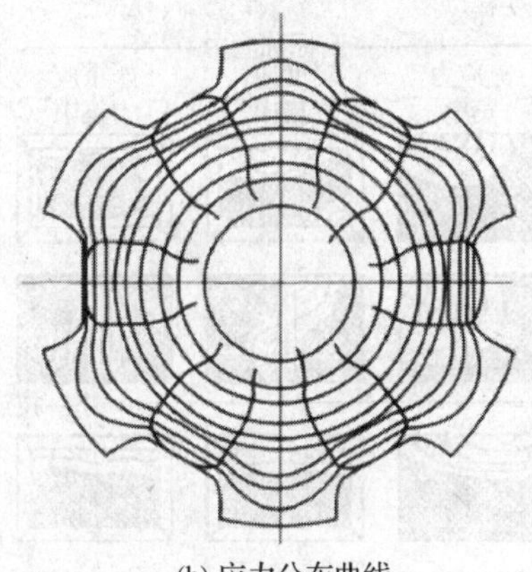

(b) 应力分布曲线

图 3－43　在花键中由于反复扭转载荷而形成的疲劳裂纹

4. 疲劳载荷状况

根据断面形状、断口特征可以进行失效模式的判断。同时,根据断面表面形貌的变化规律,可以对载荷类型、应力水平、缺口尖锐程度等进行分析。

如图 3－44 和图 3－45 所示,应力水平可由疲劳裂纹扩展区与最终断裂区面积间的比例判定。

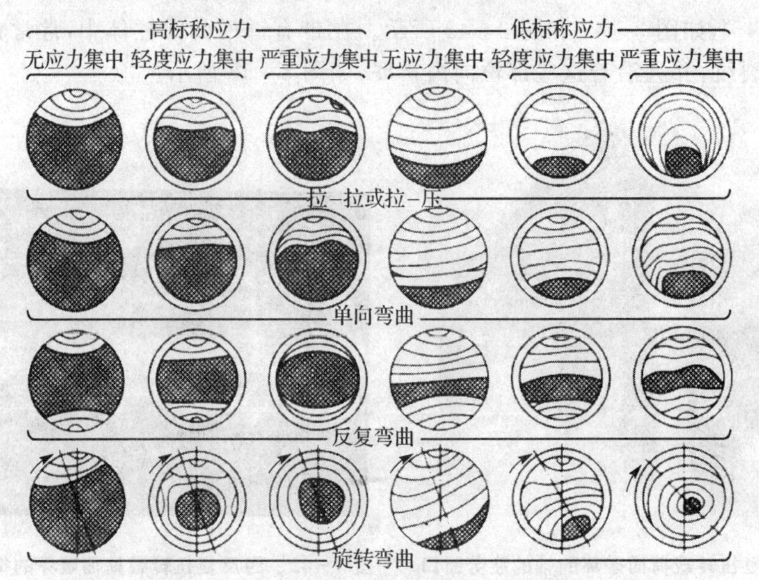

图 3-44 圆截面零件疲劳断口表面形貌的变化规律

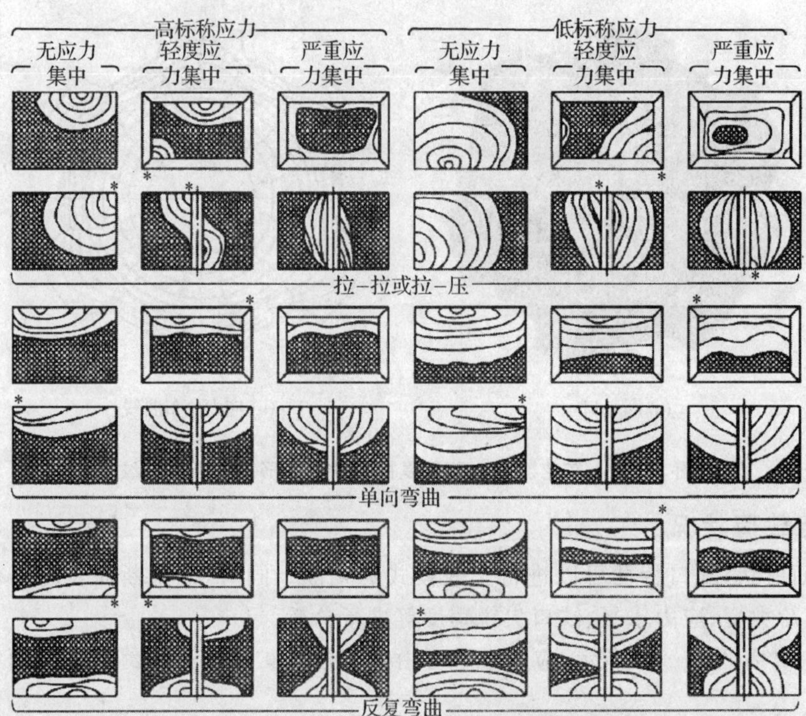

图 3-45 矩形截面零件疲劳断口表面形貌的变化规律

3.4　内燃机机械失效的特殊预防技术

内燃机机械失效的预防技术很多，本节仅介绍一些特殊的预防技术。详细设计技术请参考内燃机设计及其他相关学科论著。

3.4.1　应力放大与应力流设计

1. 减缓局部应力集中的设计——应力流设计

应力集中是由于应力流线转向而引起的，应力流线方向角变化越大，应力集中越严重。可以用流场比拟的方法理解这一问题。如图 3-46(a)所示，要想降低小孔周围应力集中就要使小孔周围应力流线的方向缓慢变化，类似于流线型设计，可以采用图 3-46(b)中的方法实现这一目的。图 3-47 所示为减小带凹口的轴或板的应力集中的措施。图 3-48 所示为减小带键槽轴的扭转应力集中的措施。图 3-49 所示为减小变截面板或轴的应力集中的措施。图 3-50所示为降低内燃机曲轴曲柄臂与轴颈间过渡处应力集中的措施。

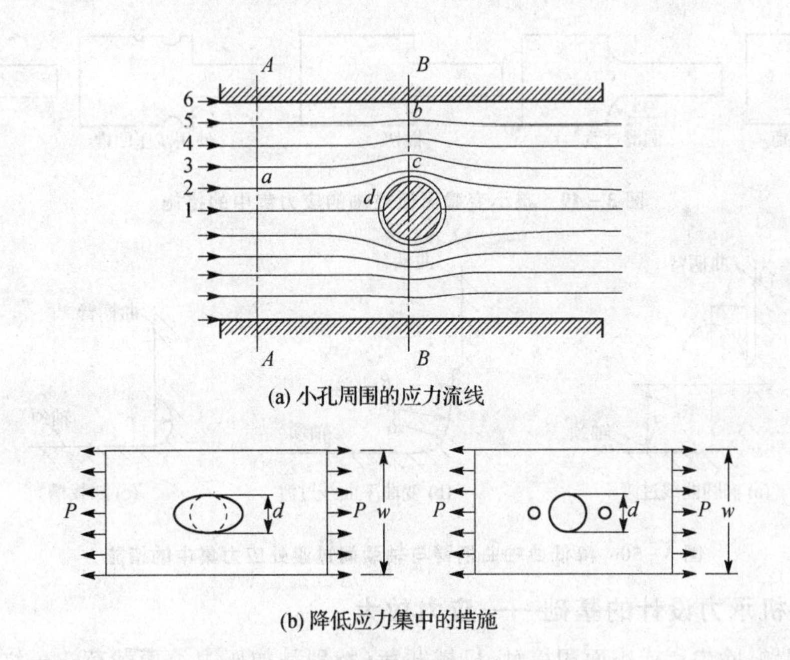

(a) 小孔周围的应力流线

(b) 降低应力集中的措施

图 3-46　减小孔周围的应力集中的措施

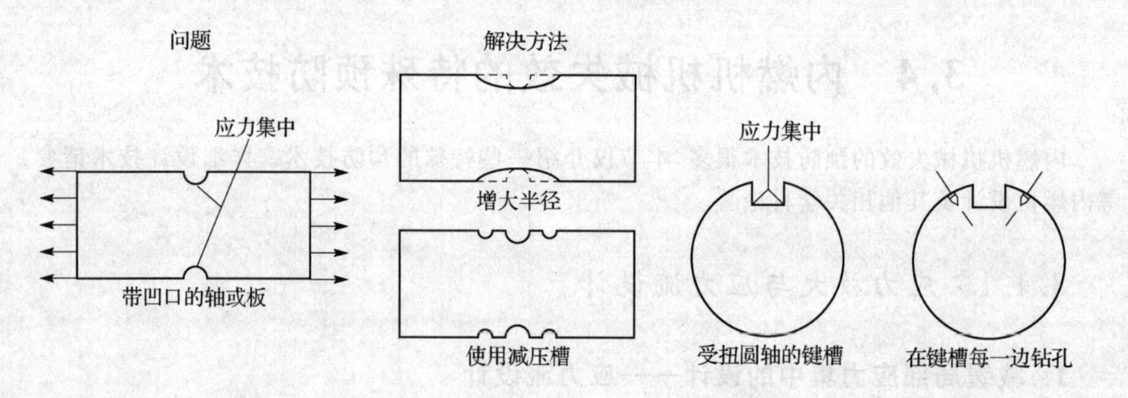

图 3-47　减小带凹口的轴或板的应力集中的措施　　图 3-48　减小带键槽轴的扭转应力集中的措施

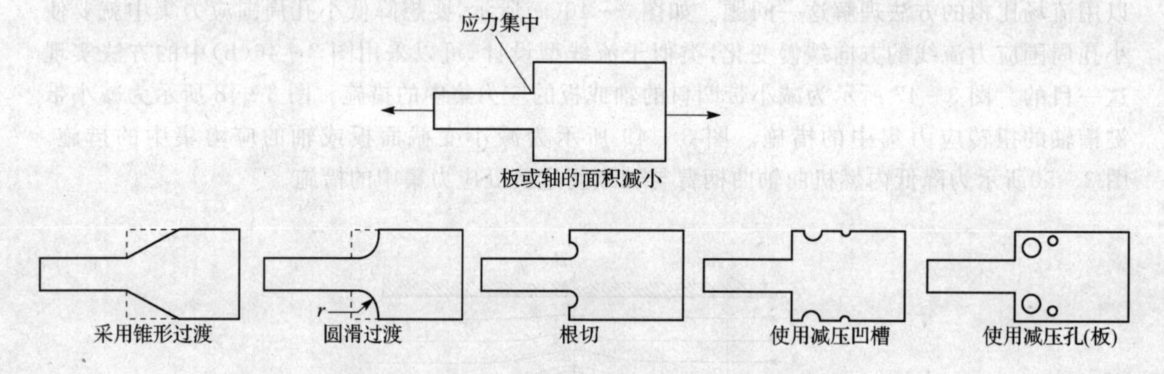

图 3-49　减小变截面板或轴的应力集中的措施

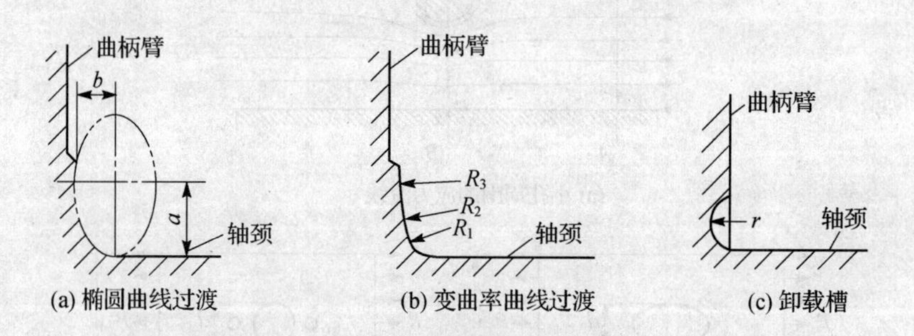

图 3-50　降低曲轴曲柄臂与轴颈间过渡处应力集中的措施

2. 内燃机承力设计的基础——应力放大

对实际问题，除尖点或小面积接触，机械载荷（特别是如压力类面载荷——缸内燃烧压力等）施加面附近的应力一般并不高。机械失效部位往往与载荷施加面有一定的距离。这是因为机械应力在传递过程，如果传力结构设计不当，力线错位，则会出现类似杠杆原理的应力放大作用。

图 3－51 所示为力的偏心对应力的影响。当两个力错开一个相当于壁厚的距离时，壁厚要增加到不错开时的 3 倍才能保证零件内的应力不增加。

在长距离载荷的传递时，即加载点与支撑点相距较远（如内燃机机体），减小载荷传递时零件内机械应力的重要原则如下：

① 主要载荷尽可能直线传递，避免错位。

如图 3－52 所示，在机体内燃气爆发压力通过缸盖螺栓传到主轴承盖螺栓，因此，使缸盖螺钉和主轴承盖螺钉在一条直线上，甚至让两者尽可能靠近，可以减小由于机体变形产生的附加载荷，从而减小机体内的机械应力。

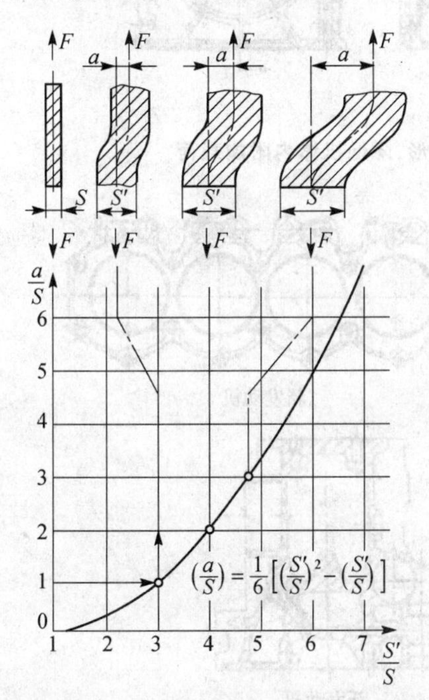

图 3－51　力的偏心对应力的影响

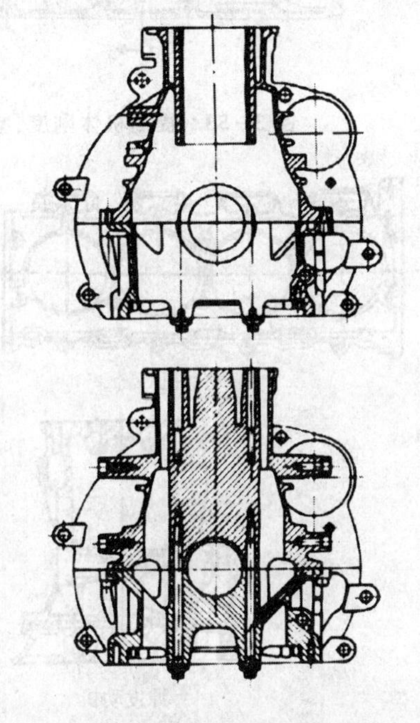

图 3－52　铝合金机体汽缸盖螺栓和主轴承螺栓的布置与设计

② 提高刚度，防止变形，避免产生附加的弯曲和扭转。

如图 3－53 所示，通过增加三角形的加强筋可以提高机体刚度，减小机体内的附加载荷。从图 3－54 所示的机体的改进也可以看出，提高传力点及传力路线附近的刚度对减小附加载荷很有利，这也是改进的方向。

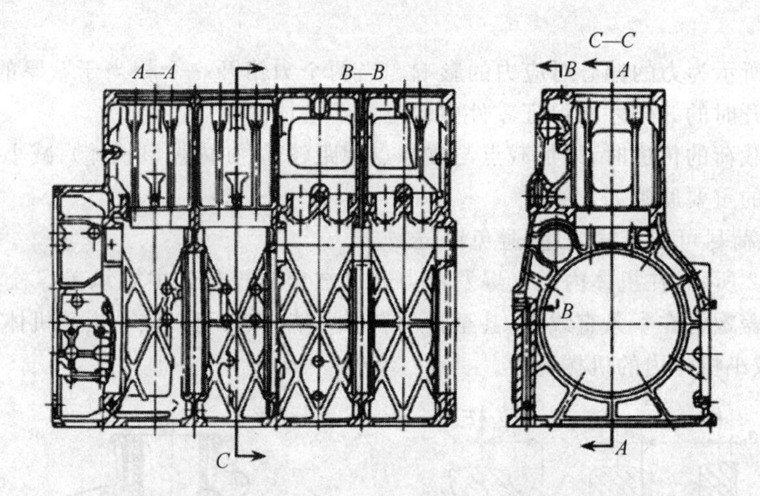

图 3-53 提高机体刚度，减少变形，降低机体内附加载荷

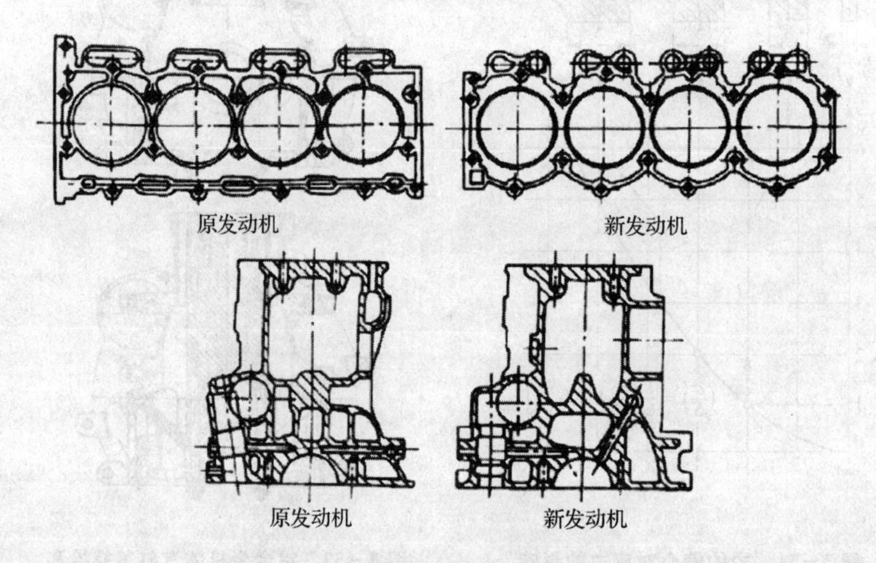

图 3-54 内燃机机体框架结构的改进

3.4.2 接触表面失效的变形协调设计

理想接触并不会增大传递的正压力，但对实际问题，由于两接触零件的变形不协调（变形趋向不一致），往往会破坏面接触，造成尖点接触，进而引起很大的局部接触应力。典型的例子是活塞销孔与活塞销之间的接触设计，如图 3-55 所示。下面以内燃机活塞为例，介绍解决或缓解接触不协调的措施。

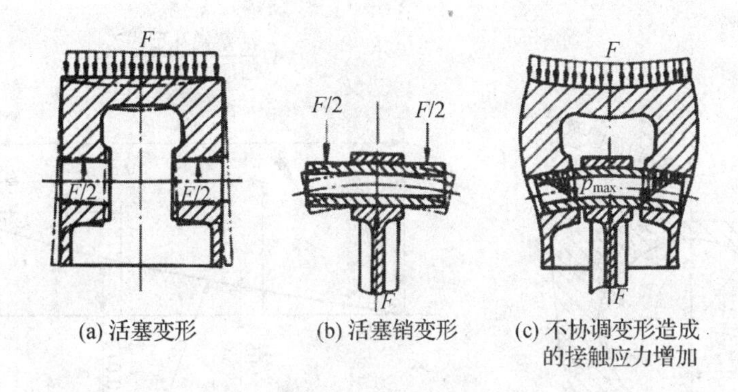

(a) 活塞变形　　(b) 活塞销变形　　(c) 不协调变形造成的接触应力增加

图 3－55　活塞销孔与活塞销的不协调变形

(1) 减小引起不协调变形的载荷

如图 3－56 所示的短跨距活塞可以减小引起不协调变形的弯曲载荷。而图 3－57 所示的施韦策活塞彻底消除了这一弯曲载荷。

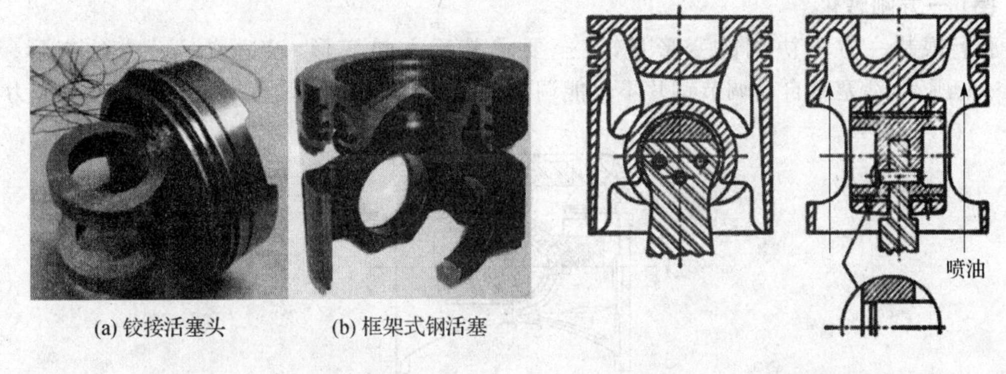

(a) 铰接活塞头　　(b) 框架式钢活塞

图 3－56　短跨距活塞　　**图 3－57　柴油机用施韦策活塞**

(2) 一方柔性化、退让

一方妥协，以适应另一方不协调的变形，如图 3－58 和图 3－59 所示。

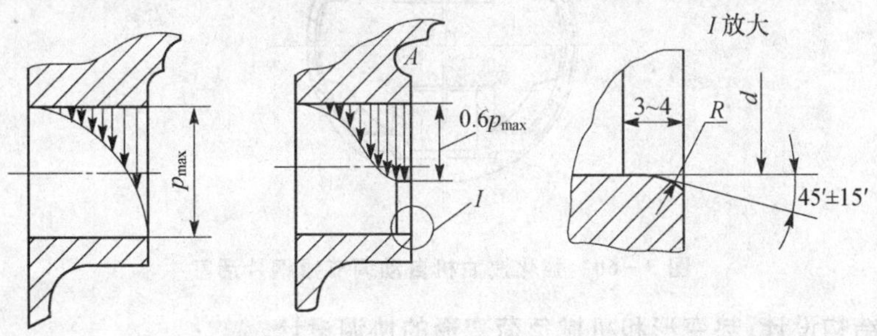

图 3－58　刚性活塞销座边缘负荷的降低措施

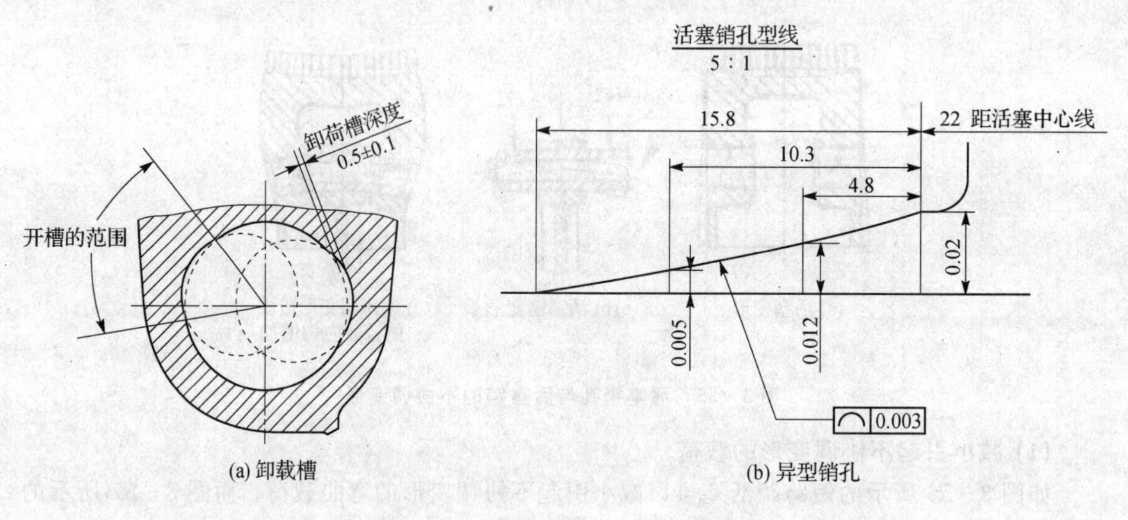

图 3-59 活塞销孔中的退让措施

(3) 一方刚性化

强行限制一方不协调的变形量，甚至要求其反方向变形，以适应另一方的变形。如图 3-60所示，活塞镶自动调节钢片不仅能调节裙部变形，而且能改善销与销孔的接触应力。

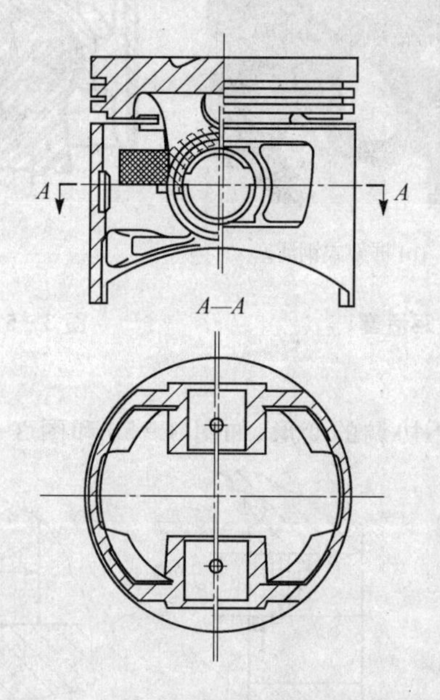

图 3-60 强化汽油机自动调节镶钢片活塞

(4) 承力结构设计、热变形和机械负荷变形的协调设计

通过承力结构设计、热变形和机械负荷变形的协调设计，减小整体不协调变形。活塞的不协调变形不仅取决于爆发压力、侧压力,还与活塞的热负荷、热变形关系密切,协调热负荷与机械负荷变形并配合结构设计,可以从整体上减小不协调变形,如图3-61所示。

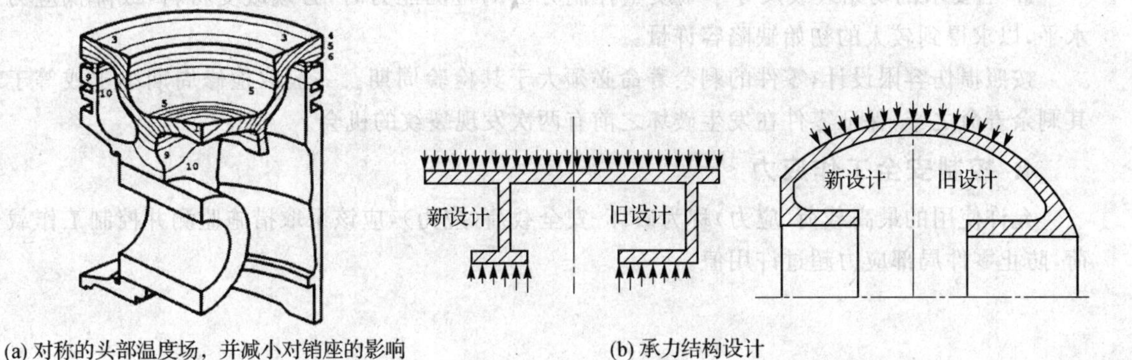

(a) 对称的头部温度场,并减小对销座的影响

(b) 承力结构设计

图3-61 强化汽油机自动调节镶钢片活塞

3.4.3 抗断裂设计技术

1. 精心选材

抗断裂设计中材料的选择很重要:

① 选用断裂韧性 K_{IC}/σ_s 和韧脆转变温度FATT高的材料。选择疲劳裂纹扩展速率低的材料。

② 常用的中、低强度钢的 K_{IC}/σ_s 高,具有允许较大缺陷的能力,高强度钢次之,超高强度钢最差。

③ 初始缺陷尺寸对剩余寿命影响很大。应采用先进的工艺技术,减小结构缺陷,并设法消除不必要的残余应力。

2. 结构合理布局

抗断裂结构的布局要合理:

① 采用冗余结构;

② 一个构件由若干个元件组成,元件间止裂;

③ 在零件预期扩展途径上钻一小孔,或设止裂缝;

④ 在裂纹的扩展途径上设加强件(止裂件);

⑤ 断裂前自动报警、便于维修等结构。

3. 制定合理的检验程序

抗断裂设计中要制定合理的检验程序:

① 合理的检验程序可以保证及时发现裂纹；

② 按照损伤容限设计的零件都必须进行适当的检验；

③ 当要求的初始裂纹尺寸小于质量控制方法的检测能力时，必须改变材料，或降低应力水平，以求得到较大的初始缺陷容许量。

按照损伤容限设计，零件的剩余寿命必须大于其检验周期。一般取检修周期小于或等于其剩余寿命之半，保证零件在发生破坏之前有两次发现裂纹的机会。

4. 控制安全工作应力

允许使用的最高载荷（应力）称为破坏-安全载荷（应力），应该采取措施监测并控制工作载荷，防止零件局部应力超过许用值。

第4章 内燃机机械失效寿命评估理论与方法

4.1 结构的应力与应变

尽管结构机械失效的模式多种多样，但无论何种失效模式，其根本原因都是结构承受的载荷过大。弹塑性力学指出，结构上一点承受载荷的大小可以用“应力”或“应变”来表示。因此，在对结构进行机械失效评估分析之前，应对结构的应力和应变进行必要的介绍。这里假定读者已经具有弹性力学的基础知识，因此仅概略地介绍在结构强度分析与寿命评估中涉及的一些基本概念和基本结论。

4.1.1 应力张量

在给定坐标系 $Oxyz$ 中，结构上任意点 $P(x,y,z)$ 处的应力张量共有 9 个分量，它们分别对应于过该点法线方向为 3 个坐标方向的假想截面（如图 4-1(a)所示）上的 9 个内力分量在该点上的值。

应力的符号记法很多，我国工程界通常用 σ_x、τ_{xy}、τ_{xz} 表示法线方向为 x 向的截面上的内力沿 x、y、z 方向的分量，类似地，用 τ_{yx}、σ_y、τ_{yz} 表示法线方向为 y 向的截面上的内力沿 x、y、z 方向的分量，而用 τ_{zx}、τ_{zy}、σ_z 表示法线方向为 z 向的截面上的内力沿 x、y、z 方向的分量。为了清楚地表示该点 P 处三个截面上的应力分量，这里有意将三个截面沿各自法向平移了一段距离，得到各应力分量如图 4-1(b)所示，该图中三个平面的中心实质上表示的是同一个点 P。习惯上，称 σ_x，σ_y，σ_z 分别为 x、y、z 方向的正应力，称 τ_{xy}、τ_{xz}、τ_{yx}、τ_{yz}、τ_{zx}、τ_{zy} 分别为 xy、xz、yx、yz、zx、zy 方向的剪应力。

采用矩阵记法，P 点处的应力状态可以表示如下：

$$\boldsymbol{\sigma}=\begin{bmatrix}\sigma_x & \tau_{xy} & \tau_{xz}\\ \tau_{yx} & \sigma_y & \tau_{yz}\\ \tau_{zx} & \tau_{zy} & \sigma_z\end{bmatrix} \tag{4-1}$$

式中：$\tau_{xy}=\tau_{yx}$，$\tau_{xz}=\tau_{zx}$，$\tau_{yz}=\tau_{zy}$。

根据应力的定义可以推出，在原点不同但方向相同的坐标系中，得到的应力分量完全相同，而在方向不同的两个坐标系中表示的两组应力分量满足转轴公式。假设坐标系 $Oxyz$ 和坐标系 $O'x'y'z'$ 的方向余弦矩阵为

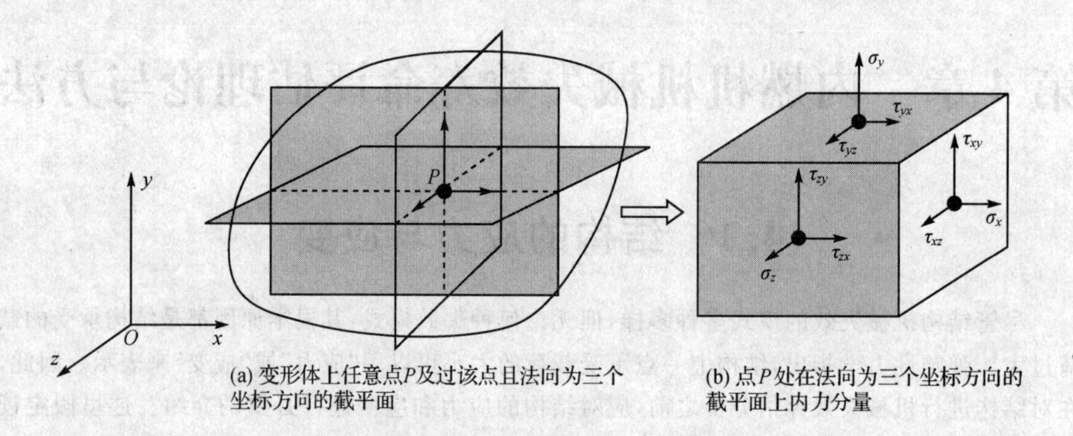

图 4-1 变形体上任意点 P 处的应力分量

$$\boldsymbol{L}=\begin{bmatrix} l_{xx'} & l_{xy'} & l_{xz'} \\ l_{yx'} & l_{yy'} & l_{yz'} \\ l_{zx'} & l_{zy'} & l_{zz'} \end{bmatrix} \tag{4-2}$$

则在坐标系 $O'x'y'z'$ 中，P 点处的应力状态为

$$\boldsymbol{\sigma}=\begin{bmatrix} \sigma_{x'} & \tau_{x'y'} & \tau_{x'z'} \\ \tau_{y'x'} & \sigma_{y'} & \tau_{y'z'} \\ \tau_{z'x'} & \tau_{z'y'} & \sigma_{z'} \end{bmatrix}=\begin{bmatrix} l_{xx'} & l_{yx'} & l_{zx'} \\ l_{xy'} & l_{yy'} & l_{zy'} \\ l_{xz'} & l_{yz'} & l_{zz'} \end{bmatrix}\begin{bmatrix} \sigma_{x} & \tau_{xy} & \tau_{xz} \\ \tau_{yx} & \sigma_{y} & \tau_{yz} \\ \tau_{zx} & \tau_{zy} & \sigma_{z} \end{bmatrix}\begin{bmatrix} l_{xx'} & l_{xy'} & l_{xz'} \\ l_{yx'} & l_{yy'} & l_{yz'} \\ l_{zx'} & l_{zy'} & l_{zz'} \end{bmatrix} \tag{4-3}$$

由于 P 点处的应力满足形如式(4-3)的转轴公式，并注意到剪应力互等，因此 P 点处的应力是一个二阶对称张量。

如图 4-2(a)所示，根据任意点 P 处受力平衡的极限条件，可以求出在过 P 点且法向量为 $\boldsymbol{n}$ 的任意截面上，P 点处的内力 $\boldsymbol{T}_n$ 沿三个坐标方向的分量与各应力分量的关系为

$$\left.\begin{aligned} T_x &= \sigma_x l_{nx} + \tau_{xy} l_{ny} + \tau_{xz} l_{nz} \\ T_y &= \tau_{yx} l_{nx} + \sigma_y l_{ny} + \tau_{yz} l_{nz} \\ T_z &= \tau_{zx} l_{nx} + \tau_{zy} l_{ny} + \sigma_z l_{nz} \end{aligned}\right\} \tag{4-4}$$

也可以将 $\boldsymbol{T}_n$ 沿截面的法向 $\boldsymbol{n}$ 和相应的切向上分解(如图 4-2(b)所示)，分别记为 σ_n 和 τ_n，并称其为该截面上的正应力(分量)和剪应力(分量)。

如果在过 P 点的某一截面上，P 点处仅有法向内力(即正应力分量)而没有切向内力(即剪应力分量)，则称该截面为主平面，其法线方向称为应力主方向，而其上的应力称为主应力。假设该内力大小为 λ，则有

$$\left.\begin{aligned} \lambda l_{nx} &= \sigma_x l_{nx} + \tau_{xy} l_{ny} + \tau_{xz} l_{nz} \\ \lambda l_{ny} &= \sigma_{yx} l_{nx} + \sigma_y l_{ny} + \tau_{yz} l_{nz} \\ \lambda l_{nz} &= \tau_{zx} l_{nx} + \tau_{zy} l_{ny} + \sigma_z l_{nz} \end{aligned}\right\} \tag{4-5}$$

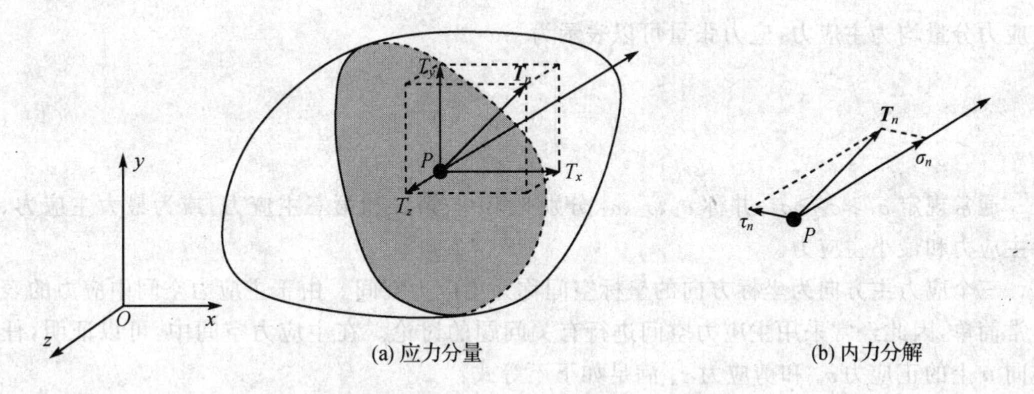

图 4-2　变形体上任意点 P 处在法向为 n 的截面上的内力

式(4-5)也可以写为

$$\begin{bmatrix} \sigma_x-\lambda & \tau_{xy} & \tau_{xz} \\ \tau_{yx} & \sigma_y-\lambda & \tau_{yz} \\ \tau_{zx} & \tau_{zy} & \sigma_z-\lambda \end{bmatrix} \begin{Bmatrix} l_{nx} \\ l_{ny} \\ l_{nz} \end{Bmatrix}=0 \tag{4-6}$$

其中，l_{nx}、l_{ny}、l_{nz} 还应满足

$$l_{nx}^2+l_{ny}^2+l_{nz}^2=1 \tag{4-7}$$

联立式(4-6)和式(4-7)，可以求出 l_{nx}、l_{ny}、l_{nz} 和 λ。

注意到，式(4-6)存在非零解 l_{nx}、l_{ny}、l_{nz} 的条件为其系数行列式为零，即

$$\begin{vmatrix} \sigma_x-\lambda & \tau_{xy} & \tau_{xz} \\ \tau_{yx} & \sigma_y-\lambda & \tau_{yz} \\ \tau_{zx} & \tau_{zy} & \sigma_z-\lambda \end{vmatrix}=0 \tag{4-8}$$

由此得到关于 λ 的三次代数方程为

$$\lambda^3-I_1\lambda^2+I_2\lambda-I_3=0 \tag{4-9}$$

式中：

$$I_1=\sigma_x+\sigma_y+\sigma_z \tag{4-10}$$

$$I_2=\sigma_x\sigma_y+\sigma_y\sigma_z+\sigma_z\sigma_x-\sigma_{xy}^2-\sigma_{yz}^2-\sigma_{zx}^2 \tag{4-11}$$

$$I_3=\sigma_x\sigma_y\sigma_z+2\sigma_{xy}\sigma_{yz}\sigma_{zx}-\sigma_x\sigma_{yz}^2-\sigma_y\sigma_{zx}^2-\sigma_z\sigma_{xy}^2 \tag{4-12}$$

可以证明，在进行坐标变换时，各应力分量可能发生变化，但 I_1、I_2、I_3 保持不变，因此分别称其为第一、第二、第三应力不变量。

由于应力为对称张量，因此可以证明方程(4-9)的三个根均为实根，记为 σ_1、σ_2 和 σ_3，分别代回式(4-6)，结合式(4-7)可以求出相应的应力主方向，记为 $\boldsymbol{n}_1=(l_{1x},l_{1y},l_{1z})$，$\boldsymbol{n}_2=(l_{2x},l_{2y},l_{2z})$，$\boldsymbol{n}_3=(l_{3x},l_{3y},l_{3z})$。不难证明，当三个主应力互不相同时，这三个应力主方向是相互垂直的。若以这三个应力主方向为坐标方向，则在该坐标系中所有的剪应力分量均为零，此时的

正应力分量均为主应力,应力张量可以表示为

$$\boldsymbol{\sigma}=\begin{bmatrix}\sigma_1 & 0 & 0\\ 0 & \sigma_2 & 0\\ 0 & 0 & \sigma_3\end{bmatrix} \tag{4-13}$$

通常规定 $\sigma_1 \geqslant \sigma_2 \geqslant \sigma_3$,并称 σ_1、σ_2、σ_3 分别为第一、第二和第三主应力,或为最大主应力、中间主应力和最小主应力。

三个应力主方向为坐标方向的坐标空间称为主应力空间。由于主应力空间中应力的表示非常简单,因此经常采用主应力空间进行有关问题的讨论。在主应力空间中,可以证明,任意方向 $\boldsymbol{n}$ 上的正应力 σ_n 和剪应力 τ_n 满足如下不等式:

$$\left(\sigma_n-\frac{\sigma_1+\sigma_2}{2}\right)^2+\tau_n^2 \geqslant \left(\frac{\sigma_1-\sigma_2}{2}\right)^2 \tag{4-14a}$$

$$\left(\sigma_n-\frac{\sigma_2+\sigma_3}{2}\right)^2+\tau_n^2 \geqslant \left(\frac{\sigma_2-\sigma_3}{2}\right)^2 \tag{4-14b}$$

$$\left(\sigma_n-\frac{\sigma_3+\sigma_1}{2}\right)^2+\tau_n^2 \leqslant \left(\frac{\sigma_3-\sigma_1}{2}\right)^2 \tag{4-14c}$$

上述三式表明,当一点的三个主应力 σ_1、σ_2、σ_3 已知时,在 $\sigma_n-\tau_n$ 平面上,σ_n 和 τ_n 的取值范围是:以 $\left(\frac{\sigma_1+\sigma_2}{2},0\right)$ 为圆心,半径为 $\frac{\sigma_1-\sigma_2}{2}$ 的圆之外(含边界,下同);以 $\left(\frac{\sigma_2+\sigma_3}{2},0\right)$ 为圆心,半径为 $\frac{\sigma_2-\sigma_3}{2}$ 的圆之外;以 $\left(\frac{\sigma_3+\sigma_1}{2},0\right)$ 为圆心,半径为 $\frac{\sigma_1-\sigma_3}{2}$ 的圆之内。如图 4-3 中的阴影所示,所以统称这三个圆为应力圆,也称莫尔圆。

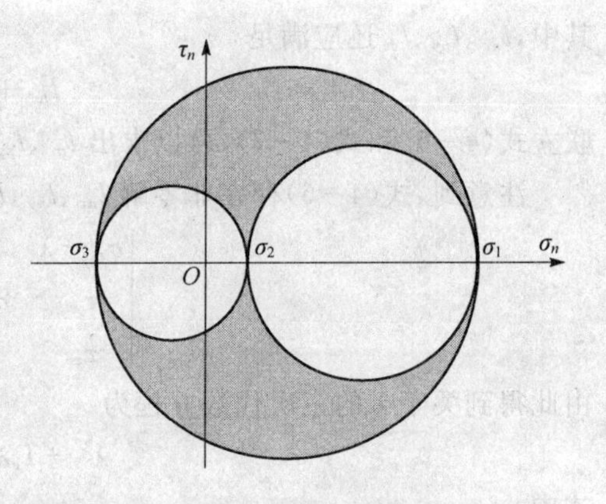

图 4-3 应力圆(莫尔圆)

根据 σ_n 和 τ_n 的取值范围可很容易得到如下结论:

① σ_1 和 σ_3 分别为最大的正应力和最小的正应力,即 $\sigma_3 \leqslant \sigma_n \leqslant \sigma_1$。

② 最大剪应力值 $\tau_{\max}=\frac{\sigma_1-\sigma_3}{2}$。

在进行结构的强度分析时,除了应用三个主应力外,还经常应用到一些其他特殊方向上的应力分量,其中最常用的在主应力空间中等倾面上的应力分量。所谓等倾面,指的是与三个坐标平面夹角相同的面。这样的平面共有 8 个,其法向矢量在主应力空间中为 $\left(\pm\frac{\sqrt{3}}{3},\pm\frac{\sqrt{3}}{3},\pm\frac{\sqrt{3}}{3}\right)$。为了清楚地表示所有等倾面上的应力分量,通常将等倾面沿其法向平移一段距离,由

此 8 个等倾面围成了一个八面体，如图 4－4 所示给出了法向为$\left(\frac{\sqrt{3}}{3},\frac{\sqrt{3}}{3},\frac{\sqrt{3}}{3}\right)$的等倾面上的应力分量。在采用八面体表示等倾面应力分量时，需要注意每个面的中心实质上表示的是同一个点 P。

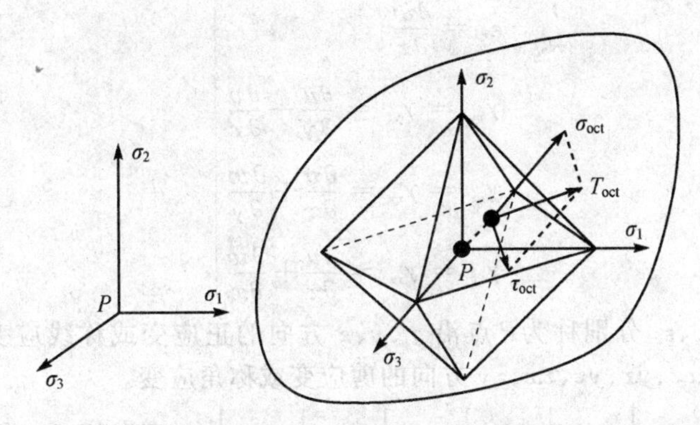

图 4－4　变形体上任意点 P 及过该点的 8 个等倾截平面上的应力分量

利用转轴公式，可以求出八面体上的正应力和剪应力分别为

$$\sigma_{oct}=(\sigma_1+\sigma_2+\sigma_3)/3=(\sigma_x+\sigma_y+\sigma_z)/3 \tag{4-15}$$

$$\tau_{oct}=\frac{1}{3}\sqrt{(\sigma_1-\sigma_2)^2+(\sigma_1-\sigma_3)^2+(\sigma_2-\sigma_3)^2}=$$

$$\frac{1}{3}\sqrt{(\sigma_x-\sigma_y)^2+(\sigma_y-\sigma_z)^2+(\sigma_z-\sigma_x)^2+6(\tau_{xy}^2+\tau_{yz}^2+\tau_{zx}^2)} \tag{4-16}$$

在结构强度理论中，为便于分析，还常引入等效应力(或称应力强度)的概念，其表达式为

$$\sigma_i=\frac{3}{\sqrt{2}}\tau_{oct}=\frac{\sqrt{2}}{2}\sqrt{(\sigma_1-\sigma_2)^2+(\sigma_2-\sigma_3)^2+(\sigma_3-\sigma_1)^2}=$$

$$\frac{\sqrt{2}}{2}\sqrt{(\sigma_x-\sigma_y)^2+(\sigma_y-\sigma_z)^2+(\sigma_z-\sigma_x)^2+6(\tau_{xy}^2+\tau_{yz}^2+\tau_{zx}^2)}=$$

$$\frac{\sqrt{2}}{3}\sqrt{I_1^2-3I_2} \tag{4-17}$$

4.1.2　应变张量

固体力学指出，结构上任意点处的变形程度可以用“应变”来表示。在给定坐标系 $Oxyz$ 中，结构上任意点 $P(x,y,z)$处的应变共有 9 个分量，在小变形情况下，它们分别描述了过该点沿三个坐标轴方向上微线段的长度变化和相互间夹角的变化。假设 $P(x,y,z)$处的位移为 (u,v,w)，这 9 个应变分量可以表示为

$$\left.\begin{aligned}\varepsilon_x &= \frac{\partial u}{\partial x}\\ \varepsilon_y &= \frac{\partial v}{\partial y}\\ \varepsilon_z &= \frac{\partial w}{\partial z}\\ \gamma_{xy} &= \gamma_{yx} = \frac{\partial u}{\partial y}+\frac{\partial v}{\partial x}\\ \gamma_{yz} &= \gamma_{zy} = \frac{\partial v}{\partial z}+\frac{\partial w}{\partial y}\\ \gamma_{zx} &= \gamma_{xz} = \frac{\partial u}{\partial z}+\frac{\partial w}{\partial x}\end{aligned}\right\} \tag{4-18}$$

习惯上，将 ε_x、ε_y、ε_z 分别称为P点沿 x、y、z 方向的正应变或称线应变，γ_{xy}、γ_{yx}、γ_{yz}、γ_{zy}、γ_{zx}、γ_{xz} 称为P点 xy、xz、yx、yz、zx、zy 方向的剪应变或称角应变。

可以证明，ε_x、ε_y、ε_z、$\frac{1}{2}\gamma_{xy}$、$\frac{1}{2}\gamma_{yx}$、$\frac{1}{2}\gamma_{yz}$、$\frac{1}{2}\gamma_{zy}$、$\frac{1}{2}\gamma_{zx}$、$\frac{1}{2}\gamma_{xz}$ 可以构成一个二阶对称张量，采用矩阵记法可以表示为

$$\boldsymbol{\varepsilon} = \begin{bmatrix} \varepsilon_x & \frac{1}{2}\gamma_{xy} & \frac{1}{2}\gamma_{xz} \\ \frac{1}{2}\gamma_{yx} & \varepsilon_y & \frac{1}{2}\gamma_{yz} \\ \frac{1}{2}\gamma_{zx} & \frac{1}{2}\gamma_{zy} & \varepsilon_z \end{bmatrix} \tag{4-19}$$

显然，与应力张量的情形相似，当一点的应变张量 $\boldsymbol{\varepsilon}$ 确定后，也可以求出主应变 ε_1、ε_2、ε_3 和对应的主应变方向。可以证明，对各向同性线弹性结构，P 点处的应力主方向与应变主方向是重合的，即 σ_1 和 ε_1、σ_2 和 ε_2、σ_2 和 ε_3 对应的方向相同。

类似地，在主应变空间中，可以求出等倾面上的正应变和剪应变。在进行结构的强度分析时，经常会用到等倾面上的剪应变 γ_{oct} 和与其相关的应变强度 ε_{i}。

$$\gamma_{\mathrm{oct}} = \frac{2}{3}\sqrt{(\varepsilon_1-\varepsilon_2)^2+(\varepsilon_1-\varepsilon_3)^2+(\varepsilon_2-\varepsilon_3)^2} \tag{4-20}$$

$$\begin{aligned}\varepsilon_{\mathrm{i}} &= \frac{\sqrt{2}}{2}\gamma_{\mathrm{oct}} = \frac{\sqrt{2}}{3}\sqrt{(\varepsilon_1-\varepsilon_2)^2+(\varepsilon_2-\varepsilon_3)^2+(\varepsilon_1-\varepsilon_3)^2} = \\ &\frac{\sqrt{2}}{3}\sqrt{(\varepsilon_x-\varepsilon_y)^2+(\varepsilon_y-\varepsilon_z)^2+(\varepsilon_z-\varepsilon_x)^2+\frac{3}{2}(\gamma_{xy}^2+\gamma_{yz}^2+\gamma_{zx}^2)}\end{aligned} \tag{4-21}$$

4.1.3　偏应力张量和偏应变张量

实验表明，对于大多数金属材料，在较大的静水压力作用下，材料仍表现为弹性性质。因

此，在塑性力学中，常常引入偏应力张量和偏应变张量的概念。以应力为例，所谓偏应力张量指的是

$$\boldsymbol{\sigma}' = \begin{bmatrix} \sigma_x - \sigma_m & \tau_{xy} & \tau_{xz} \\ \tau_{yx} & \sigma_y - \sigma_m & \tau_{yz} \\ \tau_{zx} & \tau_{zy} & \sigma_z - \sigma_m \end{bmatrix} \tag{4-22}$$

式中：

$$\sigma_m = \frac{1}{3}(\sigma_x + \sigma_y + \sigma_z) = \frac{1}{3}I_1 \tag{4-23}$$

显然，偏应力张量仍为二阶对称张量。偏应力张量和应力张量具有相同的主方向，其第一、第二、第三不变量可以表示为

$$J_1 = 0 \tag{4-24}$$

$$J_2 = -\frac{1}{6}\left[(\sigma_x - \sigma_y)^2 + (\sigma_y - \sigma_z)^2 + (\sigma_z - \sigma_x)^2 + \sigma_{xy}^2 + \sigma_{yz}^2 + \sigma_{zx}^2\right] = I_2 - 3\sigma_m^2 \tag{4-25}$$

$$J_3 = I_3 + I_2\sigma_m + 2\sigma_m^3 \tag{4-26}$$

将上述应力张量换为应变张量，即可得到相应的偏应变张量及其相关概念。

4.2 静载荷下常用的强度理论

所谓强度，是指结构在载荷作用下抵抗破坏的能力。实验表明，各种材料的破坏形式是不同的，常见的主要有两类：一类是流动破坏，另一类是断裂破坏。塑性材料，如普通碳钢，在轴向拉伸下，当应力达到屈服极限时，将出现明显的流动现象。这时，材料出现的变形是不可恢复的塑性变形。在这种情况下，构件已不能正常工作，因此，通常将出现流动现象或塑性变形作为破坏的标志，这就是流动破坏。脆性材料，如铸铁，在轴向拉伸下，当还没有明显变形时就突然断裂，这是断裂破坏。工程上，一般以延伸率 $\delta = 5\%$ 作为脆性材料和塑性材料的分界线。延伸率越大，说明材料的塑性越好。

材料的破坏形式不同，原因自然也不同。强度理论因此相应地分成两类：一是解释材料断裂破坏的强度理论，另一类是解释材料流动破坏的强度理论。尽管材料的破坏现象可以观测，但是要建立起合理的强度理论并不容易，目前的强度理论都是假定结构所受的应力或应变是导致材料破坏的主要因素，然后通过实验观测以及合理的分析建立起来的。

4.2.1 简单应力状态下的强度理论

所谓简单应力状态，指的是结构内(或关心区域)各点的应力状态仅有一个应力分量不为

零，也就是说，通过一个应力值即可表征该结构的受力状态。通常的简单应力状态就是指轴向拉压和纯剪切两种情形。它们分别表示如下：

$$\boldsymbol{\sigma}=\begin{bmatrix}\sigma_x & 0 & 0\\ 0 & 0 & 0\\ 0 & 0 & 0\end{bmatrix}=\begin{bmatrix}\sigma & 0 & 0\\ 0 & 0 & 0\\ 0 & 0 & 0\end{bmatrix} \tag{4-27}$$

$$\boldsymbol{\tau}=\begin{bmatrix}0 & \tau_{xy} & 0\\ \tau_{yx} & 0 & 0\\ 0 & 0 & 0\end{bmatrix}=\begin{bmatrix}0 & \tau & 0\\ \tau & 0 & 0\\ 0 & 0 & 0\end{bmatrix} \tag{4-28}$$

在轴向拉压（纯扭转）实验中，可以观测到，塑性材料的流动破坏发生于轴向应力 σ（扭转剪应力 τ）到达屈服极限 $\sigma_s(\tau_s)$，而脆性材料的断裂破坏发生于轴向应力到达强度极限 $\sigma_b(\tau_b)$，因此，就把屈服极限作为塑性材料的极限应力，而把强度极限作为脆性材料的极限应力。对一些没有明显屈服阶段的材料，通常规定试件卸载后残留 0.2% 的塑性变形时对应的卸载开始点应力值为名义屈服极限，用 $\sigma_{0.2}$ 表示，即认为 $\sigma_s=\sigma_{0.2}$。把极限应力除以安全系数 n 得到许用应力 $[\sigma]$ 或许用剪应力 $[\tau]$ 如下：

对塑性材料为

$$[\sigma]=\frac{\sigma_s}{n} \tag{4-29}$$

$$[\tau]=\frac{\tau_s}{n} \tag{4-30}$$

对脆性材料为

$$[\sigma]=\frac{\sigma_b}{n} \tag{4-31}$$

$$[\tau]=\frac{\tau_b}{n} \tag{4-32}$$

上述式(4-29)～(4-32)即为简单应力状态下的强度理论，是假定结构所受的轴向应力（或扭转剪应力）是导致材料破坏的原因，然后通过实验观测建立起来的。

通过不同材料的实验表明，轴向拉压杆的破坏并不都是沿横截面发生，有时是沿与轴线成 45°角的斜截面发生的。通过应力分析可以知道，在轴向拉压情况下，沿与轴线成 45°角的斜截面上的剪切应力达到最大值，即

$$\tau_{\max}=\frac{\sigma}{2} \tag{4-33}$$

如果假定剪切应力是导致材料破坏的原因，那么通过轴向拉压实验得到的这种情况下的剪切屈服极限和剪切强度极限分别为

$$\tau_s{}'=\frac{\sigma_s}{2} \tag{4-34}$$

$$\tau_b{}' = \frac{\sigma_b}{2} \tag{4-35}$$

如果进一步假定,轴向拉压实验中测定的剪切屈服极限和剪切强度极限与纯扭转实验中测得的剪切屈服极限和剪切强度极限相等,则有

$$\tau_s = \frac{\sigma_s}{2} \tag{4-36}$$

$$\tau_b = \frac{\sigma_b}{2} \tag{4-37}$$

同样地,如果假定拉压应力(正应力)是导致材料破坏的原因,那么通过纯扭转实验得到的这种情况下的拉压屈服极限和强度极限分别为

$$\sigma_s{}' = \tau_s \tag{4-38}$$

$$\sigma_b{}' = \tau_b \tag{4-39}$$

相应地,如果进一步假定,轴向拉压实验中测定的拉压屈服极限和强度极限与纯扭转实验中测得的拉压屈服极限和强度极限相等,则又有

$$\sigma_s = \tau_s \tag{4-40}$$

$$\sigma_b = \tau_b \tag{4-41}$$

显然,式(4-36)与式(4-40),式(4-37)与式(4-41)是矛盾的,一种材料不可能同时满足上述条件,这说明导致材料失效的因素不可能既是正应力又是剪应力。事实上,即便仅对任意一项条件而言(如式(4-36)),一般的材料也都不能精确满足,这又说明导致材料失效的因素可能既不是正应力,也不是剪应力。从中可以看出建立材料强度理论的困难所在。

因此,上述通过简单拉伸或纯扭转实验建立的所建立的屈服条件(或断裂条件),仅是在结构特殊应力状态下,所建立的屈服条件(或断裂条件)没有计及其他应力分量的影响,因此上述理论只能适用于对应的简单应力状态,不能简单推广到其他情形。也就是说式(4-29)和式(4-31)只能适用于轴向拉压情形,而式(4-30)和式(4-32)只能适用于纯剪切情形。

由于大多数情况下,结构并不处于简单应力状态,因此必须建立在复杂应力状态下结构或材料的强度理论。

4.2.2　复杂应力状态下的强度理论

1. 一般性原理

相比于简单应力状态,复杂应力状态需要采用 6 个独立的应力分量才能完全表征,因此复杂应力状态下的强度理论的建立要困难得多。如果仅通过实验来归纳总结出复杂应力状态下的强度理论,则需要在 6 个应力分量间按任意比例关系构造足够多的应力状态来进行实验,这实际上是不可行的。因此,目前常见的复杂应力状态下的强度理论都是由简单应力状态下的

强度理论通过合理的理论分析推广而成的。

设想在物体变形的初始阶段，每一点都处于弹性状态，当作用于物体的外载荷逐渐增加到某一点的应力状态达到弹性极限时，该应力状态称为该点处的屈服条件。当外载荷继续增加时，该点上将产生不可恢复的变形(即塑性变形)。一般地，屈服条件可以写成如下的表达式：

$$f(\sigma_x,\sigma_y,\sigma_z,\tau_{xy},\tau_{yz},\tau_{zx})=0 \tag{4-42}$$

显然，式(4-42)可以理解为在以应力分量为坐标的应力空间中一个曲面方程，因此屈服条件也称为屈服曲面。如果一点的应力状态使 $f(\sigma_x,\sigma_y,\sigma_z,\tau_{xy},\tau_{yz},\tau_{zx})<0$，则该点处于弹性状态；若 $f(\sigma_x,\sigma_y,\sigma_z,\tau_{xy},\tau_{yz},\tau_{zx})=0$，则该点将开始屈服进入塑性状态。为了简便地讨论屈服曲面的一般形式，首先假定：

材料是初始各向同性的，即材料在未经过塑性变形之前，屈服条件与分析采用的坐标取向无关，因此，式(4-42)可以写成应力张量不变量的形式。由于应力张量具有三个独立的不变量，所以通常将式(4-42)写成如下三个主应力表示的形式：

$$f(\sigma_1,\sigma_2,\sigma_3)=0 \tag{4-43}$$

或写成如下由第一、第二、第三应力不变量表示的形式：

$$f(I_1,I_2,I_3)=0 \tag{4-44}$$

其次假定：静水压力(平均应力)的影响可以忽略。也就是说，屈服条件只与应力偏量有关，因此式(4-42)可以进一步写为

$$f(J_2,J_3)=0 \tag{4-45}$$

由式(4-43)可知，对各向同性材料，屈服条件可以在主应力空间中进行讨论。以 $\boldsymbol{i}_1$、$\boldsymbol{i}_2$、$\boldsymbol{i}_3$ 分别表示主应力空间中三个主应力方向上的单位向量，则任意一个由主应力 σ_1、σ_2 和 σ_3 表征的应力状态均可以用主应力空间中的一个向量 $\overrightarrow{OP}$ 表示，如图 4-5 所示。

$$\overrightarrow{OP}=\sigma_1\boldsymbol{i}_1+\sigma_2\boldsymbol{i}_2+\sigma_3\boldsymbol{i}_3 \tag{4-46}$$

将其分解为静水压力部分和偏量部分：

$$\overrightarrow{OP}=(\sigma_m\boldsymbol{i}_1+\sigma_m\boldsymbol{i}_2+\sigma_m\boldsymbol{i}_3)+(\sigma_1'\boldsymbol{i}_1+\sigma_2'\boldsymbol{i}_2+\sigma_3'\boldsymbol{i}_3) \tag{4-47}$$

令

$$\overrightarrow{ON}=\sigma_m\boldsymbol{i}_1+\sigma_m\boldsymbol{i}_2+\sigma_m\boldsymbol{i}_3 \tag{4-48}$$

$$\overrightarrow{OQ}=\sigma_1'\boldsymbol{i}_1+\sigma_2'\boldsymbol{i}_2+\sigma_3'\boldsymbol{i}_3 \tag{4-49}$$

显然，$\overrightarrow{ON}$ 也就是 $\overrightarrow{OP}$ 在等倾轴向 $\left(\frac{\sqrt{3}}{3},\frac{\sqrt{3}}{3},\frac{\sqrt{3}}{3}\right)$ 上的投影。

根据上述第二个假定，屈服条件不受静水压力的影响，则在主应力空间中，屈服曲面就是一个母线垂直于 π 平面的柱面(注意，不一定是圆柱面)。

将主应力空间中的基向量 $\boldsymbol{i}_1$、$\boldsymbol{i}_2$ 和 $\boldsymbol{i}_3$ 在 π 平面上的投影记为 i_1'、i_2' 和 i_3'。建立直角坐标系

Oxy,使 y 轴与 i_1' 重合,如图 4-6 所示,则 π 平面上任意一点 Q 的坐标 (x, y) 与其在主空间中的坐标 $(\sigma_1', \sigma_2', \sigma_3')$ 之间具有如下转化关系:

$$\left.\begin{aligned} x &= \frac{\sqrt{2}}{2}(\sigma_1' - \sigma_3') = \frac{\sqrt{2}}{2}(\sigma_1 - \sigma_3) \\ y &= \frac{\sqrt{6}}{6}(2\sigma_2' - \sigma_1' - \sigma_3') = \frac{\sqrt{6}}{6}(2\sigma_2 - \sigma_1 - \sigma_3) \end{aligned}\right\} \tag{4-50}$$

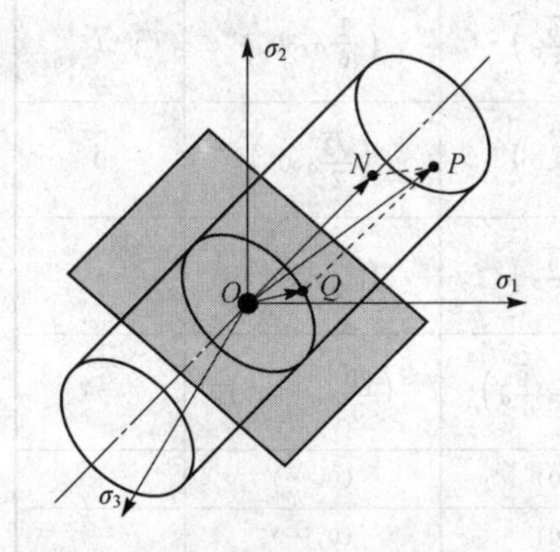

图 4-5　主应力空间中矢量的分解

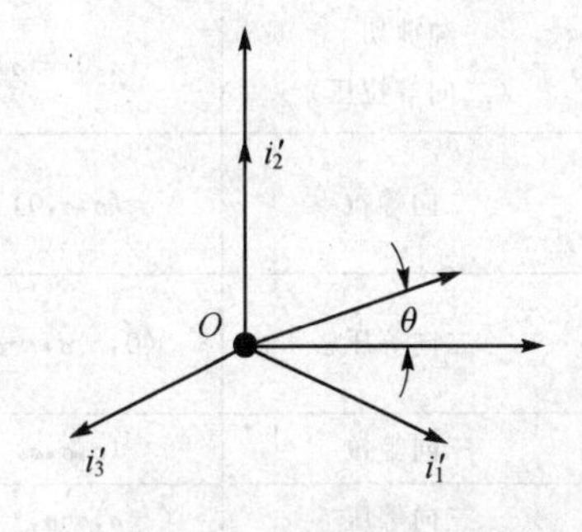

图 4-6　π 平面上的坐标系

当采用图 4-7 所示的坐标表示时,则有

$$r = \sqrt{x^2 + y^2} = \sqrt{\frac{1}{2}(\sigma_1 - \sigma_3)^2 + \frac{1}{6}(2\sigma_2 - \sigma_1 - \sigma_3)^2} =$$

$$\sqrt{\frac{1}{3}[(\sigma_1 - \sigma_2)^2 + (\sigma_2 - \sigma_3)^2 + (\sigma_3 - \sigma_1)^2]} =$$

$$\sqrt{\frac{2}{3}[(\sigma_1^2 + \sigma_2^2 + \sigma_3^2) - (\sigma_1\sigma_2 + \sigma_2\sigma_3 + \sigma_1\sigma_3)]} = \sqrt{2J_2} \tag{4-51}$$

$$\tan\theta = \frac{y}{x} = \frac{\sqrt{3}}{3}\left(\frac{2\sigma_2 - \sigma_1 - \sigma_3}{\sigma_1 - \sigma_3}\right) = \frac{\sqrt{3}}{3}\mu_\sigma$$

式中:

$$\mu_\sigma = \frac{2\sigma_2 - \sigma_1 - \sigma_3}{\sigma_1 - \sigma_3} \tag{4-52}$$

通常称 μ_σ 为 Lode 参数,它表示了主应力之间的相对比值。如果规定 $\sigma_1 \geqslant \sigma_2 \geqslant \sigma_3$,则 μ_σ 的变化范围为 $-1 \leqslant \mu_\sigma \leqslant 1$,为此 θ 的变化范围为 $-30° \leqslant \theta \leqslant 30°$。

表 4-1 列出了一些特殊的应力状态点在 π 平面上的坐标及相应的 Lode 参数。在如图 4-7 所示的 π 平面上,根据表 4-1 的结果容易看出,三向等拉(或三向等压)状态均对应于坐标原点,而与 i_1' 同方向的射线则可以表征单向拉伸和二向等压的应力状态,x 轴正向射线则可以表示纯剪切应力状态,与 i_1' 关于 x 轴对称的射线则可以表示单向压缩和二向等拉的应力状态。

表 4-1 一些特殊应力状态点在 π 平面上的坐标(表中 $\sigma>0$)

特殊应力状态点		在 π 平面上的坐标		μ_σ
应力状态	$(\sigma_1,\sigma_2,\sigma_3)$	(x,y)	(r,θ)	
单向拉伸	$(\sigma,0,0)$	$\left(\frac{\sqrt{2}}{2}\sigma,-\frac{\sqrt{6}}{6}\sigma\right)$	$\left(\frac{\sqrt{2}}{3}\sigma,-30^\circ\right)$	-1
单向压缩	$(0,0,-\sigma)$	$\left(0,\frac{\sqrt{6}}{6}\sigma\right)$	$\left(\frac{1}{6}\sigma,30^\circ\right)$	1
纯剪切（二向等拉压）	$(\sigma,0,-\sigma)$	$\left(\frac{\sqrt{2}}{2}\sigma,0\right)$	$\left(\frac{\sqrt{2}}{2}\sigma,0^\circ\right)$	0
二向等拉	$(\sigma,\sigma,0)$	$\left(0,\frac{\sqrt{6}}{6}\sigma\right)$	$\left(\frac{1}{6}\sigma,30^\circ\right)$	1
二向等压	$(0,-\sigma,-\sigma)$	$\left(\frac{\sqrt{2}}{2}\sigma,-\frac{\sqrt{6}}{6}\sigma\right)$	$\left(\frac{\sqrt{2}}{3}\sigma,-30^\circ\right)$	-1
三向等拉	(σ,σ,σ)	$(0,0)$	$(0,—)$	—
三向等压	$(-\sigma,-\sigma,-\sigma)$	$(0,0)$	$(0,—)$	—

如图 4-7 所示，根据初始各向同性假定，如果$(\sigma_1,\sigma_2,\sigma_3)$是屈服曲线上的一点，则 σ_1、σ_2、σ_3 互换时同样也会屈服，所以屈服曲线应对称于直线 1、2、3。也就是说，在假定初始各向同性的基础上，只要在 $-30^\circ\leqslant\theta\leqslant30^\circ$ 范围内确定屈服曲线的形式，即可获得完整的材料屈服条件。

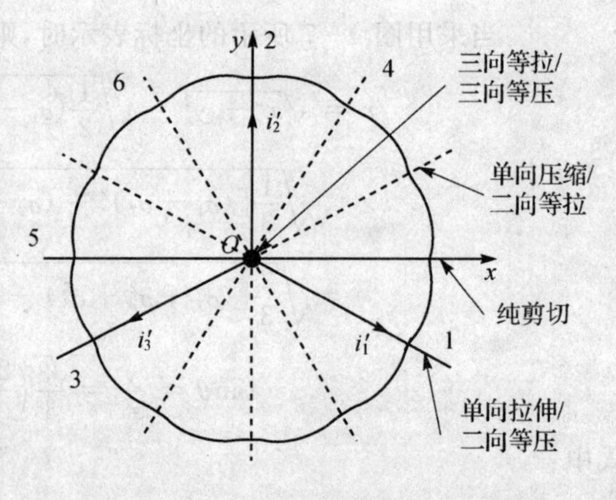

图 4-7 π 平面上屈服曲线的一般形式

如果进一步假定材料拉伸和压缩时的屈服极限相同，则当$(\sigma_1,\sigma_2,\sigma_3)$是屈服曲线上的一点时，改变应力的负荷，屈服条件仍不变，则屈服曲线必对称于原点 O，又对称于 1、2、3 直线轴，因此，屈服曲线必对称于直线 1、2、3 的垂线 4、5、6。也就是说，此时只要在 $-30^\circ\leqslant\theta\leqslant0^\circ$ 或 $0^\circ\leqslant\theta\leqslant30^\circ$ 范围内确定屈服曲线的形式即可。

尽管在上述假定下，通过分析明确只需要在 $-30^\circ\leqslant\theta\leqslant0^\circ$ 或 $0^\circ\leqslant\theta\leqslant30^\circ$ 范围内确定屈服曲线，但由式(4-52)可知，要确定屈服曲线的具体形式，理论上仍需要通过大量的三向拉/压试验获得足够多不同 Lode 参数对应的屈服极限才行。

2. 几种常见的复杂应力状态下的强度理论

(1) 第一强度理论

第一强度理论又称最大正应力理论。该理论认为,最大拉应力是引起材料断裂破坏的主要原因。也就是说,不论是复杂应力状态还是简单应力状态,引起断裂破坏的因素是相同的,都是最大拉应力 σ_1。在单向拉伸时,断裂破坏的极限应力是强度极限 σ_b。按照这一理论,在复杂应力状态下,只要最大拉应力 σ_1 达到简单拉伸的强度极限 σ_b,就会引起断裂破坏。于是,得到发生断裂破坏的条件是

$$\sigma_1 = \sigma_b \tag{4-53}$$

铸铁等脆性材料在单向拉伸时的断裂破坏发生于拉应力最大的截面上。脆性材料的扭转破坏也是沿拉应力最大的斜截面发生断裂。这些都与最大拉应力理论相符。这个理论没有考虑其他两个主应力的影响,而且对没有拉应力的情况(如单向压缩、三向压缩等)也无法应用。

(2) 第二强度理论

第二强度理论又称最大相对伸长理论或最大伸长线应变理论。这一理论认为,最大伸长线应变 ε_1 是引起材料断裂失效的主要因素,即不论是复杂应力状态还是简单应力状态,引起断裂破坏的因素都是最大伸长线应变 ε_1。在单向拉伸时,假定直到发生断裂破坏,材料伸长线应变 ε_1 的极限值 ε_b 仍可用胡克定律计算(这一点对断裂时变形仍很小的脆性材料是基本成立的)。按照这一理论,在复杂应力状态下,只要伸长线应变 ε_1 达到简单拉伸的应变极限 ε_b,就会引起断裂破坏。于是,得到发生断裂破坏的条件是

$$\varepsilon_1 = \varepsilon_b = \frac{\sigma_b}{E} \tag{4-54}$$

式中:E 为材料的弹性模量。根据广义胡克定律,则有

$$\varepsilon_1 = \frac{\sigma_1}{E} - \frac{\mu}{E}(\sigma_2 + \sigma_3) \tag{4-55}$$

将式(4-55)代入式(4-54),可以将其转换为应力表示的形式:

$$\sigma_1 - \mu(\sigma_2 + \sigma_3) = \sigma_b \tag{4-56}$$

石料或混凝土等脆性材料受轴向压缩时,试件将沿垂直于压力的方向发生断裂破坏,而这一方向正是最大伸长线应变的方向。铸铁在拉-压二向应力且压应力较大的情况下,试验结果也与该理论的结果接近。

但按照这一理论,单向压缩时材料强度应该比二向压缩时更小,但混凝土、花岗岩等材料的试验结果表明,两种情况下材料强度并无明显差异。另外,根据该理论,铸铁在二向拉伸应该比单向拉伸更安全,但试验结果并不能证明这一点。

(3) 第三强度理论

第三强度理论又称最大剪应力理论、Tresca 屈服准则。这一理论认为,最大剪应力是导致材料屈服(流动破坏)的主要因素。也就是说,不论是复杂应力状态还是简单应力状态,材料

的流动破坏都是最大剪应力 τ_{max} 引起的。因此，按照这一理论，如果规定 $\sigma_1 \geqslant \sigma_2 \geqslant \sigma_3$，则在复杂应力状态下材料发生流动破坏的条件为

$$\tau_{max} = \frac{\sigma_1 - \sigma_3}{2} = \tau_s \tag{4-57}$$

即

$$\sigma_1 - \sigma_3 = 2\tau_s \tag{4-58}$$

由式(4-50)可知，式(4-58)在 π 平面上相当于 $-30° \leqslant \theta \leqslant 30°$ 范围内与 y 轴平行的直线段，如图 4-8 所示。如果不规定 $\sigma_1 \geqslant \sigma_2 \geqslant \sigma_3$，同时假设材料是各向同性的，则式(4-58)应该写为

$$\left.\begin{aligned} \sigma_1 - \sigma_2 &= \pm 2\tau_s \\ \sigma_2 - \sigma_3 &= \pm 2\tau_s \\ \sigma_3 - \sigma_1 &= \pm 2\tau_s \end{aligned}\right\} \tag{4-59}$$

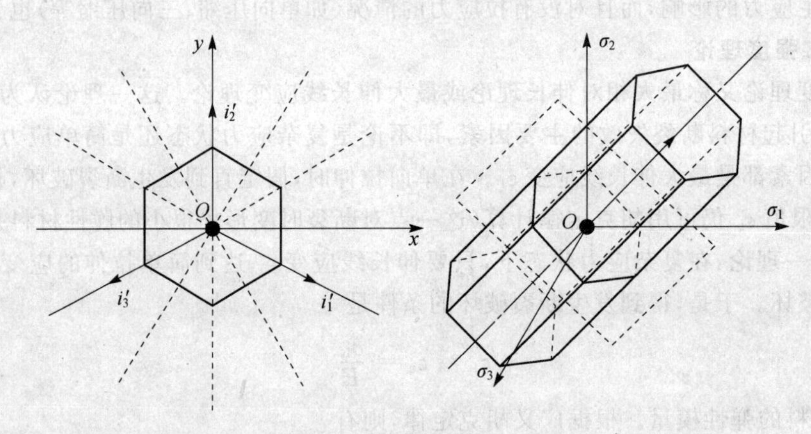

图 4-8 π 平面上的 Tresca 屈服条件(左)及主应力空间的 Tresca 屈服条件(右)

在 π 平面上这是一个正六边形。相应地可以知道，在忽略静水压力影响时，Tresca 屈服条件对应于主应力空间中的正六棱柱的柱面，且柱面的母线与等倾线平行，如图 4-8 所示。

对于平面应力状态，不失一般性，假设 $\sigma_3 = 0$，则式(4-59)可写为

$$\left.\begin{aligned} \sigma_1 - \sigma_2 &= \pm 2\tau_s \\ \sigma_2 &= \pm 2\tau_s \\ \sigma_1 &= \pm 2\tau_s \end{aligned}\right\} \tag{4-60}$$

这在 $\sigma_1 - \sigma_2$ 平面上(注意这里不再是 π 平面)相当于一个六边形，如图 4-9 所示。

上述式中的 τ_s 可以通过纯剪切实验直接确定，也可以采用简单拉伸实验测定。

在简单拉伸实验中，材料屈服时有 $\sigma_1 = \sigma_s$，$\sigma_2 = \sigma_3 = 0$，最大剪应力发生在与轴线成 45°角的斜截面上，$\tau_{max} = \dfrac{\sigma_1}{2}$，因此有

$$\tau_s = \frac{\sigma_s}{2} \tag{4-61}$$

这说明，如果 Tresca 屈服准则成立，拉伸屈服应力和剪切屈服应力之间应该满足关系式(4-61)，对于多数材料来说，该式只能近似成立。

低碳钢拉伸时，在与轴线成 45°角的斜截面上出现滑移线，表明材料内部沿这些平面滑移的痕迹。钢和铜的薄管的多种试验都表明，塑性变形出现时，最大剪应力接近常量。这一理论较为满意地揭示了塑性材料出现塑性变形的现象，且形式简单，概念明确，所以在机械工程中得到广泛应用。这一理论忽略了中间主应力的影响，有时会带来较大误差。

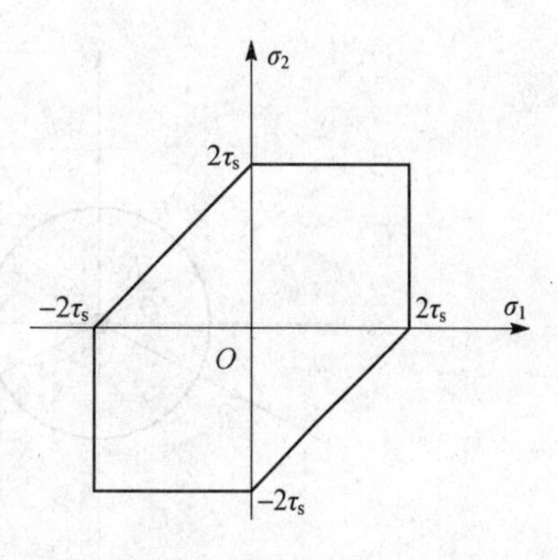

图 4-9　$\sigma_1 - \sigma_2$ 平面上平面应力状态的 Tresca 屈服条件

(4) 第四强度理论

第四强度理论又称 Mises 强度理论。这一理论认为，由应力和应变决定的形状改变比能是引起材料塑性变形的主要因素。也就是说，不论是复杂应力状态还是简单应力状态，材料的流动破坏都是形状改变比能 u_x 引起的。因此，按照这一理论，在复杂应力状态下材料发生流动破坏的条件为

$$u_x = \frac{1+\mu}{6E}[(\sigma_1 - \sigma_2)^2 + (\sigma_2 - \sigma_3)^2 + (\sigma_3 - \sigma_1)^2] = u_x^0 \tag{4-62}$$

根据式(4-51)，式(4-62)也可以表示为

$$\frac{1+\mu}{2E} r^2 = u_x^0 \tag{4-63}$$

因此，式(4-63)相当于 π 平面上的一个圆，如图 4-10 左图所示。相应地可以知道，在忽略静水压力影响时，Mises 屈服条件对应于主应力空间中的圆柱面，且圆柱中心线与等倾线重合，如图 4-10 右图所示。

上两式中的 u_x^0 可以通过简单拉伸实验或纯剪切实验测定。

在简单拉伸实验中，材料屈服时有 $\sigma_1 = \sigma_s, \sigma_2 = \sigma_3 = 0$，因此可得此时的形状改变比能为

$$u_x^0 = \frac{1+\mu}{6E}(2\sigma_s^2) \tag{4-64}$$

将其代入式(4-63)可得到

$$r = \sqrt{\frac{2}{3}}\sigma_s \tag{4-65}$$

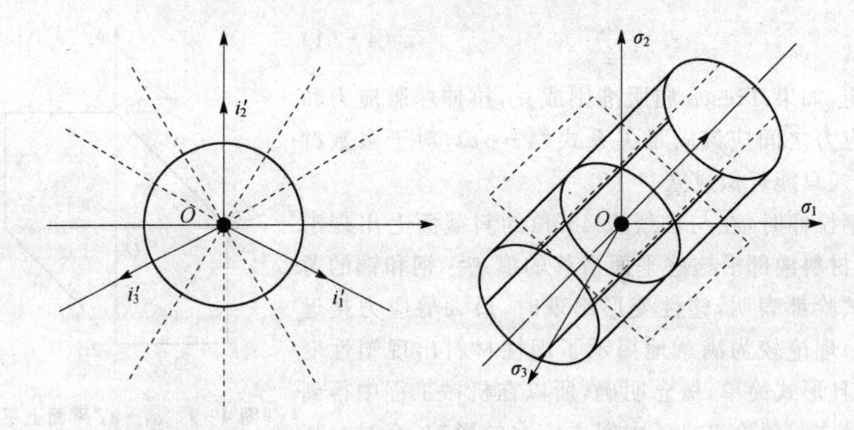

图 4-10 π 平面上的 Mises 屈服条件(左)及主应力空间的 Mises 屈服条件(右)

即

$$\sqrt{\frac{1}{2}[(\sigma_1-\sigma_2)^2+(\sigma_2-\sigma_3)^2+(\sigma_3-\sigma_1)^2]}=\sigma_s \tag{4-66}$$

在纯剪切实验中,材料屈服时有 $\sigma_1=-\sigma_3=\tau_s$,$\sigma_2=0$,因此可得此时的形状改变比能为

$$u_x^0=\frac{1+\mu}{6E}(6\tau_s^2) \tag{4-67}$$

将其代入式(4-63)可得到

$$r=\sqrt{2}\tau_s \tag{4-68}$$

即

$$\sqrt{\frac{1}{3}[(\sigma_1-\sigma_2)^2+(\sigma_2-\sigma_3)^2+(\sigma_3-\sigma_1)^2]}=\sqrt{2}\tau_s \tag{4-69}$$

对比式(4-65)和式(4-68)可知,如果 Mises 屈服条件成立,应该有

$$\sigma_s=\sqrt{3}\tau_s \tag{4-70}$$

钢、铜、铝等材料的薄管试验资料表明,这一理论与试验结果非常接近。

也可以从其他角度理解 Mises 屈服条件。注意式(4-16),即八面体上的剪应力为

$$\tau_{oct}=\frac{1}{3}\sqrt{(\sigma_1-\sigma_2)^2+(\sigma_1-\sigma_3)^2+(\sigma_2-\sigma_3)^2}$$

因此,也可以认为 Mises 屈服条件指的就是当八面体上的剪应力达到一定数值时,材料才出现屈服,即

$$\tau_{oct}=\sqrt{\frac{2}{3}}\tau_s \tag{4-71}$$

另外,由于 $r=\sqrt{2J_2}$,因此 Mises 屈服条件也可以表示为

$$J_2 = c = \tau_s^2 = \frac{1}{3}\sigma_s^2 \tag{4-72}$$

对于平面应力状态，不失一般性，假设 $\sigma_3 = 0$，则式(4-66)和式(4-69)分别为

$$\sigma_1^2 + \sigma_2^2 - \sigma_1\sigma_2 = \sigma_s^2 \tag{4-73}$$

$$\sigma_1^2 + \sigma_2^2 - \sigma_1\sigma_2 = 3\tau_s^2 \tag{4-74}$$

这在 $\sigma_1 - \sigma_2$ 平面上(注意这里不再是 π 平面)相当于一个椭圆，如图 4-11 所示。

(5) 最大偏应力强度理论

最大偏应力理论又称双剪强度理论。该理论认为最大偏应力(的绝对值)是导致材料出现塑性变形的主要因素。也就是说，不论是复杂应力状态还是简单应力状态，材料的流动破坏都是最大偏应力(的绝对值)引起的。因此，按照这一理论，则在复杂应力状态下材料发生流动破坏的条件为

$$\max(|\sigma_1'|, |\sigma_2'|, |\sigma_3'|) = \sigma_s' \tag{4-75}$$

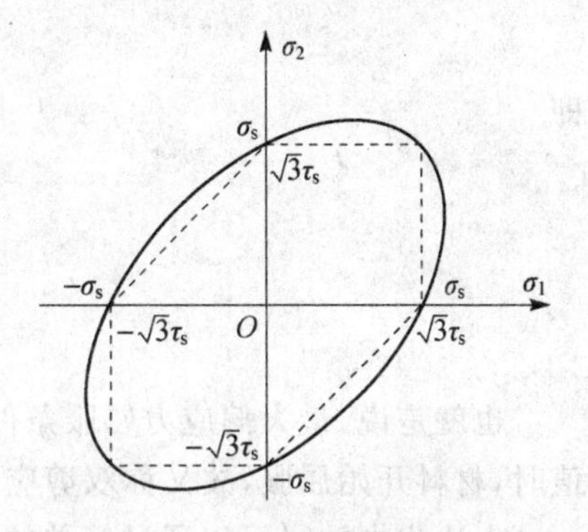

图 4-11　$\sigma_1 - \sigma_2$ 平面上平面应力状态的 Mises 屈服条件

如果不规定 $\sigma_1 \geqslant \sigma_2 \geqslant \sigma_3$，根据各向同性假设，式(4-75)也可以表示为

$$\left.\begin{aligned} 3\sigma_1' &= 2\sigma_1 - (\sigma_2 + \sigma_3) = \pm 2\sigma_s' \\ 3\sigma_2' &= 2\sigma_2 - (\sigma_3 + \sigma_1) = \pm 2\sigma_s' \\ 3\sigma_3' &= 2\sigma_3 - (\sigma_1 + \sigma_2) = \pm 2\sigma_s' \end{aligned}\right\} \tag{4-76}$$

在 π 平面上，式(4-76)表示的是一个正六边形，与 Tresca 正六边形相比，其方位转过了 30°，如图 4-12 所示。

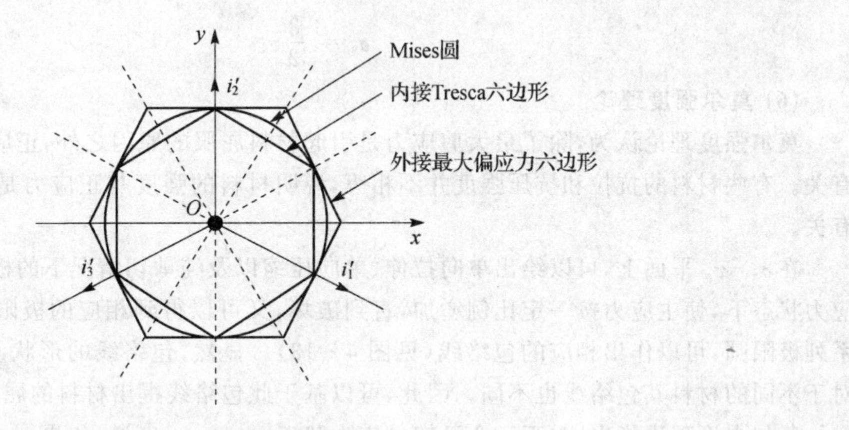

图 4-12　不同屈服条件在 π 平面上的对比

如果规定 $\sigma_1 \geqslant \sigma_2 \geqslant \sigma_3$，则式(4-76)应该写为

$$\left.\begin{aligned}&\frac{\sigma_1-\sigma_3}{2}+\frac{\sigma_1-\sigma_2}{2}=\sigma_s'\\&\frac{\sigma_1-\sigma_3}{2}+\frac{\sigma_2-\sigma_3}{2}=\sigma_s'\\&\frac{\sigma_1-\sigma_2}{2}\geqslant\frac{\sigma_2-\sigma_3}{2}\\&\frac{\sigma_1-\sigma_2}{2}\leqslant\frac{\sigma_2-\sigma_3}{2}\end{aligned}\right\}\tag{4-77}$$

即

$$\left.\begin{aligned}&|\tau_{13}|+|\tau_{12}|=\sigma_s'\\&|\tau_{13}|+|\tau_{32}|=\sigma_s'\\&|\tau_{12}|\geqslant|\tau_{32}|\\&|\tau_{12}|\leqslant|\tau_{32}|\end{aligned}\right\}\tag{4-78}$$

也就是说，最大偏应力屈服条件还可以理解为，当两主剪应力的绝对值之和达到某一极限值时，材料开始屈服，故又称双剪应力屈服条件。

上述式中的σ_s'可以通过简单拉伸实验或纯剪切实验测定。

在简单拉伸实验中，材料屈服时有$\sigma_1=\sigma_s$，$\sigma_2=\sigma_3=0$，因此可得此时的最大偏应力为

$$\sigma_s'=\frac{2}{3}\sigma_s\tag{4-79}$$

在纯剪切实验中，材料屈服时有$\sigma_1=-\sigma_3=\tau_s$，$\sigma_2=0$，因此可得此时的最大偏应力为

$$\sigma_s'=\tau_s\tag{4-80}$$

对比式(4-79)和式(4-80)可知，如果最大偏应力屈服条件成立，应该有

$$\sigma_s=\frac{3}{2}\tau_s\tag{4-81}$$

(6) 莫尔强度理论

莫尔强度理论认为，除了最大剪应力是引起材料屈服的原因之外，正应力也与材料的强度有关。有些材料的抗拉和抗压强度并不相等，说明材料的强度与正应力是拉应力还是压应力有关。

在$\sigma_n-\tau_n$平面上，可以绘出单向拉伸、单向压缩以及纯剪切情况下的极限应力圆。在其他应力状态下，使主应力按一定比例增加，直到破坏，又可以得到相应的极限应力圆。针对这一系列极限圆，可以作出相应的包络线(见图4-13)。显然，包络线的形状与材料的强度有关，对于不同的材料其包络线也不同。因此，可以基于此包络线提出材料的屈服条件。

莫尔强度理论指出，对于一个已知的应力状态σ_1、σ_2、σ_3来说，如果σ_1和σ_3确定的应力圆在包络线内，则这一应力状态不会引起破坏；如果上述应力圆与包络线相切，则这一应力状态将引起材料的破坏。切点确定了破坏应力的大小及其相对主应力所在的方向(见图4-14)。

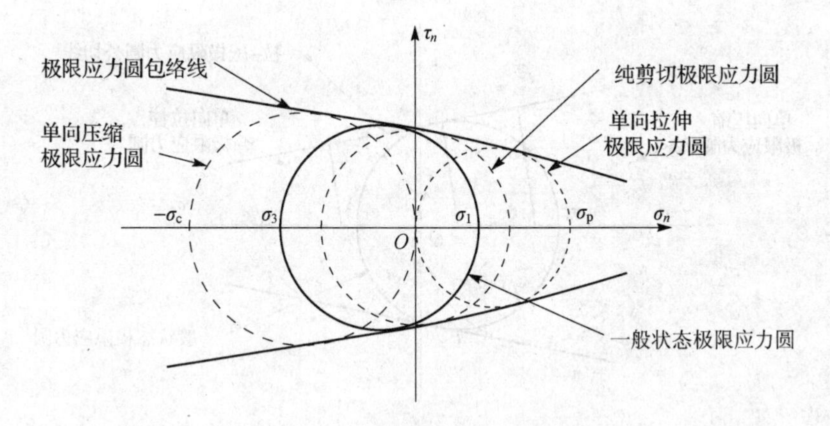

图 4-13　极限应力圆及其包络线

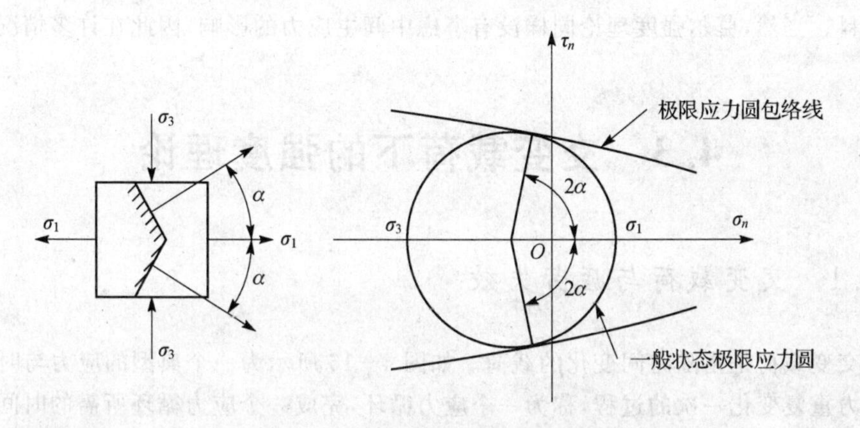

图 4-14　一般应力状态极限应力圆

由于主应力接近相等的三向拉伸和三向压缩的破坏试验不易进行，上述包络线的向右端和左端延伸的极限形状不易确定。但包络线的中段还是比较肯定的。实用时为了简化，用单向拉伸和压缩的两个极限应力圆的公切线代替包络线（见图 4-15），并认为：当给定应力状态的应力圆在公切线之内，该应力状态是安全的；当应力圆与公切线相切，材料开始屈服。

通过简单的几何分析即可得到，一般应力状态下材料达到屈服的条件为

$$\sigma_1 - \frac{\sigma_p}{\sigma_c}\sigma_3 = \sigma_p \tag{4-82}$$

显然，如果材料的抗拉和抗压屈服极限相等，即 $\sigma_c = \sigma_p = \sigma_s$，则式（4-82）化为

$$\sigma_1 - \sigma_3 = \sigma_s$$

这也是第三强度理论的强度条件。可见，与第三强度理论相比，莫尔强度理论的优点在于考虑了抗拉和抗压强度不等的情况。它可以用于铸铁等脆性材料，也可以用于弹簧钢等塑性

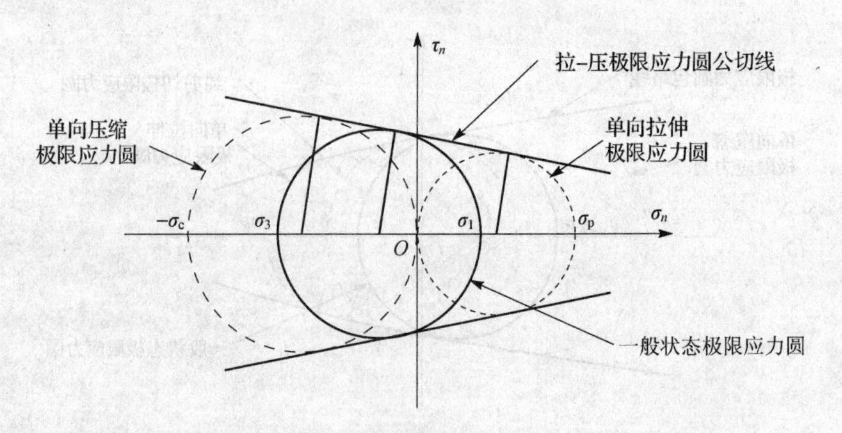

图 4-15　简化的极限应力圆包络线及一般状态极限应力的确定

较低的材料。当然,莫尔强度理论同样没有考虑中间主应力的影响,因此在许多情况下存在较大误差。

4.3　交变载荷下的强度理论

4.3.1　交变载荷与疲劳失效

所谓交变载荷是指随时间变化的载荷。如图 4-16 所示为一个典型的应力与时间的关系曲线。应力重复变化一次的过程,称为一个应力循环,完成一个应力循环所需的时间称为一个周期,用 T 表示。在一个应力循环中,应力的最小代数值记为 σ_{min},最大代数值记为 σ_{max},其比值称为交变应力的循环特征或应力比,用 r 表示,即

$$r=\frac{\sigma_{min}}{\sigma_{max}} \tag{4-83}$$

σ_{max} 和 σ_{min} 的代数差的一半称为应力幅,用 σ_a 表示,即

$$\sigma_a=\frac{\sigma_{max}-\sigma_{min}}{2} \tag{4-84}$$

σ_{max} 和 σ_{min} 的代数和的一半称为平均应力,用 σ_m 表示,即

$$\sigma_m=\frac{\sigma_{max}+\sigma_{min}}{2} \tag{4-85}$$

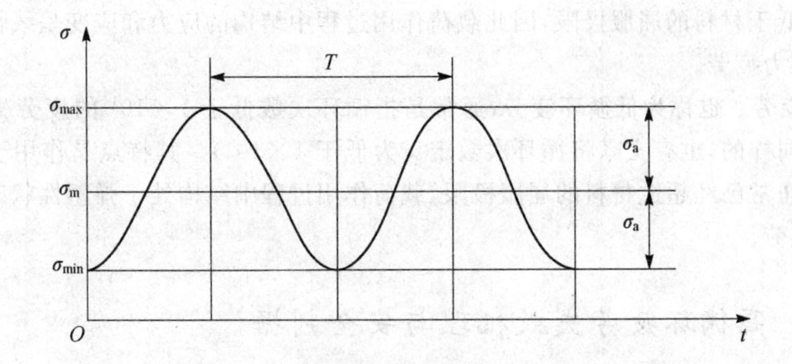

图 4-16　典型的应力和时间的关系曲线

一般地，一个交变应力可以采用 σ_{max}、σ_{min}、σ_a、σ_m 和 r 表示。但显然，这 5 个量并不是独立的（实际上只有两个是独立的），且它们也只是描述了一个应力循环中的一些特征点，并不是对一个交变应力的完整描述。一个交变应力的完整表述必须给出应力对时间的函数关系，但在实际应用时的许多情况下并不需要。表 4-2 列出了几种特殊形式的交变应力的有关参数。

表 4-2　几种特殊形式的交变应力的特征参数

循环形式	σ_{max}	σ_{min}	σ_a	σ_m	
对称循环	σ_{max}	$-\sigma_{max}$	σ_{max}	0	1
脉动循环（正）	σ_{max}	0	$\frac{\sigma_{max}}{2}$	$\frac{\sigma_{max}}{2}$	
脉动循环（负）	0	σ_{min}	$-\frac{\sigma_{min}}{2}$	$\frac{\sigma_{min}}{2}$	
静载荷	σ	σ	0	σ	

在交变应力作用，材料（或结构）经过一定时间后出现的破坏现象称为疲劳失效。疲劳失效可以分成两个阶段：宏观裂纹萌生阶段和宏观裂纹扩展阶段。宏观裂纹是指检测仪器可以检测到的最小裂纹。一般情况下，宏观裂纹萌生寿命占总寿命的 70%～80%。

对没有微观裂纹等缺陷的零部件，在循环载荷的作用下，金属材料内部的位错会移动、增值，并逐步萌生微观裂纹，微观裂纹进一步扩展逐渐形成宏观的工程裂纹。

宏观裂纹往往出现在高应力区，一条或者多条，并在循环载荷的作用下有选择地扩展，形成主裂纹，最终导致断裂。

在给定交变应力的情况下，材料（或结构）出现疲劳失效所需的应力循环数称为在该交变应力作用下的疲劳寿命，简称疲劳寿命。根据疲劳寿命的高低，可以将疲劳寿命分为两类：

① 高周疲劳。也称为高循环疲劳，通常是指循环次数高于 1×10^4 的疲劳失效称为高周（循环）疲劳（也有文献将循环次数定义为高于 1×10^5）。其特点是作用于结构上的应力水平

较低，一般远低于材料的屈服极限，因此载荷作用过程中结构的应力和应变呈线性关系。高周疲劳也称为应力疲劳。

② 低周疲劳。也称为低循环疲劳，通常是指循环次数低于 1×10^4 的疲劳失效称为低周(循环)疲劳(同样的，也有文献将循环次数定义为低于 1×10^5)。其特点是作用于结构上的应力水平较高，通常已经超过材料的屈服极限，载荷作用过程中结构处于弹塑性状态。低周疲劳也称为应变疲劳。

4.3.2 高循环疲劳失效机理与安全判据

1. 高循环疲劳特点

高循环疲劳是指零件在小于或远小于材料屈服应力 σ_s 的循环载荷作用下产生的疲劳破坏。它与低循环疲劳的区别是：产生裂纹处的宏观应力小，没有显著的屈服变形(实际上，裂纹尖端很小区域内存在应力集中，其应力大小会超过屈服极限 σ_s，趋于材料的强度极限 σ_b)；其断裂疲劳寿命大于 5×10^4，如果断裂，其寿命一般在 $5\times10^4\sim5\times10^7$。零部件的疲劳寿命由通过疲劳试验得到的材料或零件的应力疲劳曲线($S-N$ 曲线)确定。高循环疲劳的 $S-N$ 曲线，如图 4-17 所示。

在一般情况下，可以用如下经验公式表示 $S-N$ 曲线

$$S^m N = C \qquad (4-86)$$

式中：m 和 C 为试验常数。由此可知，在一定材料、一定环境等条件下，高循环疲劳寿命 N 取决于循环最大应力 S。通过对式(4-86)两端取对数后得知，在双对数坐标系中，S 与 N 呈线性关系变化。

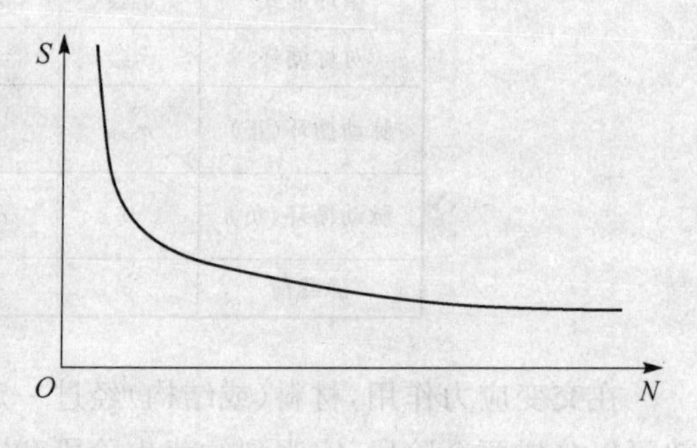

图 4-17 高循环疲劳 $S-N$ 曲线示意图

由于疲劳问题具有很大的分散性，式(4-86)只是一个由试验结果经统计、拟合的经验公式。高循环疲劳对许多因素很敏感，如表面处理、残余应力、零件尺寸、过渡圆角、内部缺陷和平均应力等。但在常温下，这些因素对高循环疲劳寿命的影响规律具有稳定性，可以通过实验来研究这些因素的影响规律，从而对寿命计算进行修正，以获得较为准确的寿命计算结果。

正是由于确定高循环疲劳寿命的精度较高，工程应用价值大，因此它在零部件可靠性考核中获得了广泛的应用。为了方便地确定各种条件下(如变幅加载条件等)零部件的寿命，$S-N$ 曲线还有各种变形。为求取零部件任一存活率 P 下的 $S-N$ 曲线，提出了 $P-S-N$ 曲线，如图 4-18 所示，以及等寿命曲线(即 Goodman 图)，如图 4-19 所示。

习惯上，常常将等寿命曲线绘制成以平均应力 $\sigma_m=(\sigma_{max}+\sigma_{min})/2$ 为横坐标，以应力幅值 $\sigma_a=(\sigma_{max}-\sigma_{min})/2$ 为纵坐标的图形。等寿命曲线与横坐标的交点 B 表示静载荷情况，其数值的大小即为材料强度极限 σ_b。与纵坐标的交点 A 表示对称循环情况，其数值的大小表示为 σ_{-1}，可由试验确定。曲线 AB 与两坐标轴所包围的面积，表示经某一指定循环不会发生疲劳破坏的安全交变应力范围。如果指定不同的寿命，如 10^4、10^5、10^6、10^7，即可得到一组等寿命曲线。

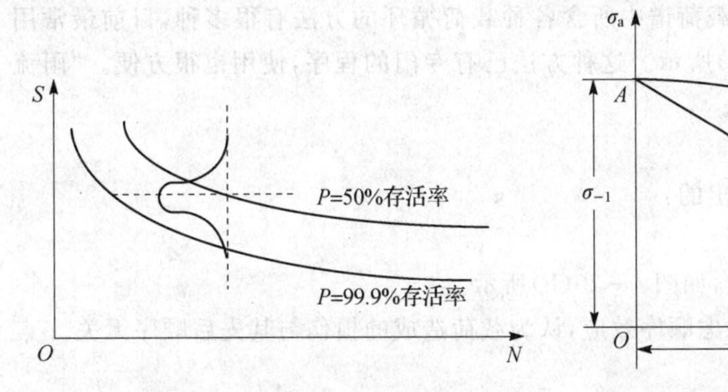

图 4-18　P-S-N 曲线

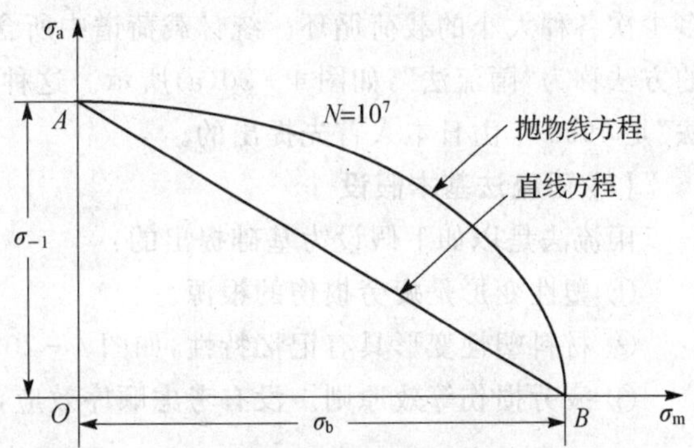

图 4-19　以 σ_m，σ_a 为坐标的等寿命曲线

有很多公式可近似表达为如图 4-19 所示的 Goodman 等寿命曲线，常用的经验公式有

① 抛物线方程

$$\sigma_a=\sigma_{-1}[1-(\sigma_m/\sigma_b)^2] \tag{4-87}$$

② 直线方程

$$\sigma_a=\sigma_{-1}[1-\sigma_a/\sigma_b] \tag{4-88}$$

显然，直线方程简单，偏于安全和保守。

2. 高循环疲劳安全判据

对于疲劳问题，安全性评价指标自然可以直接由寿命是否满足要求来确定。

(1) 针对无限寿命的交变疲劳强度极限 σ_{-1}

绝大多数金属材料（铝合金是例外之一），在对称循环载荷的作用下，当循环寿命大于 10^7 时，如图 4-18 所示的 S-N 曲线将变成水平线。这意味着当材料内部的应力幅值小于某一值时，将具有无限的寿命，这一应力幅值界限即为交变疲劳强度极限 σ_{-1}，而 σ_{-1} 属于材料特性。在计算实际零件中的应力时要注意各种因素的修正问题，注意非对称循环的平均应力影响问题。这种评价方法多基于试验获得的 S-N 曲线、P-S-N 曲线、Goodman 等寿命曲线以及其他寿命预测公式，也可以利用宏观损伤力学、细观损伤力学等全寿命分析方法。

(2) 有限寿命 N_f

假设零件内有仪器不能检测到的最大裂纹，再根据断裂力学的方法进行裂纹扩展寿命的计算分析,确定安全寿命范围。为了保证预测的准确性,断裂力学计算分析需要与在安全期内定期的裂纹检测结合起来。这种方法又称损伤容限设计。

3. 工作载荷计数法

疲劳问题有别于静强度问题的原因之一是其所承受的载荷是非恒定的,绝大多数零部件承受的是随机载荷。要进行疲劳寿命的分析,首先要对随机载荷进行统计分析,以便获得可供疲劳寿命分析的载荷参数。得到零部件所承受的随机载荷谱时,首先要知道载荷谱中包含有多少次各种大小的载荷循环。统计载荷谱中所含各种载荷循环的方法有很多种,目前最常用的方法称为"雨流法",如图 4-20(a)所示。这种方法已有专门的程序,使用也很方便。"雨流法"是 1968 年由日本人首先提出的。

(1) 雨流法基本假设

雨流法是以如下假设为基础提出的:

① 塑性变形是疲劳损伤的根源。

② 材料塑性变形具有记忆特性,如图 4-20(b)所示。

③ 疲劳损伤等效原则。没有考虑顺序效应,认为载荷造成的损伤与其先后顺序无关。

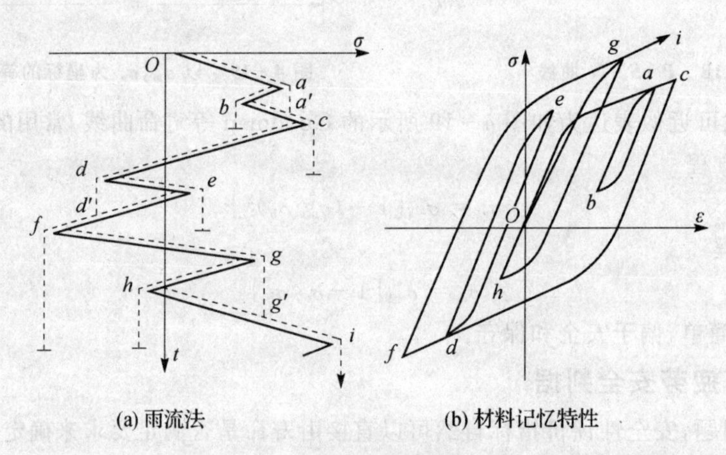

(a) 雨流法　　(b) 材料记忆特性

图 4-20　材料记忆特性

(2) 雨流法分析方法

以垂直向下的纵坐标表示时间,横坐标表示载荷,载荷-时间历程呈宝塔形,雨点以峰谷为起点向下流动,根据雨点向下流动的迹线确定载荷循环。其计数的规则分为以下两个阶段。

第一阶段(分析):

① 雨流的起点依次从每个峰(或谷)值的内侧开始。

② 雨流在下一个峰(或谷)处落下,直到雨流落到一个更大的屋顶上之前,对面(反方向)有一个比开始时的峰值更大,或谷值更小的值为止:$0—a—a'—c$;$a—b$;$c—d—d'—f$。

③ 当雨流遇到来自上面屋顶流下的雨流时，就停于该处：$b—a'$。

④ 取出所有的半循环，并记下各自的振程（相邻峰谷之间的差）。

⑤ 按正、负斜率取出所有的全循环对，并记下各自的振程：$a—b$ 与 $b—a'$；$d—e$ 与 $e—d'$等。

⑥ 把取出的半循环按雨流法第二阶段计数法则处理并计数。

第二阶段（分析）：

一个实测的载荷时间历程经雨流法计数并取出全循环后，剩下的半循环构成了一个发散—收敛型历程，如图 4－21(a)所示。由于不能形成全循环，也就不能再继续计数。若将图(a)中从最高峰（谷）值处截成前后两部分，再交换位置，使始点 a 与终点 b 相接，即可构成一个损伤等效的收敛—发散型历程，然后再按上述方法分析计数，即可将所有的载荷分量取出。

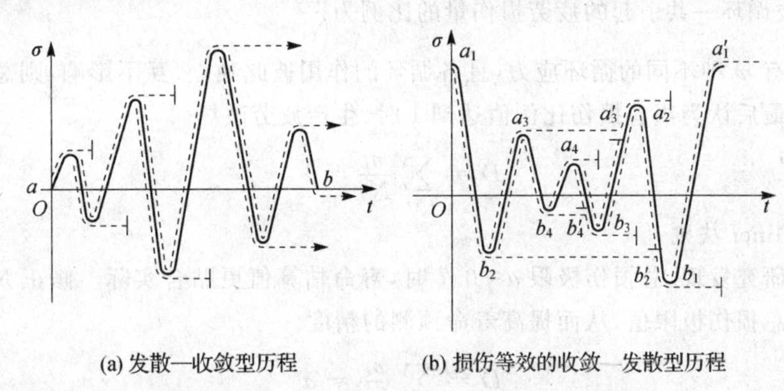

(a) 发散—收敛型历程　　(b) 损伤等效的收敛—发散型历程

图 4－21　损伤等效的收敛—发散型历程

4. 疲劳累积损伤理论

零部件实际工作中，施加在零部件上的、随时间变化的载荷，称为此零部件的载荷谱。

疲劳累积损伤理论将研究各不同循环造成的损伤以什么方式累积起来，进而确定在实际载荷谱的作用下，零件寿命的计算方法。

疲劳累积损伤理论归纳起来可分为四大类：

① 线性疲劳累积损伤理论　这类理论认为各载荷造成的损伤相互独立，可线性叠加。其中，有代表性的理论有 Miner 法则、修正 Miner 法则和相对 Miner 法则。

② 双线性疲劳累积损伤理论　根据疲劳断裂过程可以分为宏观裂纹萌生与扩展两个阶段，同样的载荷在两个不同阶段造成的损伤不同的现象，该理论将疲劳初期和后期分别按两种线形规律累积。其中，有代表性的理论是 Manson 双线性累积损伤理论。

③ 非线性疲劳累积损伤理论　这类理论认为载荷历程与损伤之间存在着相互干涉作用，并从非线性的角度考虑干涉问题。其中，有代表性的理论是损伤曲线法和 Corten－Dolan 理论。

④ 其他疲劳累积损伤理论　这类累积损伤理论是由实验、观测和分析归纳出来的经验或半经验公式。代表性的理论有 Levy 理论和 Kozin 理论。

(1) 线性疲劳累积损伤理论

线性疲劳累积损伤理论是变幅加载条件下，计算零部件疲劳寿命的最简单、直观、易用，误差也较大的一种方法。

1）Miner 法则

假设：相同循环应力的每一循环所引起的疲劳损伤是均匀的；不考虑顺序效应和材料劣化的影响。

如果在第 i 种循环应力作用下，达到破坏的循环数为 N_i，那么每一循环引起的疲劳损伤比例为$\dfrac{1}{N_i}$，n_i次循环一共引起的疲劳损伤量的比例为$\dfrac{n_i}{N_i}$。

假设总共有 m 种不同的循环应力，且各循环的作用彼此独立、互不影响，则总损伤比例值用下式表达。最后认为当总损伤比例值达到 1 时，生产疲劳破坏。

$$D=\sum_{i=1}^{m}\frac{n_i}{N_i}=1 \tag{4-89}$$

2）修正 Miner 法则

经过实验研究发现，总损伤极限 $a\approx 0.7$ 时，寿命估算值更贴合实际。修正 Miner 法则即通过实验确定总损伤极限值，从而提高寿命预测的精度。

$$D=\sum_{i=1}^{m}\frac{n_i}{N_i}=a \tag{4-90}$$

3）相对 Miner 法则

实际问题非常复杂，总损伤极限值 a 可能在 0.1～10 很大的范围内变化。但是，对于同类零件，在类似的载荷谱下，具有类似的数值。可以用试验模拟的方法求得类似的载荷谱下的总损伤值 D_f。

$$D=\sum_{i=1}^{m}\frac{n_i}{N_i}=D_f \tag{4-91}$$

(2) 双线性疲劳累积损伤理论

该理论是 Manson 于 1881 年提出的。他认为，疲劳过程可以划分为两个不同的阶段，如图 4-22 所示。在这两个阶段中，损伤分别按两种不同的线形规律。第一阶段和第二阶段的寿命 $N_{\mathrm{I}i}$、$N_{\mathrm{II}i}$的计算公式如下：

$$\left.\begin{aligned}
&N_{\mathrm{I}i} = N_{fi}\exp(ZN_{fi}^{\phi}) \\
&\phi = \frac{1}{\ln\left(\dfrac{N_1}{N_2}\right)}\ln\left\{\frac{\ln\left[0.35\left(\dfrac{N_1}{N_2}\right)^{0.25}\right]}{\ln\left[1-0.65\left(\dfrac{N_1}{N_2}\right)^{0.25}\right]}\right\} \\
&Z = \frac{\ln\left[0.35\left(\dfrac{N_1}{N_2}\right)^{0.25}\right]}{N_1^{\phi}} \\
&N_{\mathrm{II}i} = N_{fi} - N_{\mathrm{I}i}
\end{aligned}\right\} \tag{4-92}$$

式中：N_{fi}为第 i 级载荷下的等幅疲劳寿命；N_1 为该载荷谱中最高应力水平下的疲劳寿命；N_2 为该载荷谱中损伤最大的应力水平下的疲劳寿命。

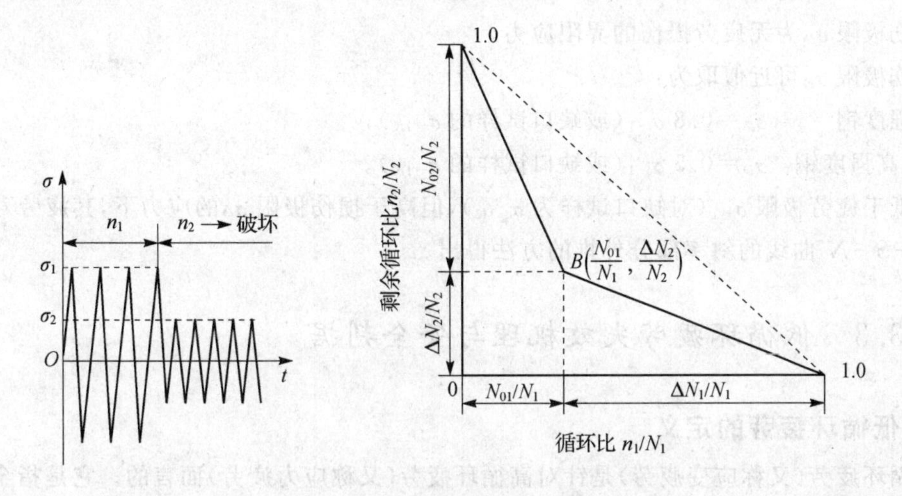

图 4-22　双线性疲劳累积损伤概念示意图

(3) 非线性疲劳累积损伤理论

1) 损伤曲线法

假设：损伤 D 与循环呈指数关系，其表示为

$$D \propto \left(\frac{n}{N}\right)^{a} \tag{4-93}$$

式中：a 为大于 1 的数，应力水平越低，a 值越大。

2) Corten-Dolan 理论

该理论认为，在零件表面的许多地方可能出现损伤，损伤核的数目 m 由材料所承受的应力水平决定。在给定的应力水平作用下所产生的疲劳损伤 D 为

$$D = mrna$$

式中：a 为常数；m 为损伤核的数目；r 为损伤系数；n 为应力循环数。由此，提出了下面的疲劳

寿命估算公式：

$$N=\frac{N_1}{\sum_{i=1}^{\ell}a_i\left(\frac{\sigma_i}{\sigma_1}\right)^d} \tag{4-94}$$

式中：N 为总疲劳寿命；σ_1 为最高应力水平的应力幅值，MPa；N_1 为应力幅值 σ_1 下的疲劳寿命；a_i 为应力水平 σ_i 下的应力循环数占总循环数的比例；ℓ 为应力水平级数；d 为材料常数（与等幅载荷下 $S-N$ 曲线的指数 m 相比，$d/m=0.7\sim1$，初期应力水平高，d/m 小，缺乏数据时，可取 $d/m=0.85$）。

5. 损伤极限

在变幅载荷下，低于疲劳极限 σ_{-1} 的应力也能产生疲劳损伤。这种情况用损伤极限来表示。损伤极限 σ_D 为无疲劳损伤的界限应力。

损伤极限 σ_D 可近似取为：

低强度钢　　$\sigma_D=0.8\,\sigma_{-1}$（或缺口试样的 σ_{-1K}）；

中、高强度钢　$\sigma_D=0.5\,\sigma_{-1}$（或缺口试样的 σ_{-1K}）。

在低于疲劳极限 σ_{-1}（对缺口试样为 σ_{-1K}），但高于损伤极限 σ_D 的应力下，其疲劳寿命可以用将 $P-S-N$ 曲线的斜率部分外推的方法得出。

4.3.3 低循环疲劳失效机理与安全判据

1. 低循环疲劳的定义

低循环疲劳（又称应变疲劳）是针对高循环疲劳（又称应力疲劳）而言的。它是指金属在重复塑性变形下，破坏循环次数小于 5×10^4 时发生的疲劳失效。

失效准则可以是出现一定长度及深度的宏观裂纹，也可以是完全断裂破坏。具体选用什么准则要看零件失效后的二次效应。如果零件为重要零件，零件的完全断裂破坏将引起其他重要零件的连锁性破坏，甚至使整个机械系统出现不可修复性损伤，而此机械系统又有一定的维修性要求（非一次或几次性使用机械），在这种情况下，失效准则应选择前者。

上述低循环疲劳的概念主要强调了两点：

① 塑性变形；

② 低的循环次数。

仅从低循环疲劳的概念上看，它与高循环疲劳并无本质上的区别。只是一个破坏循环次数少，破坏处应力大，产生了宏观的塑性变形（低循环疲劳）；一个破坏循环次数多，破坏处应力小，没有产生宏观的塑性变形（高循环疲劳）。但实际上，两者在宏观上有许多本质上的区别。这些本质上的区别，使高循环疲劳与低循环疲劳在产生原因及解决问题的方法上存在着巨大的差别。对这些主要的宏观区别将在下面介绍。

需要注意的是，尽管产生低循环疲劳时破坏处的应力较大（大于屈服应力），但这并不意味着零件的外加负荷一定很大。因为对非一次性使用的零件，低循环疲劳裂纹绝大多数出现在应变、应力集中处。设计不当或者零件较复杂，出现较大的应变、应力集中在所难免。

2. 低循环疲劳的特点与问题

(1) 低循环疲劳的应力-应变曲线（循环滞后环）

如上所述，低循环疲劳的一个显著特点是在产生疲劳裂纹处有明显的塑性变形，但这并不意味着整个零部件的外加载荷很大。宏观塑性变形及疲劳裂纹绝大多数出现在应变（应力）集中处。如图 4-23 所示为一个带小孔平板，当平板受拉时，在孔的边缘会出现应变、应力集中，图 4-23(b)所示为小孔周围的应力-应变行为。

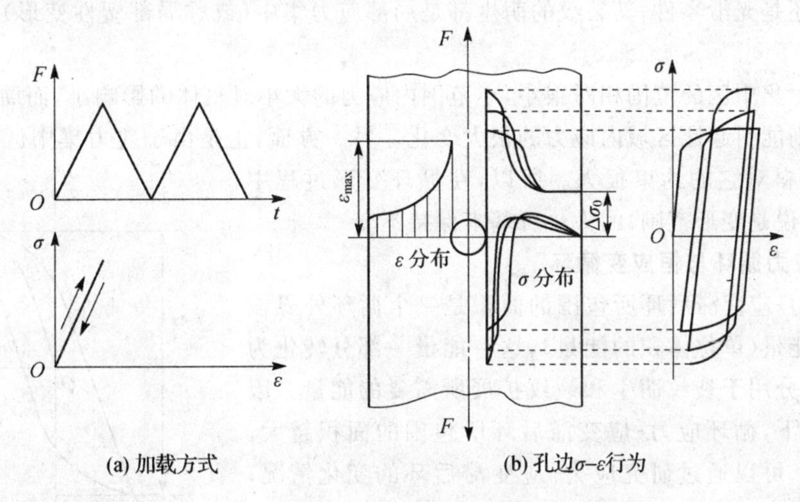

(a) 加载方式　　(b) 孔边σ-ε行为

图 4-23　带孔板拉伸

如小孔的应力集中系数为 K_σ，那么当名义应力 $\sigma_0=\dfrac{F}{A}>\dfrac{\sigma_s}{K_\sigma}$ 时，在小孔边缘的应力将超过屈服应力极限 σ_s，进而出现塑性变形。但是，当名义应力不是非常大，出现塑性变形的区域是很小的，在很小的塑性区域之外，板内应力处于较均匀的弹性状态。

带孔板在拉伸-卸载循环载荷作用下，孔边应力集中区的应力-应变行为是很复杂的。图 4-23(a)所示为加载方式，图 4-23(b)所示为整体板及孔边的 $\sigma-\varepsilon$ 行为，其中 $\sigma_0>\dfrac{\sigma_s}{K_\sigma}$。第一次加载时，孔边小区域内的应力达到屈服而进入塑性状态，产生不可逆的拉伸塑性变形。当外载 F 卸载到零时，如果加载时板内没有塑性变形，那么卸载后整个板内的应力将完全恢复到原状(O)。实际上，由于孔边产生了不可恢复的拉伸塑性变形，体积变大，使孔边周围的材料无法恢复到原状，进而压缩孔边的体积增大区（原拉伸塑性变形区），使此处压缩，产生残余压应力，而其他部分产生残余拉应力，以保证板内力的平衡。由于加载时孔边的塑性区很小，卸载后，尽管孔边周围材料内的残余拉应力不大，但这些拉应力的合力要靠孔边相对很小区域内的压应力来平衡，因此此区域的残余压应力值也远大于周围的拉应力值，很容易使之达到压缩屈服的程度。由此可见，当整体板零件承受弹性的反复拉伸循环时，应力集中区材料可能承受一个拉伸-压缩的弹塑性应力-应变循环。

这种带孔板的孔边应力集中区产生的疲劳现象是容易理解的。但对于光滑试件也同样存在局部应力集中或应变疲劳问题。因为金属是由各个晶粒组成的，由于晶粒的取向不同，并存在着各种宏观或微观的缺陷等原因，每个晶粒的强度在相同的受力方向上是各不相同的，当整个金属还处于弹性状态时，个别薄弱晶粒已经进入塑性变形状态。从微观的角度来看，这些首先屈服的晶粒就是应力集中区。在循环载荷的作用下，同样会产生疲劳问题。由此可见，无论是缺口零件还是光滑零件，其裂纹的萌生都是局部应力集中（或称局部塑性变形）的作用而引起的。

由于应力集中区的范围相对很小，小范围内应力的大小对整体的影响小，而周围应力状态的微小变化则能引起此区域内应力的很大变化。另一方面，正是由于应力集中区的范围相对很小，周围材料对它的约束很大。所以，在循环变形过程中变形（确切地说是变形范围）的大小可基本保持不变。

(2) 恒应力循环与恒应变循环

循环应力-应变滞后环所包围的面积是一个循环外界输入给材料的能量（单位体积的能量），这一能量一部分转化为热，还有一部分用于裂纹萌生和裂纹扩展所需要的能量。因此，一般情况下，循环应力-应变滞后环所包围的面积越大，寿命将越短。可以通过研究应力-应变滞后环的变化情况，研究寿命变化规律。为了对应力-应变滞后环进行试验研究，可以采用两种控制试验的方法，即恒应力法和恒应变法，如图 4-24 所示。

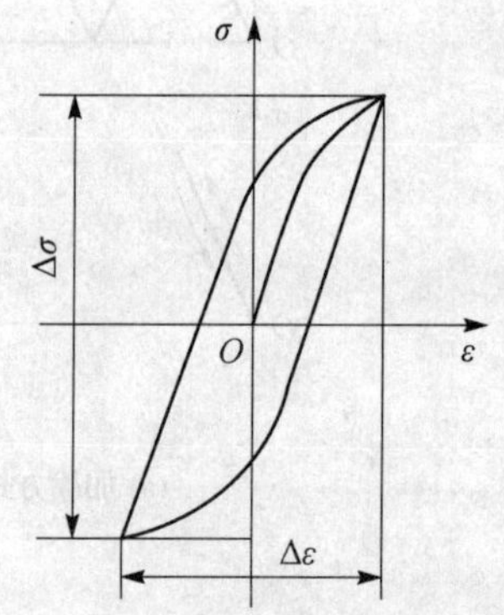

图 4-24 循环滞后环的控制变量（应变或应力区间）

恒应力法控制循环过程中应力幅值的大小，所得到的应力-应变循环又称为恒应力循环。这种方法简单，但试验结果与实际应力集中处的疲劳寿命差别很大，甚至一些材料参数的影响规律完全相反。

恒应变法控制循环应变幅值的大小，所得到的应力-应变循环称为恒应变循环。这种试验方法，对恒应变控制很困难，但试验结果与实际很吻合。

为什么两种控制试验的方法会有如此巨大的差别？强度确切地说是刚度，材料在弹性范围的刚度可以用弹性模量的大小表示，一般情况下，工程材料的强度高，则刚度也高。由图 4-25所示可知，高强度（刚度）材料和低强度（刚度）材料在恒应力循环和恒应变循环中的差别就不难理解了。

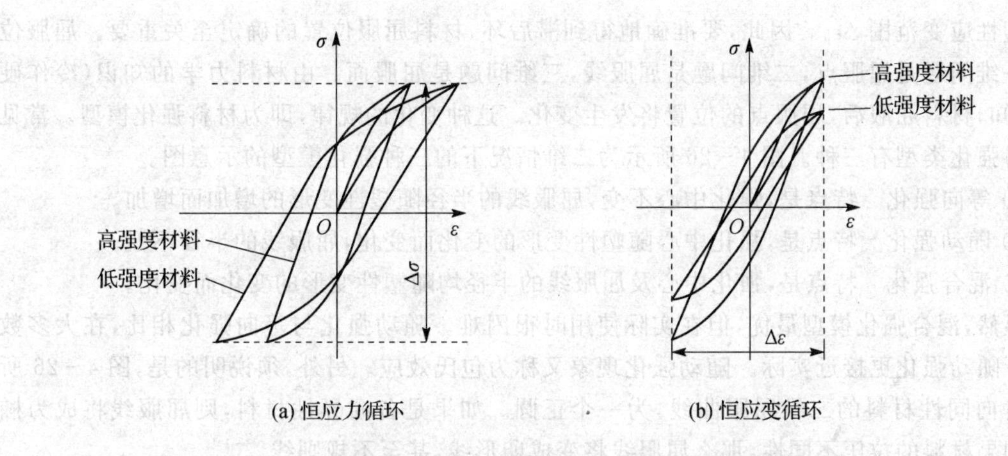

图 4-25　高强度材料和低强度材料的恒应力循环和恒应变循环

循环是属于恒应力循环还是属于恒应变循环，对一些问题的判断可能会得出相反的结论。如果是恒应力循环（见图 4-25(a)），决定循环的特征量是应力，应力越大寿命越短，这一结论与高循环疲劳是一样的，而且材料强度（刚度）高对增长寿命是有益的。材料强度高，滞后环所围的面积小，外界给零部件所施加的破坏能就较小，寿命较长。高强度（刚度）材料对裂纹很敏感，其实这种敏感也是对裂纹尖端的应变集中敏感，对塑性变形敏感。如果是恒应变循环（见图 4-25(b)），决定循环的特征量是应变，应变越大寿命越短，而且材料强度（刚度）高对增长寿命并无直接的益处。如果材料的延性大幅度减小（一般，材料强度越高，延性越小），反而会使寿命缩短。

综上所述，低循环疲劳绝大多数发生在应力、应变集中的较小区域内；由于周围弹性区域的强烈约束，在循环变形过程中，应力、应变集中区其变形的大小基本保持不变。因此它属于恒应变循环。正是由于这些根本区别，才导致低循环疲劳与高循环疲劳的一系列巨大差别。

(3) Manson-Coffin 公式

在大量实验的基础上，Manson 和 Coffin 几乎同时提出在恒定塑性应变范围条件下，失效循环数 N_f 与塑性应变范围 $\Delta\varepsilon_p$ 的关系，即

$$\Delta\varepsilon_p(N_f)^{\alpha} = C \tag{4-95}$$

式中：α 和 C 为材料常数。α 与材料的类型关系不大，在室温下约为 0.5，一般取 0.5～0.7，高温取较大值。常数 C 与材料的断裂延性 ε_f 密切相关，为 $(0.5\sim1.0)\varepsilon_f$，一般取 $0.5\varepsilon_f$。

尽管 Manson-Coffin 公式只在常温下较为精确，适用范围并不很广，反映的影响因素较少，但是它首先明确了低循环疲劳寿命与应变范围及材料延性这两个关键因素的关系，有十分重要的意义。

(4) 材料强化模型

低循环疲劳属于应变疲劳。由 Manson-Coffin 公式可知，低循环疲劳寿命更主要的是取

决于塑性应变范围 $\Delta\varepsilon_p$。因此，要准确地得到滞后环，材料屈服位置的确定至关重要。屈服位置对一维问题是屈服点，二维问题是屈服线，三维问题是屈服面。由材料力学的知识（冷作硬化）可知，材料屈服后，屈服点的位置将发生变化。这种变化的规律，即为材料强化模型。常见的材料强化类型有三种。图 4－26 所示为二维情况下的三种强化模型的示意图。

① 等向强化　特点是，强化中心不变，屈服线的半径随塑性变形的增加而增加。

② 随动强化　特点是，强化中心随塑性变形的变化而变化，屈服线的半径不变。

③ 混合强化　特点是，强化中心及屈服线的半径均随塑性变形的变化而变化。

显然，混合强化模型最优，但在实际使用时很困难。随动强化与等向强化相比，在大多数情况下随动强化更接近实际。随动强化现象又称为包氏效应。另外，须说明的是，图 4－26 所示为各向同性材料的二维屈服曲线，为一个正圆。如果是各向异性材料，则屈服线将成为椭圆。如果材料的拉压不同性，那么屈服线将变成卵形线，甚至不规则线。

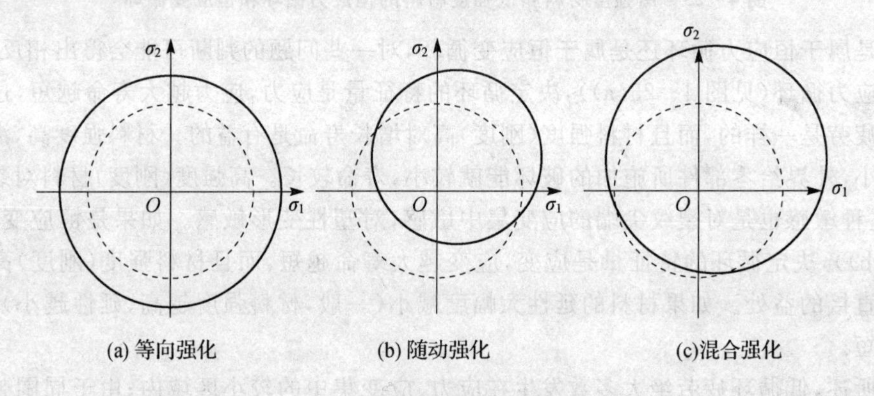

(a) 等向强化　(b) 随动强化　(c)混合强化

图 4－26　材料强化模型示意图(二维)

(5) 循环硬化和循环软化

在循环载荷作用下，几乎所有材料的力学性能都会随循环而变化。在进行控制应变范围的试验时，发现其应力会随循环次数的变化而变化。一种是应力随循环数的增加而增加，然后达到稳定状态；另一种是随循环数的增加而降低，然后也达到稳定状态。当控制应力范围恒定时，应变也产生类似的变化。这种应变或应力随循环而变化的现象称为循环硬化或软化，如图4－27 所示。

一般而言，原来较软的材料在循环过程中将出现硬化，原来较硬的材料则出现软化。某些金属（如镍基高温合金）在同一次试验中，会出现多次硬化和软化现象。对同一种原始状态，硬化时所达到的稳定应力水平，随应变幅值的增加而增加，但随试验温度的上升而下降。循环硬化或软化仅在头几十次循环内出现，随之即达到稳定的最大或最小值。如果零部件的寿命远大于几十次循环，可以不考虑循环硬化和软化问题。在试验时预先进行近 100 次循环使之达到稳定，然后进行有关测量、监视。当然，如果零部件寿命的大小与几十次循环相当，则要考虑

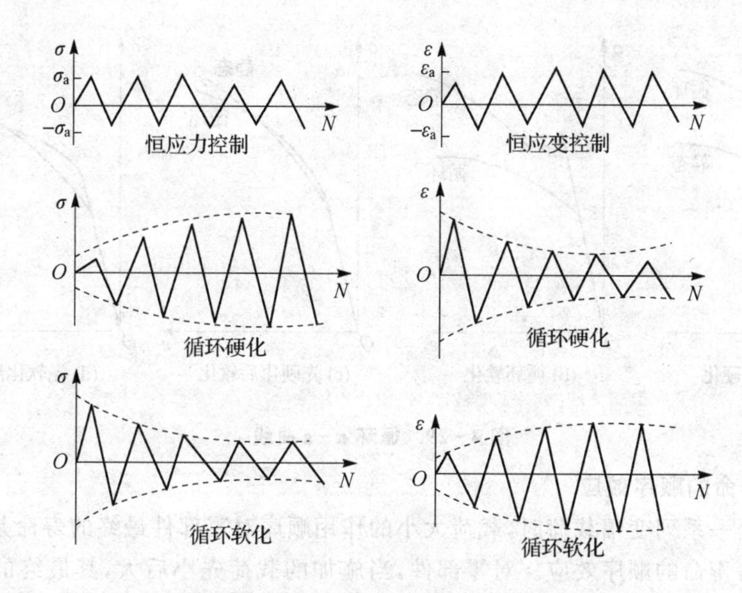

图 4-27　循环硬化或循环软化示意图

循环硬化和软化问题。

(6) 循环应力-应变曲线

静态下的 $\sigma-\varepsilon$ 曲线很容易获得。由于材料在循环载荷的作用下将产生循环硬化或软化现象，因此在进行疲劳寿命研究时，不能直接用静态下的 $\sigma-\varepsilon$ 曲线，而要用循环 $\sigma-\varepsilon$ 曲线。

在循环加载条件下，由一组试件以不同应变范围 $\Delta\varepsilon$ 进行试验，分别得到不同的稳定 $\sigma-\varepsilon$ 回线，将它们的顶点相连接，将绘出一条光滑的曲线，这条曲线即为循环 $\sigma-\varepsilon$ 曲线，如图 4-28所示。对循环硬化材料，循环 $\sigma-\varepsilon$ 曲线高于静态下的 $\sigma-\varepsilon$ 曲线；对循环软化材料，循环 $\sigma-\varepsilon$ 曲线低于静态下的 $\sigma-\varepsilon$ 曲线；也有一些材料会出现先硬化后软化或先软化后硬化的现象，如图 4-29 所示。

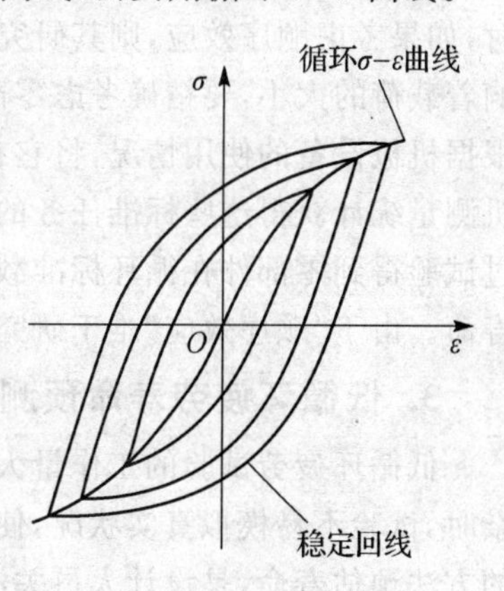

图 4-28　循环 $\sigma-\varepsilon$ 曲线

循环 $\sigma-\varepsilon$ 曲线可以用下式近似表示：

$$\sigma_s = K'(\Delta\varepsilon_p/2)^n \qquad (4-96)$$

式中：σ_s 为循环稳定后的应力幅值。$\Delta\varepsilon_p$ 为塑性应变范围。K'为循环疲劳强度系数，即产生一次反复循环而失效所得到的真实应力（考虑颈缩现象）。一般取 $\log\dfrac{\Delta\sigma}{2}-\log N_f$ 曲线上 $N_f=1$ 的纵坐标截距，它与真实断裂强度 σ_f'成正比，实际上 $K'\simeq\sigma_f'$。n 为循环应变硬化指数。

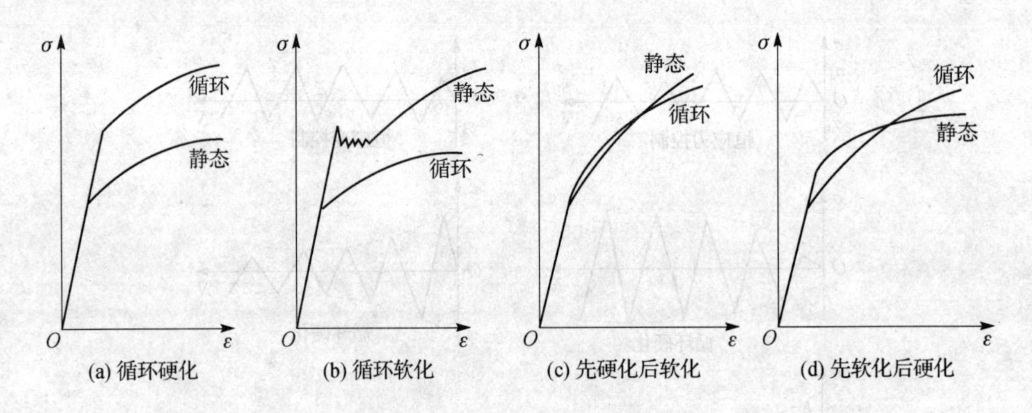

(a) 循环硬化　(b) 循环软化　(c) 先硬化后软化　(d) 先软化后硬化

图 4-29　循环 σ-ε 曲线

(7) 疲劳寿命的顺序效应

零部件承受一系列变幅载荷时，载荷大小的作用顺序对零部件最终的寿命是有影响的，这一现象称为疲劳寿命的顺序效应。对零部件，当施加的载荷先小后大，其最终的寿命较长；反之，寿命较短。这是因为，裂纹萌生要比裂纹扩展需要更大的应力，而且当应力小于某一阈值时，将不会有裂纹萌生，但这一应力却可能会使已产生的裂纹扩展。

另外，先压缩还是先拉伸，由于引起的初始残余应力不同，对以后的载荷疲劳过程将产生影响。先压缩则产生残余拉应力，将降低疲劳寿命；先拉伸则产生残余压应力，对延长疲劳寿命有利。当然，这种疲劳寿命的顺序效应对高循环疲劳同样存在。在研究零部件的疲劳寿命时，如果考虑顺序效应，则其研究、计算及试验的难度将大大提高。由于有许多偶然的因素影响着载荷的大小，要精确考虑零部件的顺序效应是不可能的。目前，考虑顺序效应的方法是：根据机械设备的使用情况，将它在使用过程中的任务分解成一些标准任务，通过试验研究、实机测量统计获得这些标准任务的载荷谱，而实际载荷则由这些标准载荷谱排列、组合而成；通过试验得到零部件在循环标准载荷谱下的寿命，然后再确定由多种标准载荷谱组合作用下的寿命。由于“顺序效应”难于研究，规律性差，普通工程问题常不考虑“顺序效应”问题。

3. 低循环疲劳寿命预测方法

低循环疲劳试验的工作量大，周期也长，影响因素多，特别是当零部件结构及工作条件复杂时，试验不易模拟真实状况，使寿命预测方法变得很复杂。如何利用一些基本参数，用计算的方法预估寿命，是设计人员关心的问题。除了可以用上面已介绍过的 Manson - Coffin 公式进行低循环疲劳寿命预估外，下面介绍一些简单的低循环寿命预测方法。这些方法只利用一些基本参数，甚至不用做低循环疲劳试验即可简单预测疲劳寿命。当然，如果没有有关的试验支持，这些方法的适用范围也较窄，精度不高。

(1) 能量法

低循环疲劳由于塑性变形而消耗能量，其中大部分能量转变成热能和不可回复的塑性应变能。这一能量消耗与材料的断裂寿命有着必然的联系。每一循环所消耗的能量 ΔW 用滞后环的面积来度量，那么整个疲劳过程所消耗的总能量则为全部滞后环面积的总和。由于疲劳试验中，从一个循环到下一个循环的 ΔW 值变化不大，仅仅在循环开始和裂纹失稳扩展至断裂时的少数循环次数的 ΔW 有明显的变化，因此，总的塑性应变能 W_p（W_p 也称为疲劳韧度）可近似地用如下方程来描述：

$$W_p = \Delta W \cdot N_f \tag{4-97}$$

式中：N_f 为失效循环数。

为了得到一个较合理的数学表达式来描述每一循环的塑性应变能 ΔW，可直接采用应力与塑性应变曲线进行计算，如图 4-30 所示。

图 4-30 中的滞后环是垂直的，它是由应力幅值 σ_a 与塑性应变 ε_p 范围（即总应变范围减去弹性应变范围）绘制而成。假设此滞后环相对应变轴是对称的，则每个循环的滞后能为

$$\Delta W = 2 \cdot \int_0^{\Delta\varepsilon_p} \sigma \cdot d\varepsilon_p \tag{4-98}$$

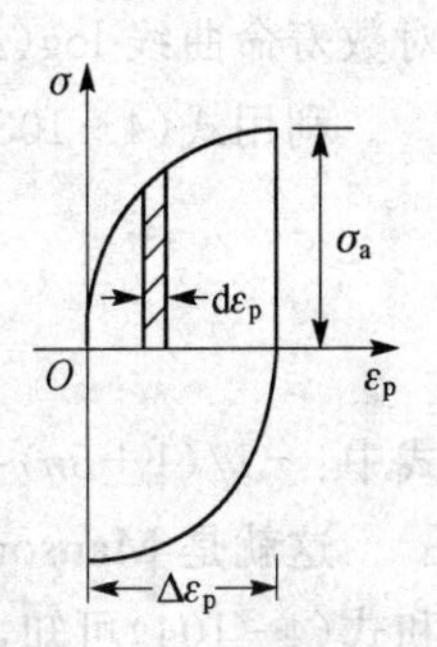

图 4-30　循环功

由式(4-96)可知，滞后环的非线性部分可用幂函数表示，即

$$\sigma = K \cdot \varepsilon_p^n \tag{4-99}$$

将式(4-99)代入式(4-98)，进行积分，并代入由图 4-30 及式(4-99)所得到的关系式

$$\sigma_a = K \cdot (\Delta\varepsilon_p)^n$$

最后推导得

$$\Delta W = \frac{2K}{n+1}(\Delta\varepsilon_p)^{n+1} = \frac{2}{n+1}[K(\Delta\varepsilon_p)^n]\Delta\varepsilon_p = \frac{2}{n+1}\sigma_a\Delta\varepsilon_p \tag{4-100}$$

另外，根据在一定条件下的实验结果，总结分析得

$$\frac{\sigma_a}{\sigma_f} = \left(\frac{W_p}{W_f}\right)^{-\frac{1}{4}} \tag{4-101}$$

式中：σ_a 为循环应力幅值；σ_f 为一次断裂时的真实断裂应力；W_p 为应力等于 σ_a 时的总塑性变形功或疲劳韧性；W_f 为一次断裂能量或真实韧性。

将式(4-100)和式(4-101)代入式(4-97)得

$$N_f \frac{2}{n+1}\sigma_a \cdot \Delta\varepsilon_p = W_f\left(\frac{\sigma_a}{\sigma_f}\right)^{-4} \tag{4-102}$$

在式(4-99)中，当 $\sigma = \sigma_f$，$\varepsilon_p = \varepsilon_f$ 时，$\sigma_f = K\varepsilon_f^n$，与式(4-99)相比，可得

$$\frac{\Delta\varepsilon_p}{\varepsilon_f} = \left(\frac{\sigma_a}{\sigma_f}\right)^{\frac{1}{n}} \tag{4-103}$$

和

$$\frac{\sigma_a}{\sigma_f} = \left(\frac{\Delta\varepsilon_p}{\varepsilon_f}\right)^n \tag{4-104}$$

一次断裂能量 W_f 同样可用式(4－100)表示,只是只有单向载荷,不含反向载荷,所以只含一半

$$W_f = \frac{1}{n+1}\sigma_f \varepsilon_f \tag{4-105}$$

将式(4－105)代入式(4－102),并利用式(4－103),消去 $\Delta\varepsilon_p/\varepsilon_f$ 后得

$$\sigma_a(2N_f)^{\frac{n}{1+5n}} = \sigma_f \tag{4-106}$$

$$\log(\sigma_a) = \log(\sigma_f) - \frac{n}{1+5n}\cdot\log(2N_f) \tag{4-107}$$

由于 $\Delta\varepsilon_e = E\sigma_a$,在一定的材料及条件下,$E$、$\sigma_f$ 为常数,因此式中 $-n/(1+5n)=b$,即为双对数寿命曲线 $\log(\Delta\varepsilon_e)$－$\log(N_f)$的斜率。

利用式(4－103),消去式(4－106)中的 σ_a/σ_f 后得

$$\Delta\varepsilon_p(2N_f)^{\frac{1}{1+5n}} = \varepsilon_f \tag{4-108}$$

$$\log(\Delta\varepsilon_p) = \log(\varepsilon_f) - \frac{1}{1+5n}\cdot\log(2N_f) \tag{4-109}$$

式中:$-1/(1+5n)=c$,即为双对数寿命曲线 $\log(\Delta\varepsilon_p)$－$\log(N_f)$的斜率。

这就是 Manson－Coffin 方程,此方程对短寿命疲劳较适用。由式(4－107)、式(4－109)和式(4－104)可知,对于给定控制条件 $\Delta\varepsilon_p$ 或 σ_a 的情况下,根据一次拉伸断裂性能求得断裂系数 ε_f、σ_f 及应变硬化指数 n,再由式(4－107)或式(4－109)可以预测其疲劳寿命。疲劳寿命估算的精度,主要取决于材料的应力-应变特性是否可用式(4－99)和式(4－101)较精确描述。还要注意,在上述推导中没有考虑循环软化、硬化问题,准确地说这里的应力-应变曲线应该是指循环应力-应变曲线。

(2) 通用斜率法

Manson 发现在 Manson－Coffin 公式中,指数 α 虽然与材料的种类关系不大,但与实验温度有关,它随温度的升高而增大。此外,高温下试验塑性应变范围 $\Delta\varepsilon_p$ 变得不稳定,而疲劳寿命与总应变范围 $\Delta\varepsilon$ 的关系较为确定。同时,在试验中,对变形不均匀的材料,从试样标距长度上得到的平均塑性应变范围与局部塑性应变范围的差别可能很大,为此选择总应变范围作为疲劳特征较为合适。因此,Manson 提出了一个针对总应变范围 $\Delta\varepsilon_T$ 的、较为简洁的式子:

弹性应变范围

$$\Delta\varepsilon_e = C_e N_f^b \tag{4-110}$$

塑性应变范围

$$\Delta\varepsilon_p = C_p N_f^c \tag{4-111}$$

总应变范围

$$\Delta\varepsilon_T = \Delta\varepsilon_e + \Delta\varepsilon_p = C_e N_f^b + C_p N_f^c \tag{4-112}$$

式(4－112)即通用斜率方程。其中,Manson 通过试验总结,推荐采用如下公式及数据:

$C_e=3.5\sigma_b/E, C_p=D^{0.6}=\varepsilon_f'$；指数 $b=-0.12, c=-0.6$，一般 $b=-0.05\sim-0.12, c=-0.5\sim-0.7$；$D$ 为断裂延性($D=\varepsilon_f$)。

在双对数坐标上，弹性及塑性线(式(4-110)及式(4-111))都是直线，其斜率分别为 b 和 c。其典型的 $\Delta\varepsilon-N_f$ 曲线如图 4-31 所示。

若零部件在工作过程中有平均应变 ε_m 和平均应力 σ_m，则式(4-112)修正为

$$\Delta\varepsilon_T = C_e\left(1-\frac{\sigma_m}{\sigma_b}\right)N_f^b + (\varepsilon_f'-\varepsilon_m)N_f^c \qquad (4-113)$$

式中的 ε_f' 如图 4-31 所示。尽管得出上述方程时，受变温及高温材料特性变化的启发，但此方程也只能在室温下给出具有一定精度的结果，随着温度的提高，斜率 b 和 c 将发生变化，使结果偏于危险。

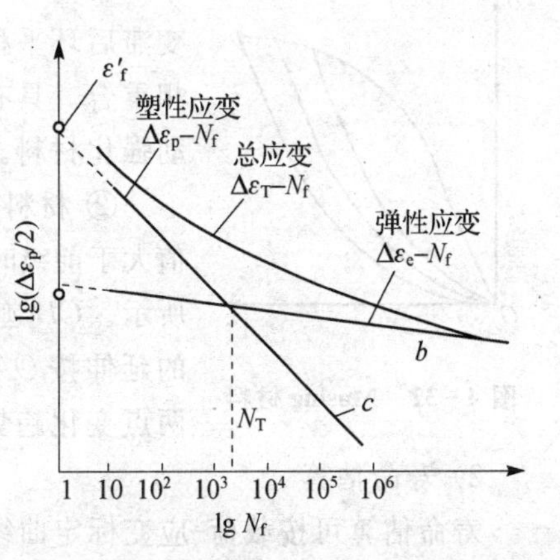

图 4-31　典型的 $\Delta\varepsilon-N_f$ 曲线

(3) 局部应力-应变法

1) 基本概念

以上介绍的疲劳寿命预测方法并没有直接考虑应变、应力集中问题，所采用的是名义应变和名义应力，因此又称为名义应力有限寿命设计法。为了区别真实或局部应变、应力(ε,σ)，改用 $e=S/E$，e、S 分别表示名义应变和名义应力。但实际上，决定零部件疲劳寿命的是应变、应力集中处的最大局部应变和应力。从研究零部件应变、应力集中处的最大局部应变、应力出发，进行疲劳寿命预测的方法即为局部应力-应变法。它的基本思路是：零部件的疲劳破坏都是从应变集中部位的最大应变处开始，并且在裂纹萌生以前都要产生一定的局部塑性变形，而局部塑性变形是裂纹萌生和扩展的先决条件。因此，决定零部件疲劳强度和寿命的是应变集中处的最大局部应变和应力，只要最大局部应变和应力相同，疲劳寿命就相同。所以，有应变集中的零部件的疲劳寿命，可以使用局部应力、应变相同的光滑试件的应变-寿命曲线进行计算，也可以使用局部应力、应变相同的光滑试件进行疲劳试验来模拟，当然也可以使用一些典型的缺口试件。

根据名义应力有限寿命设计法估算出的是到零部件失效的总寿命，而局部应力-应变法估算出的是裂纹形成寿命。局部应力-应变法往往要与断裂力学的方法结合起来，由局部应力-应变法估算出裂纹形成寿命，再由断裂力学估算出裂纹扩展寿命，两者之和为总寿命。

局部应力-应变法的优点如下：

① 应变可以测量，根据应变分析的方法，在一定程度上可以将高、低循环疲劳寿命的估算方法统一起来。当然，由于高、低循环疲劳有着本质的区别，此方法用于高循环疲劳寿命预估误差大。

② 只需知道应变集中处的局部应变、局部应力和基本的材料疲劳性能数据，就可以估算零件的裂纹形成寿命，避免了大量的结构疲劳试验。

③ 可以考虑载荷顺序效应等。但这种方法只能用于有限寿命下的寿命预估，不能考虑尺寸因素和表面情况的影响，因此，它并不能完全替代名义应力法。

在具体说明局部应力-应变法之前先介绍该方法的两个假设：

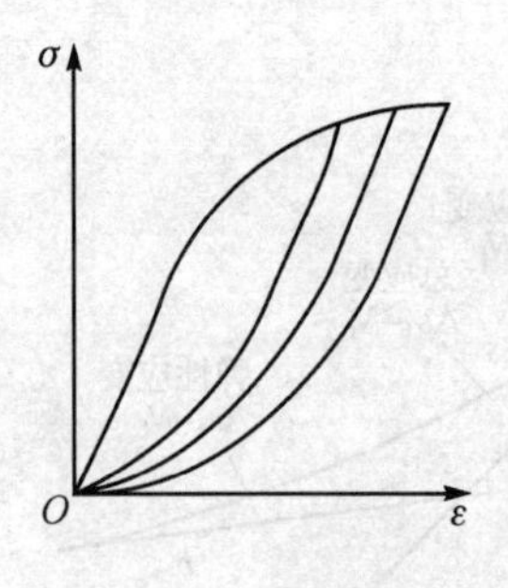

图 4-32　Masing 材料

① Masing 材料　如图 4-32 所示，若将不同应力幅下的应力-应变滞后环平移，使其一顶点与坐标原点重合，则滞后环的上行段迹线相重合。具有该特性的材料称为 Masing 材料。Masing 材料属于随动强化材料。

② 材料具有记忆特性　指材料在循环加载下，当后级载荷的绝对值大于前级时，材料仍然按前级迹线的变化规律继续变化，如图 4-33 所示。CB 迹线的延伸按 AB 迹线的延伸线 BD 变化；同样，DA 迹线的延伸按 OA 迹线的延伸线 AE 变化，材料具有记忆原曲线在 B、A 两点变化趋势的能力。

2）寿命估算

寿命估算可按载荷-应变标定曲线法，其步骤如下：

① 根据载荷-应变标定曲线将载荷-时间历程转化为载荷-应变回线。载荷-应变曲线可使用试验法或有限元法获得。注意，对简单试件，这里的载荷实际上与名义应力成正比。

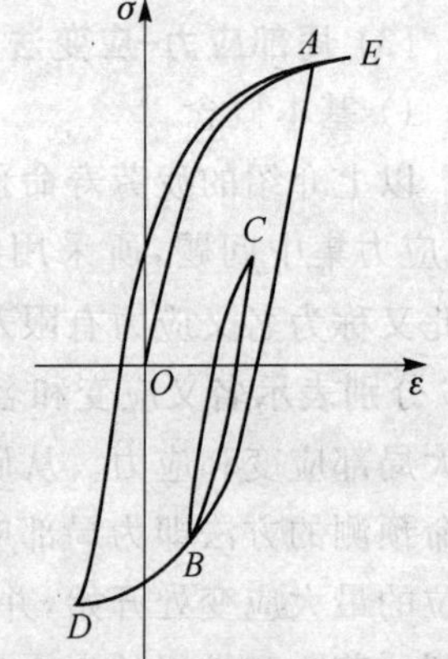

图 4-33　材料的记忆特性

使用试验法时，采用相同材质、几何相似的模拟试样，在缺口根部贴应变片，测出不同载荷下、循环稳定后的载荷幅值与应变幅值间的关系。这时，载荷与变形已形成稳定的滞后环。滞后环顶点的连线即为载荷-应变标定曲线。这一曲线也可通过对带缺口零件的循环载荷有限元计算得到。载荷-应变标定曲线可表示为如下普遍形式：

$$\varepsilon = G(P) \tag{4-114}$$

常见的具体拟合数学式为

$$\varepsilon = \frac{P}{C_1} + \left(\frac{P}{C_2}\right)^{\frac{1}{d}} \tag{4-115}$$

式中：ε 为局部应变；P 为载荷；C_1、C_2、d 为拟合常数。

得出载荷-应变标定曲线后，就可据此将载荷-时间历程转化为载荷-应变回线。假设滞后环的拉伸-压缩曲线部分反向对称，在载荷-应变标定回线的顶点放在原点后（如图 4-33 所示），滞后回线在第一象限的坐标值将是原值的 1 倍（又称倍增原理），则用增量表示的完整滞后回线的方程式为

$$\frac{\Delta\varepsilon}{2} = G\left(\frac{\Delta P}{2}\right) \tag{4-116}$$

由于是用增量表示的方程，滞后回线的位置将由初始点确定。加载时为

$$\frac{\varepsilon-\varepsilon_r}{2}=G\left(\frac{P-P_r}{2}\right) \tag{4-117}$$

卸载并反向加载时为

$$\frac{\varepsilon_r-\varepsilon}{2}=G\left(\frac{P_r-P}{2}\right) \tag{4-118}$$

式中：P_r、ε_r 为载荷-应变回线上前一次反向终点的载荷和应变值；P、ε 为载荷-应变回线上本次反向终点的载荷和应变值。

开始加载时，使用载荷-应变标定曲线，以后再反复使用式(4-117)和式(4-118)，即可由载荷-时间历程得出载荷-局部应变历程回线。在计算过程中应注意材料的记忆特性。

② 根据循环应力-应变曲线，由载荷-局部应变回线得出局部应力-局部应变回线(应力-应变回线)。

已知循环应力-应变曲线的方程为

$$\varepsilon=\frac{\sigma}{E}+\left(\frac{\sigma}{K'}\right)^{\frac{1}{n'}} \tag{4-119}$$

根据倍增原理，用增量表示式(4-119)时为

$$\frac{\Delta\varepsilon}{2}=\frac{\Delta\sigma}{2E}+\left(\frac{\Delta\sigma}{2K'}\right)^{\frac{1}{n'}} \tag{4-120}$$

与载荷-应变回线的情况相似，加载时为

$$\frac{\varepsilon-\varepsilon_r}{2}=\frac{\sigma-\sigma_r}{2E}+\left(\frac{\sigma-\sigma_r}{2K'}\right)^{\frac{1}{n'}} \tag{4-121}$$

卸载时为

$$\frac{\varepsilon_r-\varepsilon}{2}=\frac{\sigma_r-\sigma}{2E}+\left(\frac{\sigma_r-\sigma}{2K'}\right)^{\frac{1}{n'}} \tag{4-122}$$

式中：ε_r、σ_r 为应力-应变回线上前一次反向终点的应变和应力值；ε、σ 为应力-应变回线上本次反向终点的应变和应力值。

第一次加载时，使用循环应力-应变曲线，以后再反复使用式(4-121)和式(4-122)，即可由载荷-应变历程回线得出应力-应变历程回线，如图 4-34 所示。在计算过程中应注意材料的记忆特性。

图中局部应力、应变形成若干个封闭的滞后环。滞后环数量，每一个环的参数，可用现有的计算机程序(如雨流法)来计数和计算。

③ 利用一定的损伤式计算损伤。在判别出封闭的滞后环后，就可以以滞后环为对象计算每一种滞后环的损伤。对每一种滞后环的损伤，可以用前述的“能量法”等方法。由一些实例

验算证明，在一定的范围内，可采用“通用斜率法”中的有关简化公式计算损伤，结果与试验值符合较好。

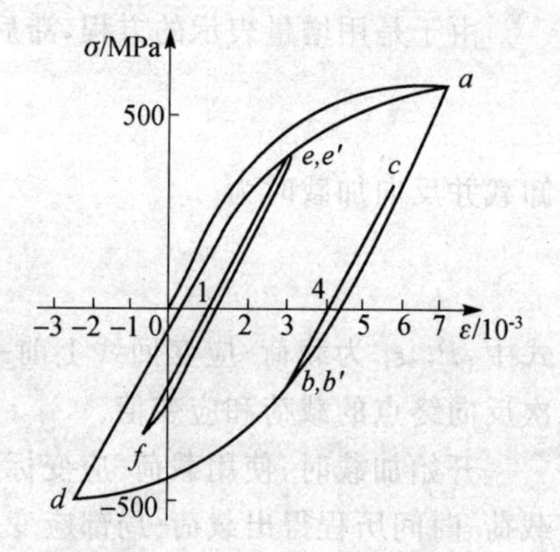

图 4-34 应力-应变历程回线

当$\dfrac{\Delta\varepsilon_p}{\Delta\varepsilon_e}\geqslant 1$时，塑性应变占主导地位，可忽略弹性应变的影响。将式(4-111)变换后得损伤计算式为

$$\frac{1}{N_f}=\left(\frac{\Delta\varepsilon_p}{C_p}\right)^{-\frac{1}{c}}=\left(\frac{\Delta\varepsilon_p}{\varepsilon_f'}\right)^{-\frac{1}{c}} \tag{4-123}$$

如考虑有平均应变ε_m，则

$$\frac{1}{N_f}=\left(\frac{\Delta\varepsilon_p}{\varepsilon_f'-\varepsilon_m}\right)^{-\frac{1}{c}} \tag{4-124}$$

当$\dfrac{\Delta\varepsilon_p}{\Delta\varepsilon_e}\leqslant 0.1$时，弹性应变占主导地位，可忽略塑性应变的影响，将式(4-110)变换后得损伤计算式为

$$\frac{1}{N_f}=\left(\frac{\Delta\varepsilon_e}{C_e}\right)^{-\frac{1}{b}} \tag{4-125}$$

如考虑有平均应力σ_m，则

$$\frac{1}{N_f}=\left[\frac{\Delta\varepsilon_e}{C_e(1-\sigma_m/\sigma_b)}\right]^{-\frac{1}{b}} \tag{4-126}$$

当$0.1<\dfrac{\Delta\varepsilon_p}{\Delta\varepsilon_e}<1$时，要同时考虑弹性及塑性应变的影响。变换式(4-123)和式(4-125)，并相除后可得下式，也可以直接采用式(4-113)。

$$\frac{1}{N_f}=\left[\frac{C_e(1-\sigma_m/\sigma_b)}{\varepsilon_f'-\varepsilon_m}\frac{\Delta\varepsilon_p}{\Delta\varepsilon_e}\right]^{\frac{1}{b-c}} \tag{4-127}$$

得到每一种滞后环的损伤后，利用线性疲劳损伤累积理论即可求出总损伤，从而估算出总寿命或剩余寿命。经计算某种循环的寿命为N_i，这种循环有n_i个，则总损伤百分率为

$$D=\sum_i \frac{n_i}{N_i} \tag{4-128}$$

当$D=1$时表示破坏失效。

3) 利用修正 Neuber(诺埃伯)法估算寿命

修正 Neuber(诺埃伯)法是一种近似方法，精度稍差，但使用方便。这种方法的出发点是：在中、低寿命范围，当缺口处发生局部屈服时，应当考虑两个集中系数，即应变集中系数K_ε'和应力集中系数K_σ'，两者间的关系为

$$K_t = (K'_\sigma \cdot K'_\varepsilon)^{\frac{1}{2}} \tag{4-129}$$

$$K'_\sigma = \frac{\Delta\sigma}{\Delta S} \tag{4-130}$$

$$K'_\varepsilon = \frac{\Delta\varepsilon}{\Delta e} \tag{4-131}$$

式中：ΔS、Δe 为名义应力范围和名义应变范围；$\Delta\sigma$、$\Delta\varepsilon$ 为局部应力范围和局部应变范围；K_t 为理论应力集中系数。

将式(4-130)和式(4-131)代入式(4-129)，并由 $\Delta S = E\Delta e$ 可得

$$\Delta\sigma \cdot \Delta\varepsilon = \frac{(K_t \cdot \Delta S)^2}{E} \tag{4-132}$$

名义应力 ΔS 与载荷成正比，因而式(4-132)可以将载荷与局部应力、应变联系起来，这就是 Neuber 法的主要公式。但使用中发现，用式(4-132)计算出的局部应力、应变过大，因此在寿命估算中常用相对较小的疲劳缺口系数 K_f 来代替理论应力集中系数 K_t，则式(4-132)变成如下的修正 Neuber 公式：

$$\Delta\sigma \cdot \Delta\varepsilon = \frac{(K_f \cdot \Delta S)^2}{E} \tag{4-133}$$

疲劳缺口系数 K_f 为光滑试样的疲劳极限 σ_{-1} 与净截面尺寸及终加工方法相同的缺口试样疲劳极限 σ_{-1K} 之比。疲劳缺口系数 K_f 主要取决于理论应力集中系数 K_t，但还与材料性质、缺口型式、缺口半径及缺口深度等有关，其大小可由试验图及表查得。

利用修正 Neuber 公式进行寿命估算的步骤如下：

① 名义应力 S 与载荷 P 呈线性关系，其关系式为

$$S = \left(\frac{1}{A} + \frac{c}{Z}\right)P = CP \tag{4-134}$$

式中：A 为缺口处的净截面；Z 为缺口截面的净抗弯截面系数；c 为力作用点到缺口截面的距离；C 为比例系数。由式(4-134)可将载荷-时间历程转化为名义应力-时间历程。

② 联立修正 Neuber 公式(4-133)与应力-应变滞后回线公式(4-120)，并将式(4-134)代入，则可直接得出局部应力与载荷间的关系式

$$\frac{\Delta\sigma^2}{E} + 2\Delta\sigma\left(\frac{\Delta\sigma}{2K'}\right)^{\frac{1}{n'}} = \frac{K_f^2 C^2 \Delta P^2}{E} \tag{4-135}$$

加载时为

$$\frac{(\sigma - \sigma_r)^2}{E} + 2(\sigma - \sigma_r)\left(\frac{\sigma - \sigma_r}{2K'}\right)^{\frac{1}{n'}} = \frac{K_f^2 C^2 \Delta P^2}{E} \tag{4-136}$$

卸载时为

$$\frac{(\sigma_r - \sigma)^2}{E} + 2(\sigma_r - \sigma)\left(\frac{\sigma_r - \sigma}{2K'}\right)^{\frac{1}{n'}} = \frac{K_f^2 C^2 \Delta P^2}{E} \tag{4-137}$$

参数的意义同“载荷-应变标定曲线法”。根据修正 Neuber 公式及公式(4－135)很容易得出局部应变与载荷间的关系。有了局部应力与载荷间的关系及局部应变与载荷间的关系，可绘制成应力-应变历程回线。以下的计算同“载荷-应变标定曲线法”。由于疲劳缺口系数 K_f 易于得到，修正 Neuber 法甚至可以不做疲劳方面的试验，较为简单。

4.4 断裂力学安全判据

1. 出发点

在前面几节内容中，无论是静强度分析还是疲劳强度分析，均假定结构乃是没有内部缺陷或微小裂纹的理想变形体。在这种假设的基础上，无论是在大载荷还是小载荷作用下，结构上各点的应力、应变均是有限值。

基于断裂力学的可靠性设计又称为损伤容限设计。该种设计的出发点是，零件材料表面或内部有已知裂纹或存在仪器不能检测到的最大裂纹。

裂纹尖端在应力理论上为无穷大，因此不能用理论应力集中系数 K_t 表达，而必须用应力场强度因子 K 来表达。K 的大小反映了裂纹尖附近区域内(如图 4－35 所示)弹性应力场的强弱程度，可以用来作为判断裂纹是否发生失稳扩展的指标。其表达式如下：

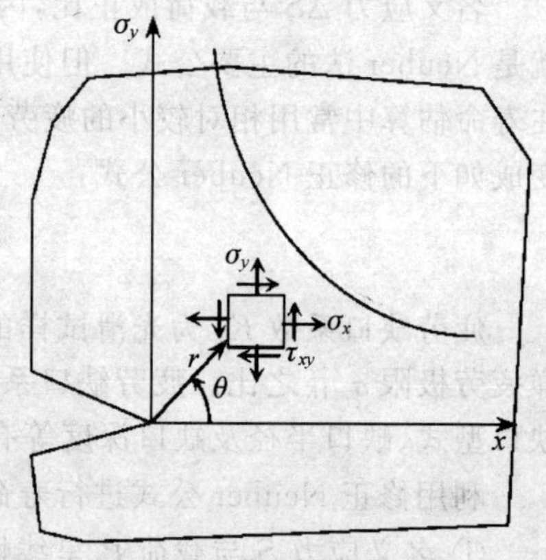

图 4－35 裂纹尖端的应力场

$$\begin{Bmatrix} \sigma_x \\ \sigma_y \\ \tau_{xy} \end{Bmatrix} = \frac{K_{\mathrm{I}}}{\sqrt{2\pi r}} \cdot \cos\frac{\theta}{2} \begin{Bmatrix} 1-\sin\frac{\theta}{2}\sin\frac{\theta}{2} \\ 1+\sin\frac{\theta}{2}\sin\frac{3\theta}{2} \\ \sin\frac{\theta}{2}\cos\frac{3\theta}{2} \end{Bmatrix} \tag{4－138}$$

2. 应力强度因子

应力强度因子可以分为张开型 K_{I}(见图 4－36(a))、滑开型 K_{II}(见图 4－36(b))、撕开型 K_{III}(见图 4－36(c))。

应力强度因子的普遍形式为

$$K = F\sigma\sqrt{\pi a} \tag{4－139}$$

式中：F 为几何形状因子；a 为裂纹尺寸，mm；σ 为外加应力，MPa。应力强度因子 K 是取决于裂纹体形状、裂纹形状、裂纹位置和加载方式的系数。F 值可由应力强度因子手册查得。对于无限大中心裂纹板(板宽≫裂纹尺寸 a)，$F=1$；对于单边裂纹无限大板(板宽≫a)，$F=1.12$。

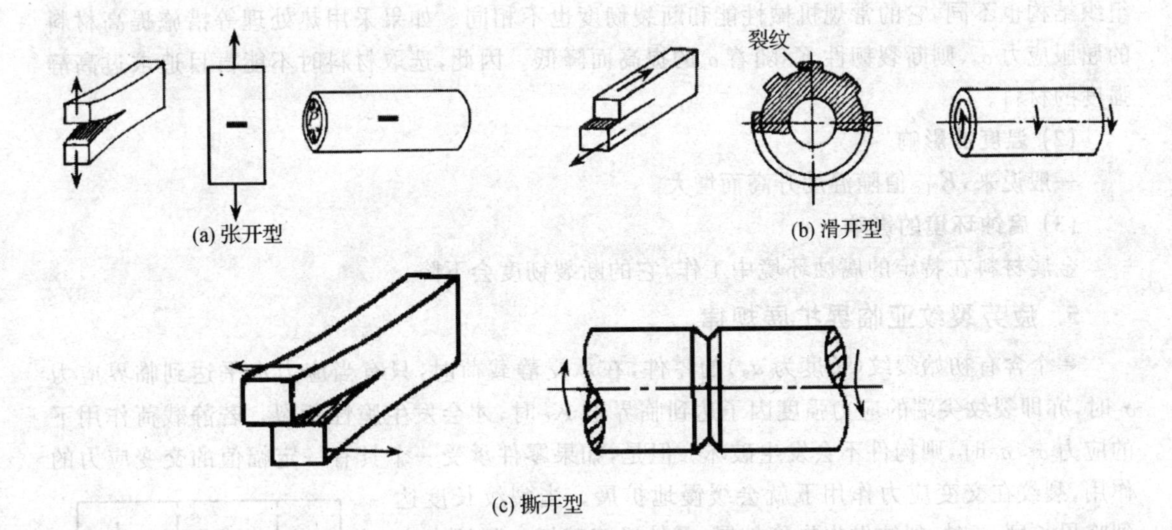

图 4－36　断裂形式

3. 断裂韧性

应力强度因子的临界值，即发生脆断时的应力强度因子，称为断裂韧性，用 K_C 表示（不同状况下的 K_C 可查表）。根据资料，断裂韧性 K_{IC}（下标 Ⅰ 表示为张开型）也可由材料的冲击韧性 a_k 求得：

$$K_{IC} = 35.85(a_k)^{0.63} \tag{4-140}$$

$$\left(\frac{K_{IC}}{\sigma_s}\right)^2 = 6.737\left(\frac{a_k}{\sigma_s} - 0.001\right) \tag{4-141}$$

式中：a_k 为冲击韧性，kg・m；σ_s 为材料屈服强度，MPa；K_{IC} 为断裂韧性，MPa・$m^{\frac{1}{2}}$。在上述两个公式中，式（4－140）偏于保守。

断裂判据：

$$K = K_C \tag{4-142}$$

当裂纹尖端的应力强度因子达到临界值 K_{IC} 时，裂纹扩展长度也相应达到临界长度 a_C 值，称为临界裂纹长度，表达式为

$$a_C = \frac{1}{\pi}\left(\frac{K_C}{F \cdot \sigma}\right)^2 \tag{4-143}$$

若 $a \geqslant a_C$，则表示零件已不可用；

若 $a \leqslant a_C$，则表示零件仍可继续使用。

4. 影响断裂韧度 K_C 的因素

(1) 材料的屈服应力对断裂韧度的影响

断裂韧性是一个材料常数。即便是材料的化学成分相同，由于热处理状态不同，它的微观

组织结构也不同，它的常规机械性能和断裂韧度也不相同。如果采用热处理等措施提高材料的屈服应力 σ_s，则断裂韧性 K_C 随着 σ_s 的提高而降低。因此，选取材料时不能盲目追求过高静强度的材料。

(2) 温度的影响

一般说来，K_{IC} 值随温度升高而增大。

(3) 腐蚀环境的影响

金属材料在特定的腐蚀环境中工作，它的断裂韧度会下降。

5. 疲劳裂纹亚临界扩展规律

一个含有初始裂纹（长度为 a_0）的零件，在承受静载荷时，只有当应力水平达到临界应力 σ_C 时，亦即裂纹尖端的应力强度因子达到临界值 K_C 时，才会发生脆性断裂。若静载荷作用下的应力 $\sigma < \sigma_C$ 时，则构件不会发生破坏。但是，如果零件承受一个具有一定幅值的交变应力的作用，裂纹在交变应力作用下就会缓慢地扩展。当裂纹长度达到临界长度 a_C 时，裂纹发生失稳扩展，零件迅速破坏。裂纹在交变应力作用下，由初始长度 a_0 扩展到临界长度 a_C 的这一扩展过程，称为疲劳裂纹的亚临界扩展。

用应力强度因子变化的幅度（ΔK）表示载荷波动为

$$\Delta K = K_{max} - K_{min} = F \cdot \Delta\sigma \sqrt{\pi a} \tag{4-144}$$

疲劳裂纹扩展速率（$da/dN - \Delta K$ 曲线）可分成 3 个区，如图 4-37 所示，Ⅰ区为不扩展区，Ⅱ区为亚临界扩展区，Ⅲ区为快速扩展区。有代表性的裂纹扩展速率预测公式为 Paris 公式：

$$\frac{da}{dN} = C(\Delta K)^m \tag{4-145}$$

式中：C、m 为材料常数，可查表；ΔK_{th} 为疲劳裂纹扩展门槛值，可查表。

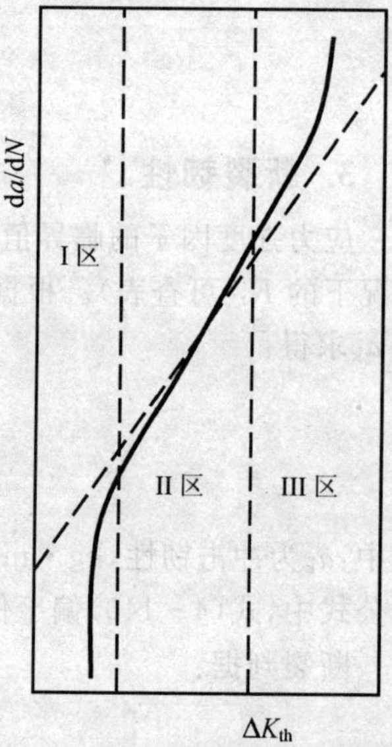

图 4-37 疲劳裂纹扩展速率（$da/dN - \Delta K$ 曲线）

6. 应力不扩展条件

当外加应力强度因子幅值 $\Delta K_I \leqslant \Delta K_{th}$ 时，裂纹不再扩展，处于稳定状态；反之，当 $\Delta K_I > \Delta K_{th}$ 时，裂纹开始扩展。

应力不扩展条件为

$$\Delta K_I = K_{I\,max} - K_{I\,min} = F \cdot \Delta\sigma \sqrt{\pi a} \leqslant \Delta K_{th} \tag{4-146}$$

$$\Delta\sigma \leqslant \frac{\Delta K_{th}}{F \cdot \sqrt{\pi a}} \tag{4-147}$$

7. 疲劳裂纹扩展寿命的估算

① 通过无损探伤技术，确定初始裂纹的尺寸、形状、位置和取向；

② 根据材料的断裂韧性 K_{IC} 确定零件的临界裂纹尺寸 a_{C}；

③ 根据裂纹扩展速率的表达式计算从 a_0 到 a_{C} 所需的循环次数，即将疲劳裂纹扩展速率的表达式进行积分，得到恒应力幅度下含裂纹零件的剩余寿命。

当然，对于精确的估算还要考虑温度、环境介质和加载频率等的影响。

除了 Paris 裂纹扩展速率预测公式外，如果考虑载荷的非对称性，有如下 Forman 预测公式：

$$\frac{\mathrm{d}a}{\mathrm{d}N}=\frac{C\cdot(\Delta K_{\mathrm{I}})^m}{(1-r)\cdot K_{\mathrm{IC}}-\Delta K_{\mathrm{I}}} \tag{4-148}$$

式中：

$$r=\frac{\sigma_{\min}}{\sigma_{\max}}=\frac{K_{\mathrm{I}\min}}{K_{\mathrm{I}\max}}$$

Donalure 和 Mc Evily 提出如下公式：

$$\frac{\mathrm{d}a}{\mathrm{d}N}=C[(\Delta K)^2-(\Delta K_{\mathrm{th}})^2] \tag{4-149}$$

该公式揭示了 ΔK 趋于 ΔK_{th} 时 $\mathrm{d}a/\mathrm{d}N$ 的特性，但未能反映 $\mathrm{d}a/\mathrm{d}N$ - ΔK 关系的大部分阶段的特性。

陈篪分析了以上各公式的优缺点，提出了一个更全面反映 ΔK 较大范围内的 $\mathrm{d}a/\mathrm{d}N$ 关系式：

$$\frac{\mathrm{d}a}{\mathrm{d}N}=C(\Delta K)^s\,\frac{[(\Delta K)^2-K_1^2]^p}{[K_2^2-(\Delta K)^2]^q} \tag{4-150}$$

当 $p=q=1$，$s=0$ 时，式(4-150)简化为

$$\frac{\mathrm{d}a}{\mathrm{d}N}=C(\Delta K)\,\frac{(\Delta K)^2-K_1^2}{K_2^2-(\Delta K)^2} \tag{4-151}$$

该式与实验资料吻合得较好。

第5章 内燃机热负荷失效模式与诊断预防技术

5.1 内燃机热负荷失效模式

1. 内燃机热负荷失效定义

内燃机热负荷失效是指由于热负荷(温度与热应力)的作用,直接或间接(如加速)引起内燃机零部件丧失规定功能的现象。容易产生热负荷失效的主要是在较高温度下工作的零部件,如:活塞、活塞环、缸盖、缸套、排气门、废气涡轮和轴瓦等。

由于内燃机升功率及单位体积功率的不断增加,由热负荷引起的失效也越来越多,严重制约了内燃机可靠性的提高。这类故障的机理和变化规律往往与常规的机械故障不同,解决方法也差别很大,甚至有着本质的区别,必须深入、系统地进行热负荷失效机理的研究,从机理出发,探讨根本性的解决方法或缓解措施。

2. 失效模式

内燃机热负荷失效的常见模式包括:烧蚀、热变形、热应力影响下的断裂、高温条件下的磨损、高温气体腐蚀、高温材料劣化、高温蠕变、高温松弛和热疲劳等。

(1) 烧 蚀

烧蚀是指内燃机零件局部点的温度超过了材料或材料中某些成分的熔点,因而引起的熔化现象。内燃机的烧蚀多发生在非正常工况及一些暴露在高温条件下的棱角处。如,冷启动困难引起柴油附壁燃烧形成的烧蚀;柴油机活塞收口式燃烧室边缘的过热烧蚀;汽油机爆燃引起传热量剧增,进而引起活塞、缸盖的局部烧蚀(见图 2-7);由于局部高温或温度梯度大,引起气门及气门座圈变形大、变形不均匀或由于积炭造成气门密封被破坏,引起漏气,并使气门座合面及边缘烧蚀(见图 5-1);低温启动迅速加载,造成轴瓦干摩擦,或者直接由于高负荷、拉缸、缺油等原因造成的轴瓦(见图 2-14)或轴颈严重烧损(见图 5-2)。

由所列举的几个例子中也可以看出,在烧蚀失效中,只有一部分是直接由于燃烧温度过高引起的零件过热烧蚀,还有一部分失效属于二次故障。

(2) 热变形

金属零件在高温下的变形是很大的,特别是对结构及温度场复杂的运动零件,其变形也极不均匀(如活塞),如果设计不当,将严重影响其工作性能。引起诸如运动件卡死、拉缸、严重磨

图 5-1　气门座合面及边缘烧蚀

图 5-2　轴颈严重烧损

损和应变集中等问题。如图 5-3 所示，由于冷却系统故障（缺少冷却液、污垢、水泵不良、节温器不良、皮带轮破裂或滑动、冷却系统的通风装置不良或故障）引起的发动机过热，机油温度增高，活塞热膨胀过大，活塞缸套间的间隙变小、油膜被破坏，进而造成活塞裙部磨损过大，严重的将造成拉缸。变工况或变温下工作的零件，为了保证运动的可靠性和保持一定的润滑油膜，当需要一定的配合间隙时，如何准确考虑热变形的变化情况，合理设计间隙和控制间隙的变化是设计的核心内容之一。对活塞与缸套、活塞坏与缸套、活塞环与活塞环槽、活塞销与活塞销孔及轴颈与轴瓦等的最佳间隙大小、最佳接触型面副，尽管已经有大量研究成果，但依然不能满足内燃机实际复杂工作状况的需求。与此相关的设计问题，以及由此造成的失效依然很多。特别是随着降低排放、减少机油消耗的要求越来越高，减小活塞与缸套间的配缸间隙、减少活塞缸套间润滑油量已经成为当前的一项主要技术措施，但这些对消除该类故障都是很不利的。

图 5-3　活塞裙部过热、膨胀量过大导致的磨损、拉缸

(3) 热应力影响下的断裂

热应力影响下的断裂是指当热应力及机械应力的综合应力超过材料的断裂极限，使零件产生的断裂破坏。这种现象在负荷并不是很大的民用机以及已经批量生产的高强化内燃机上都很少见到，在某些设计不合理的试验样机，同时存在一些工艺缺陷时，这种失效模式出现的概率就会大幅度上升。如图 5-4 所示为某缸盖中隔板在内燃机工作很短时间内迅速断裂的情况，中隔板布置在不同温度的立板及气道之间，尽管火焰并不直接作用在中隔板上，但周围材料的不同变形依然会引起中隔板的附加热应力。

(4) 温度引起的材料特性甚至材质发生变化

随着温度的变化，材料绝大多数物理特性都要随之大幅度变化，如材料的弹性模量 E，线膨胀系数 α，屈服及断裂极限 σ_s 和 σ_b，材料的断裂延性 ε_f 及润滑油的粘度等。特别是当温度大于一定数值时，这些参数会发生剧烈变化，而且有可能并非单调变化。对合金材料，高温下甚至会引起材质的变化，如合金的析出等。该问题对高温下使用的铝合金零件尤为突出。如图 5-5所示，随着温度的提高，活塞铝合金材料 ZL8(12Si-2.5Ni-1Mg-1Cu)的拉伸屈服强度将迅速减小，尤其是达到 350 ℃以上，接近 400 ℃时，几乎降到了 0，而目前一些高强化内燃机活塞局部区域的温度已经达到了 350 ℃。这将会成为故障(如活塞燃烧室边缘或燃烧室凹坑裂纹)的主要影响因素。

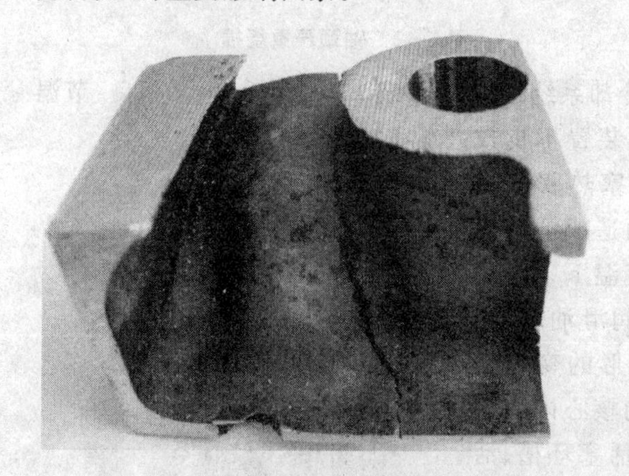

图 5-4 缸盖中隔板断裂

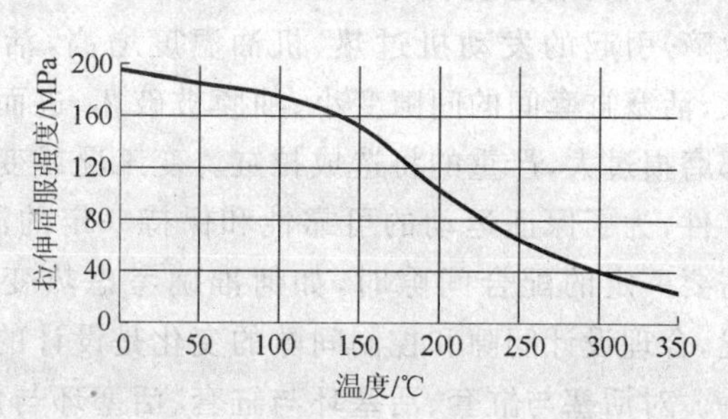

图 5-5 温度对活塞铝合金拉伸屈服强度的影响

(5) 高温气体腐蚀和温度影响下的介质腐蚀

高温环境下的气体腐蚀速度远高于常温环境下的腐蚀速度，如中等爆震条件下的高温气体腐蚀。但也要注意，高温可能会影响内燃机腐蚀介质(如硫化物)的滞留条件。因此，内燃机缸内零件的介质腐蚀往往与频繁冷启动及有关工作状况相联系。

(6) 温度影响下的摩擦和磨损

高温下零件的磨损会剧烈增加。特别是当润滑冷却不好，在高温环境下，摩擦产生的热不能及时散发出去，摩擦表面的温度将急剧升高，造成相接触的两种金属相熔合、刮落，引起如内燃机缸套常出现的熔着磨损，甚至引起严重的拉缸现象。高温环境下的摩擦磨损常出现在轴瓦与轴颈、活塞环与缸套、活塞环与活塞环岸之间。

(7) 高温蠕变与高温松弛

蠕变是指对物体施加外力时，在温度等其他条件一定的情况下，物体的变形(应变)随时间而增加的现象。松弛是指当应变及温度等其他条件不变时，材料内应力随时间的增加而降低的现象。对金属来说，只有在高温条件下才会出现蠕变和松弛问题，因此常称为金属的高温蠕变和高温松弛。

(8) 热疲劳

狭义的热疲劳是指单纯由于热应变、热应力的循环变化而引起的零部件的疲劳龟裂现象。

热负荷失效研究涉及的范围非常广，已经形成多门学科，但这些学科有许多相关性。零部件在实际工作中，诸多热负荷失效因素是共同起作用的，而且还与其他非热负荷因素(如机械负荷引起的损伤、磨粒、腐蚀介质)互相影响、耦合，使零件的设计、失效因素的分析难度增大。对工程设计人员来说，仅从一方面考虑问题显然是不够的，要全面地考虑热负荷失效问题，就要对热负荷失效所涉及的所有问题进行深入的研究。在如上所列的热负荷失效模式中，有些相对比较简单，如烧蚀、热变形、热应力影响下的断裂、高温材料劣化等，这些问题将会作为考虑因素体现在热负荷失效模式的分析、诊断以及热疲劳寿命评估中；而高温条件下的摩擦磨损和腐蚀将在其他章节中详细研究。热负荷失效问题中最具代表性的是热疲劳问题或高温蠕变与松弛影响下的热疲劳问题，更广泛地说是多因素影响下的热疲劳问题(广义热疲劳)。这类故障尽管在总故障中所占比例并不很高，但与烧蚀故障的随机性强、难于预测不同，其规律性相对较强，因此，高温蠕变及热疲劳是第 6 章进行失效分析与评估介绍的重点内容。

广义热疲劳损伤的机理非常复杂，从金属原子的位错开始，经过微观裂纹的萌生，裂纹的扩展，逐渐形成宏观的工程裂纹，最后达到断裂。影响它的因素非常广泛：

① 材质是高强度还是低强度，是脆性还是延性；

② 几何形状是简单还是复杂的，表面是粗糙的还是光滑的；

③ 表面层的材质与内部的是否一致，所受载荷是单轴的还是多轴的；

④ 材料内有无微观缺陷、晶粒大小情况、合金中固溶体的分布及析出问题；

⑤ 载荷波形是等幅的还是变幅的，波形是否对称，有无冲击载荷，载荷的顺序如何；

⑥ 工作环境是否存在腐蚀介质，工作温度是高温还是低温；

⑦ 有无其他因素的共同作用，如蠕变与松弛；

⑧ 变温下材料特性的变化和材质的变化；等等。

如此众多的因素，哪些是主要的哪些是次要的，均须从实际中进行研究。同时，它涉及金属材料学、冶金学、物理化学和力学等诸多领域。因此，长期以来，人们虽对它进行了大量艰苦的研究工作，但至今还有许多理论和实际问题未能解决。

目前，对疲劳寿命的研究有以下两种方法：

一种方法是从微观出发，研究众多微观因素中的一个或几个因素对疲劳寿命的作用。然而，实际疲劳问题是众多因素共同作用的结果，因此微观研究的结果很难与实际对应起来，实用性较差。

另一种方法是从宏观现象出发的，称为唯象法。唯象法以实际零部件的试验数据、结果为基础，分析原因，寻找规律。这种方法的实用性较强。

3. 高温蠕变及其失效的痕迹特征

(1) 蠕变的定义

蠕变是指对物体施加外力时，在其他条件一定的情况下，物体的变形（应变）随时间而增加的现象。对于试件，其典型的蠕变变形曲线如图 5－6 所示。由图可知，典型的蠕变变形曲线可分成Ⅰ、Ⅱ、Ⅲ三段（有些材料的蠕变没有第Ⅱ或第Ⅲ阶段）：在蠕变的初期，蠕变速度较高，随着时间的增加蠕变速度逐渐减小，这一段称为过渡蠕变期（或瞬态蠕变），即图中的 AB 段（Ⅰ）；随后蠕变速度稳定下来，基本保持恒定，这一段为稳定蠕变阶段（或称最小蠕变速度阶段），即图中的 BC 段（Ⅱ）；随后出现蠕变速度加快的加速蠕变阶段，直至试件产生蠕变断裂，在图中为 CD 段（Ⅲ）。须注意，图中曲线起点并非在原点，因为试件在加载的瞬间就会产生不随时间而变化的弹性应变 ε_e 和塑性应变 ε_p，在下面蠕变 ε_c 的分析中一般不再考虑这两个变形量，而将蠕变曲线的起点从原点开始。

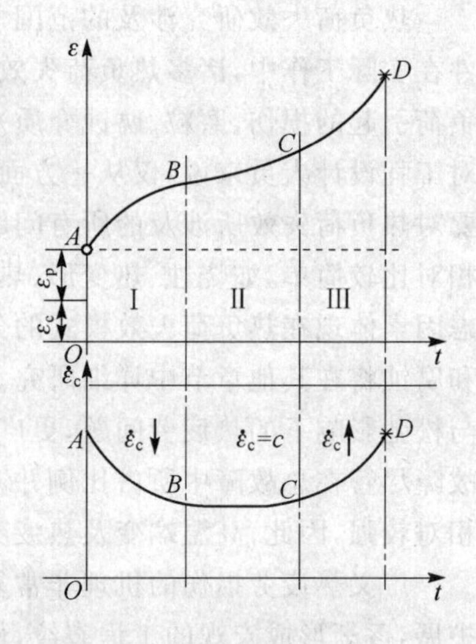

图 5－6 典型蠕变曲线

(2) 蠕变的特点

蠕变有以下特点：

① 蠕变变形是一种不可逆的塑性变形。

② 蠕变的大小与温度的关系很大。随着温度 T 的增加，蠕变变形量会迅速增大。只要温度足够高，即使材料所承受的应力远远小于屈服应力，也会产生蠕变。因此，常将材料的蠕变特性称为材料的高温特性。

③ 材料所承受的应力对蠕变也有较大影响，但没有温度的影响程度大。

从宏观的角度，蠕变变形 ε_c 主要是时间 t、温度 T 和应力 σ 的函数，即

$$\varepsilon_c = f(t, T, \sigma) \tag{5-1}$$

由于蠕变变形的上述特点，在研究高温条件下零部件的破坏时，考虑蠕变问题显得特别重要。从理论上讲，使零部件承受的应力远小于屈服应力比较容易，但零部件材料依然会因为蠕变而产生塑性变形。在循环载荷作用下，还可能会产生循环蠕变疲劳，使零部件的寿命远小于静态蠕变。

(3) 蠕变断裂强度 $\boldsymbol{\sigma}'_e$

人们对蠕变的认识和研究比疲劳要早，但真正开始引起广泛重视是在第二次世界大战结束后。当时，化工设备、燃气轮机、高速飞行器和核反应堆等空前发展，这些设备的一些零部件在工作时已达到很高的温度，而材料的性能还没有显著提高，零部件因蠕变而断裂或因产生过大的蠕变变形致使设备失效的情况很普遍。因此，当时对高温下工作的零部件用蠕变断裂强

度 σ_e' 来代替静拉伸断裂强度 σ_s。

蠕变断裂强度 σ_e' 的定义是在某一温度及规定加载时间内产生蠕变断裂的应力。例如，在 500 ℃下经过 1 000 h 使标准试件产生蠕变断裂的应力值，称为该材料在 500 ℃下 1 000 h 的蠕变断裂强度。另外，对不同的应用场合，还有其他一些蠕变极限的定义方法，如注重蠕变变形的定义等。实际工程零部件又大多在变温、变载荷下工作，高温疲劳、热疲劳及高温腐蚀等其他高温强度问题逐渐凸显出来，并为人们所重视。

(4) 蠕变温度

蠕变属于材料的高温特性。这里的高温是指高于蠕变温度，蠕变温度为(0.3～0.5) T_m，T_m 为以绝对温度表示的金属熔点。如果某零件在低于材料蠕变温度的条件下工作，对于常规机械可以忽略蠕变的影响。对于不同的材料，蠕变温度差别很大，如铝合金的熔点为 1 000 K 左右，那么蠕变温度处于几十摄氏度到 200 多摄氏度之间；对于铸铁材料，熔点为 1500 K 左右，由上式计算的蠕变温度为 200～500 ℃。对于内燃机受热件常用的铝合金材料，一般在 150 ℃以上才需要考虑蠕变的影响，铸铁材料的蠕变温度为 300 ℃以上，而对锡铅等软合金，常温下蠕变的影响已经非常显著。

(5) 高温条件下的断裂形式

在实际使用的多晶金属体内，晶体内滑移和晶间滑移的阻力是不同的，晶间滑移的阻力要小得多。温度和应变速度不同，断裂形式也会变化。一般说来，在常温高应变速度区多发生晶内(穿晶)断裂；而在高温低应变速度区多发生晶间断裂，又称为龟裂。同样是断裂，如果是晶间断裂，则在裂纹萌生及扩展过程中所消耗的总的循环变形功(破坏能)要小得多。

在不同温度条件下，材料断裂形式的不同，其最主要的原因是高温蠕变。材料在高温下，静态蠕变大体都在晶间断裂。当温度高，应变速度慢，蠕变量较大时，材料发生晶间断裂；反之，温度低，应变速度快，蠕变量很小时，材料发生晶内断裂，如图 5-7 所示。

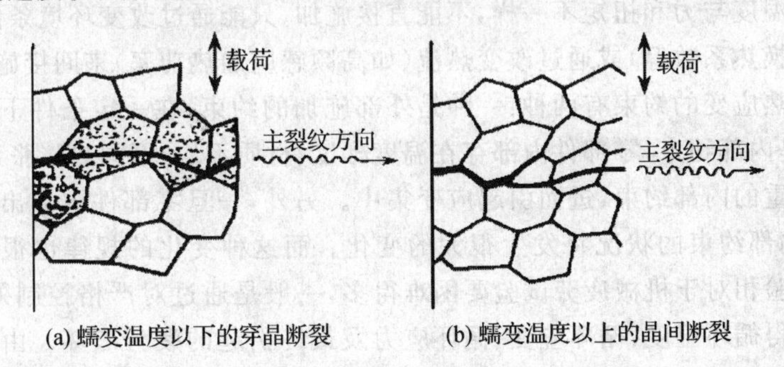

(a) 蠕变温度以下的穿晶断裂　　(b) 蠕变温度以上的晶间断裂

图 5-7　断裂形式

(6) 高温蠕变失效的痕迹特征

在高温拉应力条件下，材料晶界会产生楔形裂纹、蠕变空洞，如图 5-8 所示。内燃机受热零件高温处的应力常常为压应力。对于内燃机受热零件极少出现单纯的蠕变破坏，蠕变往往作为重要的影响因素对零件的失效寿命及其痕迹特征(常常为晶间断裂)产生影响。

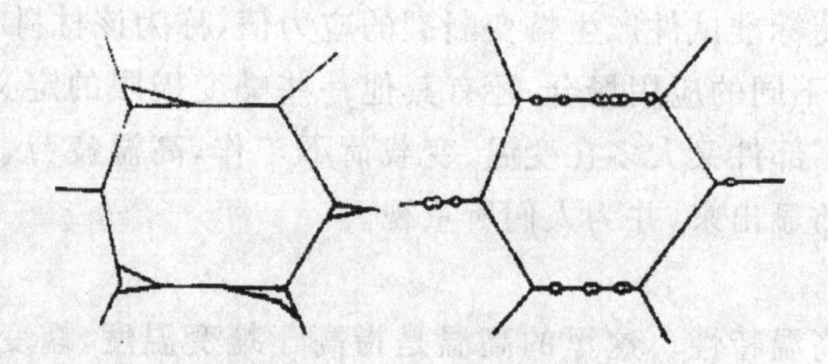

图5-8　在高温蠕变条件下，晶间裂纹的形成

4. 热疲劳及其失效的痕迹特征

(1) 热疲劳定义

狭义的热疲劳是指单纯由于热应变、热应力的循环变化而引起的零部件的疲劳龟裂现象。对实际问题，狭义热疲劳几乎是不存在的。高温下使用的零部件往往是循环热应力、循环机械应力、循环蠕变、松弛、腐蚀及磨损等损伤因素同时并存的综合疲劳损伤问题。所以在实际工程中，热疲劳是指在多损伤因素影响下，以循环热应变、热应力疲劳损伤为主的疲劳问题，即广义热疲劳问题。

狭义热疲劳是由循环热应力引起的。热应力又是材料在变温下，热胀冷缩受约束而引起的。要通过试验研究热疲劳问题，就要精确控制热应力的循环参数，如热应力幅值、热应力循环频率、热应力加载速度、热应力保持时间、热应力卸载速度和平均热应力等。要精确控制这些热应力，就要精确控制零部件的温度循环参数和热应变(膨胀)的约束状况。而两者的控制都是很困难的，至少目前还达不到较精确的水平，特别是对热应变约束状况的精确控制目前几乎是不可能的。温度与力和扭矩不一样，不能直接施加，只能通过改变环境条件(如环境温度、冷却介质流速即换热系数等)或通过改变热流(如高频感应加热功率)来间接施加，施加的精度也很难控制。对热应变的约束有两种：一种是外部施加的约束，在一定条件下，这种约束还较好控制；另一种是内部约束，零部件内部存在温度梯度、材质不均、不同热膨胀系数材料的组合等都可能引起严重的内部约束，进而引起应变集中。另外，一旦零部件内部出现塑性变形，特别是出现裂纹，内部约束的状况将发生很大的变化。而这种变化的规律也很难研究和控制。试件的热疲劳试验相对于机械疲劳试验要困难得多，一般是通过对严格控制外部约束试件的加热和冷却来获得循环温度、循环应变、循环应力及最终引起的疲劳破坏。由于上述原因，试验结果很难精确总结，所得的结果用于实际设计误差也很大。因此，对实际零部件做热模拟与热疲劳试验更具有必要性和实用价值。当然，实际零部件的热疲劳试验设备较昂贵，结果的通用性也差。

热疲劳裂纹常出现在温度高、温度梯度大、变形约束高(应变集中)的部位,如缸盖鼻梁区(见图 5-9)、活塞燃烧室边缘、涡流室式燃烧室镶块(见图 5-10)等地方。

图 5-9　缸盖鼻梁区裂纹

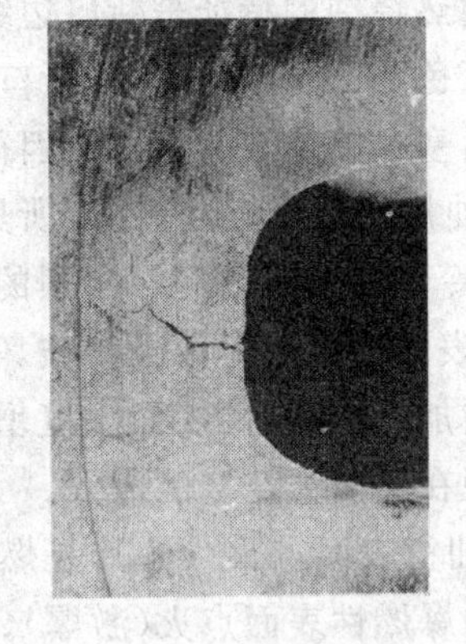

图 5-10　气缸盖涡流室镶块裂纹

(2) 热疲劳失效的痕迹特征

实际发生的以热疲劳为主的广义热疲劳失效,由于高温、高温蠕变以及高温氧化等因素的共同作用,其失效痕迹的典型特征如下:

① 裂纹呈分叉龟裂状。裂纹多为晶间型或晶间+穿晶型。高温会使材料的晶间弱化,同时在高温蠕变的作用下,裂纹往往为晶间型。

② 裂纹源系多源,从表面向内部发展。由于裂纹的形成会在一定程度上解除材料对热变形的约束,热应力会在某种程度上有所下降,因此在主裂纹形成的初期,在零件表面裂纹源附近会有许多细小的裂纹。

③ 裂缝内充满氧化物。

④ 裂缝边缘因高温氧化使基体元素贫化,硬度下降。

⑤ 断口呈深灰色。

⑥ 严重时,表面可能烧熔、出现铸态熔坑、滑移线和几何花样等。

⑦ 严重时,表面烧蚀变色,失去金属光泽。

由于氧化甚至烧蚀的影响,高温下使用的零件的失效断口会呈现出相应的特征,而且会随着时间发生变化。对在高温下工作的零件,一旦出现失效破坏应该尽快进行失效信息的采集。

5.2　内燃机主要零部件热负荷失效现象及原因

1. 活塞顶部烧蚀

活塞顶部过热烧蚀可能是活塞顶部材料全部熔化脱落(见图 2-1)或局部融化脱落(见

图 5-11),也可能是局部尖点烧熔(见图 2-16),即便熔化扩展至环槽甚至活塞裙部,也较容易判断烧蚀源自顶部烧蚀(见图 2-1)。

过热烧蚀的特征是断口边缘光滑、表面出现铸态熔坑、表面烧蚀变色、失去金属光泽和断口呈深灰色。

引起活塞过热烧熔的直接原因很多,主要包括:

① 汽油机出现爆燃。例如,所用燃料辛烷值过低,汽油中掺入柴油,冷却出现问题等。剧烈的爆燃会造成缸内压力剧烈抖动,零件表面的层流附面层被破坏,换热系数大幅度增加,传热量迅速增加,造成零件表面温度增加。该类失效的显著特点是烧蚀出现在远离火花塞的地方。

图 5-11 活塞顶部过热烧蚀

② 汽油机表面点火。尤其是燃烧室沉积物或过热的排气门等引起的爆燃性表面点火(激爆)。

③ 汽油机点火过早,柴油机喷油定时不合理。

④ 汽油机压缩比提高。如:燃烧室积炭,机油通过气门导杆或活塞环进入气缸。

⑤ 柴油机工作过于粗暴。如喷油过早等。

⑥ 后燃严重。如:喷油持续期过长,燃油雾化质量差,混合气浓度过稀,强化程度提高得过多,喷油量大幅度增加,活塞磨损严重,密封变差,工质压缩不充分,着火延迟期变长,甚至不能正常着火,等等。

⑦ 喷油器故障。严重的二次喷射,喷油器关闭不可靠造成严重的后喷滴油,喷油器针阀卡滞,喷油泵卸压阀故障,等等。

⑧ 活塞用错。例如,未做匹配就采用了针对低排放的较小燃烧室直径的活塞,致使大量燃油喷射到活塞上,导致附壁燃烧;错将原低强化程度柴油机的无冷却油腔活塞代替了有内冷油腔的活塞。

其他促使活塞烧熔的因素还包括:

① 冷却系统出故障。如缸套水侧结垢。

② 活塞冷却油腔供油出现问题。

③ 进气系统出现问题。进气温度过高,混合气过浓。

④ 冷启动过程中,多次未能着火,活塞壁面粘附了大量的燃油,进而引起持续的附壁燃烧,造成零件壁面温度迅速增加。

2. 活塞顶部过热造成的磨损

活塞顶部过热造成的磨损其机理和上述烧蚀类似。主要是由于燃烧异常,造成顶部过热,热变形过大,活塞缸套间的间隙变小、油膜破坏,而造成的磨损或拉缸。

这种损伤的特征是磨损从顶部到裙部的摩擦损伤程度逐渐降低。磨损区域表面污黑且有严重的划痕,一些部位已经破裂。活塞的整个圆周方向都有磨损痕迹,如图 5-12 所示。

3. 活塞顶部、燃烧室边缘裂纹

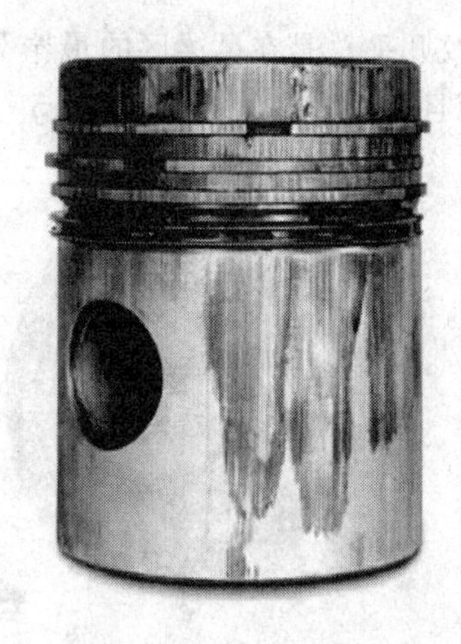

图 5－12　活塞顶部过热造成的磨损

如图 5－13 所示，由于该柴油机的热负荷过高，活塞燃烧室内部，特别是燃烧室边缘温度很高。在高温区域，材料的膨胀远远大于其他区域，进而引起较高的热应力。在高温、高热应力区域内，材料的屈服极限由于高温而大幅度降低，导致材料内部的应力超出它的屈服极限，出现永久的塑性变形。在柴油机停机冷却时，这些产生塑性变形的区域又将产生残余拉应力，最终在拉压应力的反复作用下，产生疲劳裂纹，如图 5－13(a)所示。此外，除了由热负荷产生的热应力外，还有由活塞销的弯曲而产生的附加机械应力的影响。有些情况，微小的应力裂纹可以扩展为较大的裂纹，导致活塞的完全破坏和失效。

由于热应力和机械应力的综合作用，主裂纹往往在活塞顶面、销座方向上。同时，由于活塞顶部温度过高，还会引起一些其他的二次损伤。如图 5－13(b)所示为活塞顶部过热造成的磨损。

(a) 拉压疲劳裂

(b) 过热磨损

图 5－13　活塞顶部、燃烧室边缘裂纹

4. 缸盖鼻梁区热疲劳裂纹

对于铸铁缸盖，尤其是大型柴油机铸铁缸盖鼻梁区的断裂，几乎可以说是纯粹的热疲劳断裂。由于大型缸盖材料厚度相对很厚，且多为一缸一盖，温度场很不均匀，热变形约束作用很强，在高温鼻梁区的热应力将远远大于机械应力。

缸盖的热疲劳失效，常常出现在铸铁缸盖(尤其是大型铸铁缸盖)两个排气门的鼻梁区、喷油器和气门之间的三角地带以及进气门和排气门之间的鼻梁区。这些区域不仅温度或温度梯度高，背侧的冷却也较为困难。在未形成主裂纹之前，往往有很多微小裂纹，而最终的贯穿性主裂纹几乎总是在鼻梁区的最窄处或喷油器孔和气门之间的最窄处产生，如图 5-14(a)所示，而且裂纹为晶间断裂，如图 5-14(b)所示。

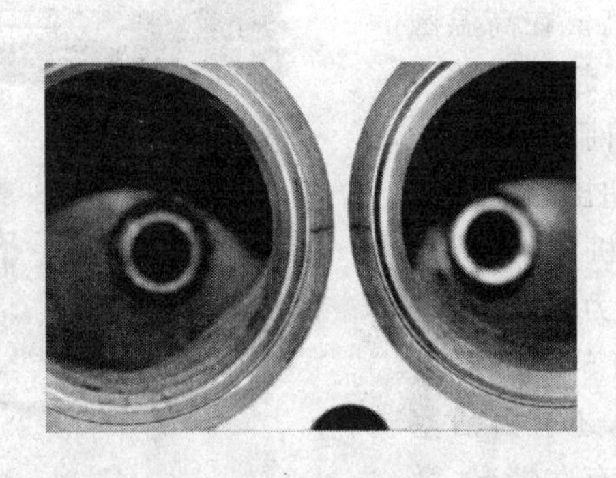

(a) 缸盖鼻梁区及裂纹

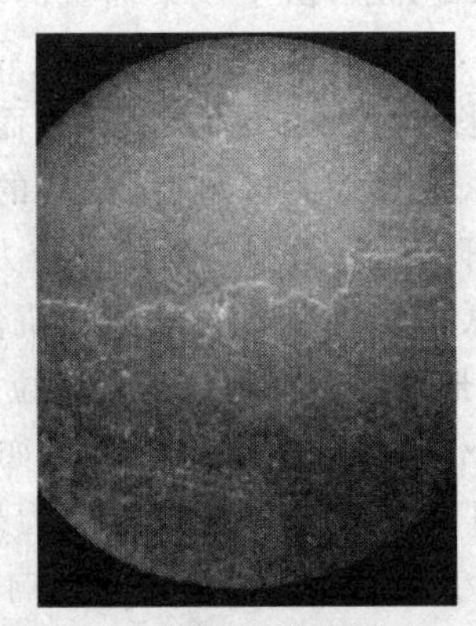

(b) 裂纹局部放大图

图 5-14　缸盖鼻梁区热疲劳裂纹

5. 涡轮叶片蠕变干涉破坏

由于高温排气的持续加热，涡轮的温度与排气温度相近，可达 650 ℃以上。如果柴油机燃烧出现问题，后燃严重，将造成排气温度、涡轮温度进一步大幅度上升。车用柴油机涡轮的转速在 10^5 r/min 左右，高速旋转产生的离心力使涡轮处于高温拉应力状态，其热变形、蠕变变形会很突出，成为叶轮与涡壳接触磨损破坏的主要因素之一，如图 5-15 所示。

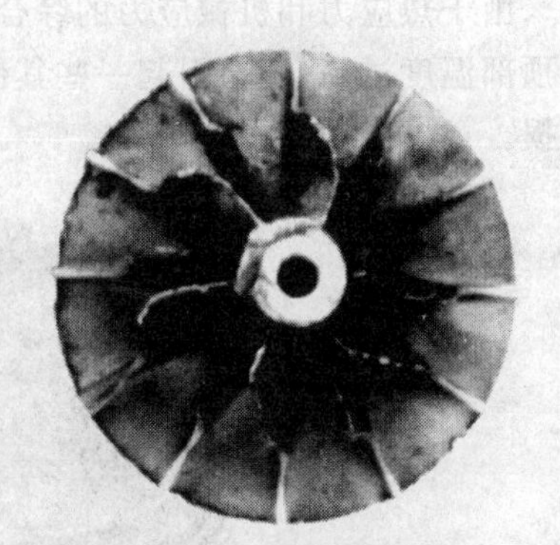

图 5-15　涡轮叶片破坏

5.3　内燃机热负荷失效特殊预防技术

1. 热应力及缓解技术

(1) 产生热应力的根本原因

热应力是由于热变形受到约束而产生的。因此，零部件内热应力的大小除与温度有关外，还主要取决于对热变形的约束条件。热变形约束可分为两类：

① 外部约束。如螺栓拧紧固定、铰支等外部定位方式。当温度升高时，这种约束多使零部件内产生压应力。

② 内部约束。由于温度梯度、零部件内部夹杂不同热膨胀系数的材料、不同热膨胀系数材料的连接等造成零部件内部材料的相互约束，因此一般情况下，热膨胀大的材料内部产生压

应力，热膨胀小的材料内部产生拉应力。要减小零部件内部的热应力，一方面是要降低温度和温度梯度，另一方面就是要尽可能解除热膨胀约束。

(2) 解除或缓解热变形约束的方法

① 去除或削弱材料胀缩方向的约束力。如图 5－16 所示，为了减小连接螺栓对组合活塞热膨胀的热约束，在紧固螺栓上要加弹性元件。

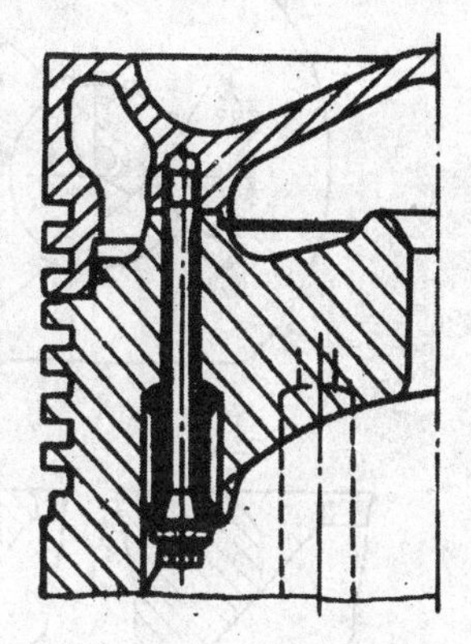

图 5－16 组合活塞预紧螺栓的弹性元件

② 减小厚度。物体越厚，表面层热膨胀或热收缩的约束程度越高，热疲劳寿命越短。如图 5－17 所示为活塞头部曾采用的薄壁强筋顶结构，通过减薄壁厚降低热应力，通过加筋提高承载机械载荷的能力，这种结构在大型活塞上还经常采用。如图 5－18 所示为较大缸盖常采用的蝶形或拱形火力板。其原理是通过减薄中间高温区域的壁厚降低热应力，通过拱形结构或周围的较厚壁厚提高承载机械载荷的能力。大型活塞或缸盖的热约束要远高于小型零件，因此热应力要大得多。热疲劳断裂失效更常见，也是设计的重点。

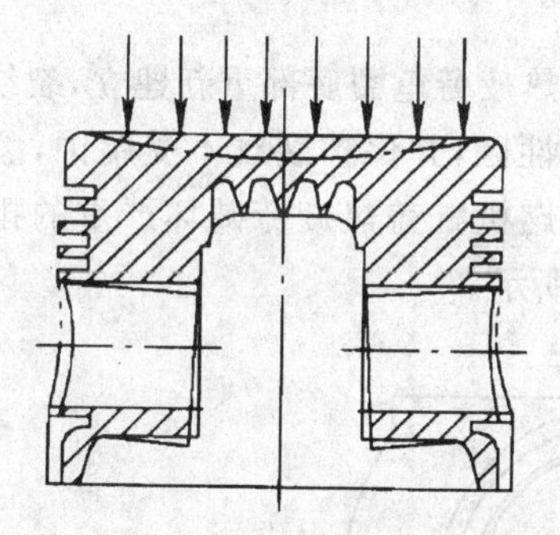

图 5－17 活塞头部曾采用的薄壁强筋顶结构

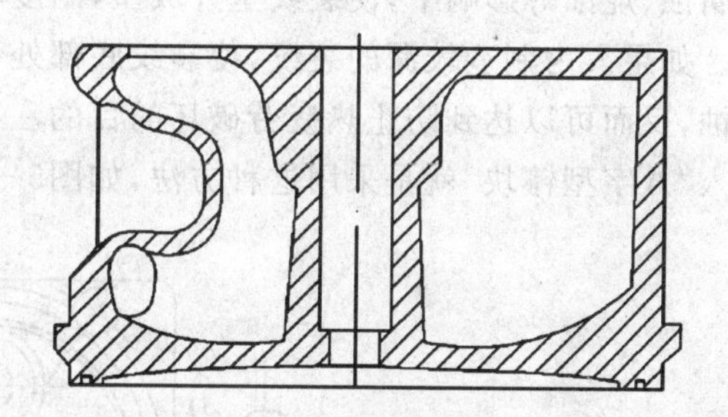

图 5－18 机车缸盖的蝶形火力板

③ 由不同热膨胀系数材料构成的零件，应尽可能增加过渡层，或使两种材料成分成比例逐渐过渡。

④ 在不影响零部件工作的条件下，增加解除热膨胀约束的沟槽。例如柴油机活塞，当活塞径向有较大的温度梯度时，由于活塞头部近似轴对称分布，工作时在燃烧室边缘会产生很大的周向压应力，特别是收口式燃烧室，此处很容易产生热疲劳裂纹。解决的方法是在周向加工若干解除热膨胀约束的沟槽(见图 5－19)。同样，在缸盖鼻梁区等处也常设卸载槽(见图 5－20)。

⑤ 人为制造裂纹。如果因热应力而产生龟裂，则物体内部的热变形约束便在一定程度上被解除，因而热应力减小。所以，热疲劳龟裂(内应力)引起的应力集中并没有在外界载荷作用下产生裂纹的应力集中严重。但是，当初始裂纹较小时，裂纹的底部将处于塑性变形区，再加

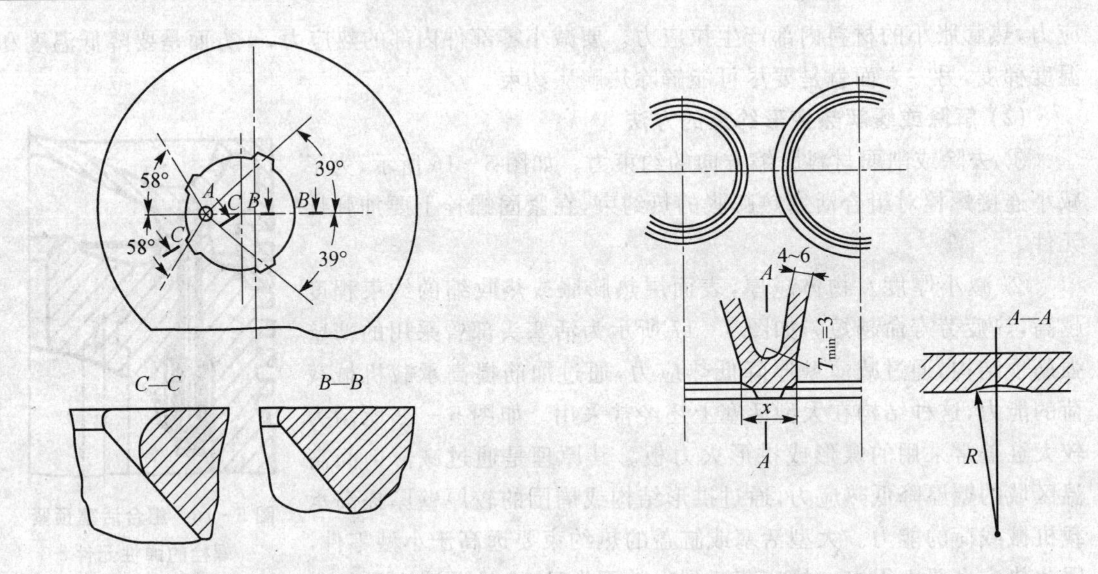

图 5-19　收口型活塞周向应力释放槽　　图 5-20　气门间鼻梁区的应力释放槽

上腐蚀、烧蚀等影响下，使裂纹呈开放型，温度场从热疲劳龟裂底部重新建立，裂纹将进一步扩展。如果人为制造较深的裂纹，使裂纹底部处于弹性区，并保护裂纹不受腐蚀，裂纹边缘不被烧蚀，反而可以达到防止热疲劳破坏的目的。在内燃机缸盖热疲劳破坏严重的排气门鼻梁区加入“八字型镶块”就是采用这种方法，如图5-21所示。

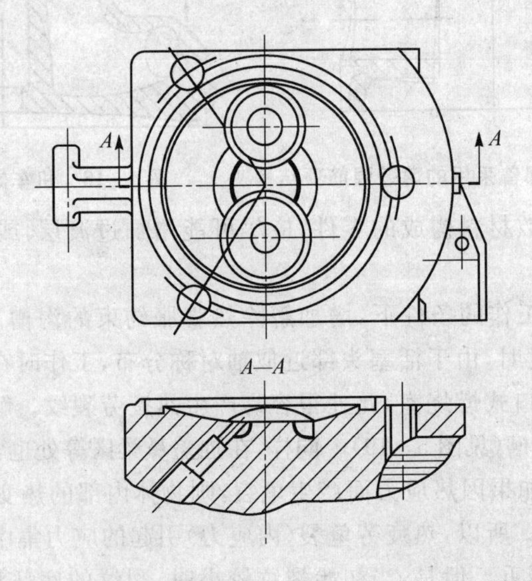

图 5-21　德国风冷发动机缸盖气门间的“八字型镶块”

2. 高温条件下工作零件设计的其他关注点

(1) 热负荷问题是多方平衡的结果

零件温度是加热与散热平衡的结果，最终的平衡点就是温度。而且，影响这一平衡的因素很多，平衡很容易被打破。如果零件的平衡点（温度）接近极限值（例如为避免烧蚀、避免膨胀超限以及保证疲劳寿命等对温度、温度幅值的限制值），那么相关的热负荷故障就很容易出现。目前，一些高强化、高功率密度柴油机的活塞和缸盖等零件局部点的温度已经接近极限值，如铝合金活塞燃烧室边缘、军用动力铝合金缸盖鼻梁区的工作温度已经接近 350 ℃。要想真正解决热负荷问题，仅仅靠设计保证是很困难的，必须在工作过程中，对这些零件关键部位的平衡温度进行实时控制，这应该是今后内燃机可靠性研究的一个方向。

(2) 热流的疏与堵

对热负荷问题（温度场）除了从燃烧室加热侧及冷却、润滑散热侧寻找措施或故障源头外，还可以从热流的途径上采用疏或堵的不同技术进行可靠性设计。

目前采用的疏与堵的技术包括各种隔热技术（见图 5－22）、活塞设置冷却油腔（见图 5－23）、缸盖鼻梁区的打孔冷却（见图 5－24）等。也可以在零件内埋设高导热性的材料，将热量迅速导向散热区，进而减小需要保护区域的热流量，如充钠冷却排气门（见图 5－25）。

如果能够解决隔热工艺的可靠性问题，高强度隔热（如采用 2 mm 以上的氧化锆）对隔热材料下零件基体材料的保护作用是很出色的。但是，目前隔热效果较好的陶瓷类材料依然韧性较差，抗冲击能力较弱，并且热膨胀系数较低，作为活塞或缸盖受热面的隔热材料还难以保证要求的可靠性。

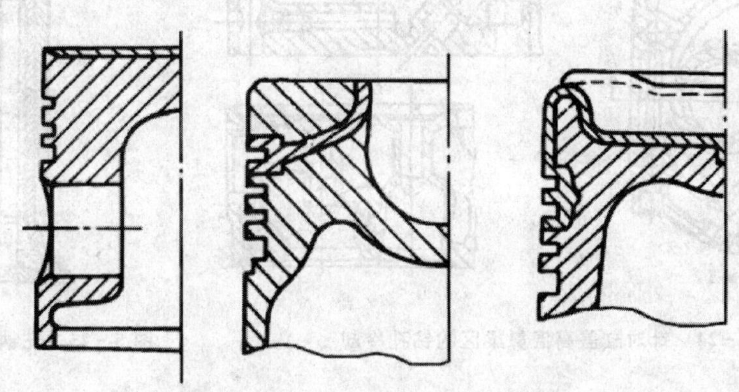

图 5－22　活塞顶面隔热及防护结构

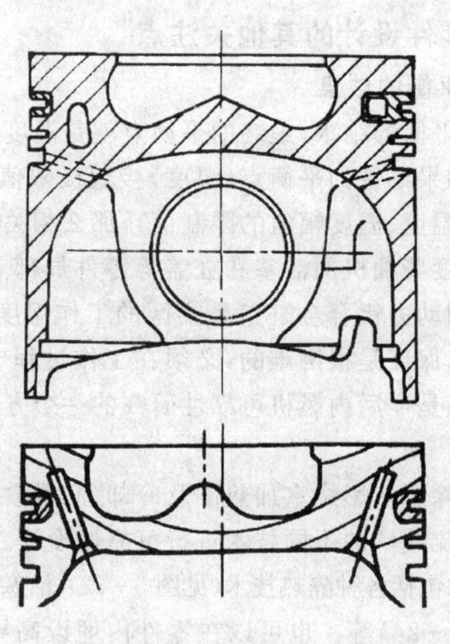

图 5-23 活塞振荡冷却与打孔冷却

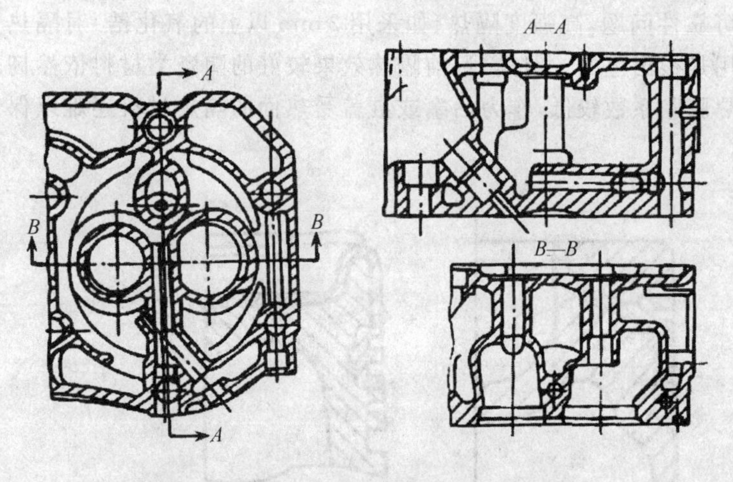

图 5-24 针对缸盖高温鼻梁区的钻孔冷却

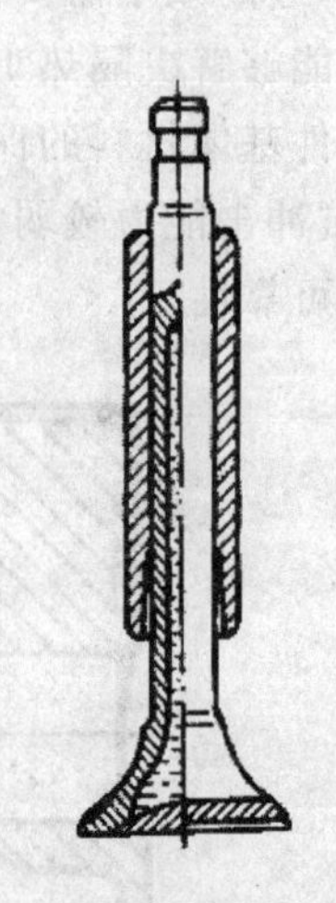

图 5-25 充钠冷却排气门

第6章 内燃机热负荷失效寿命评估理论与方法

6.1 高温蠕变理论与失效准则

1. 静态高温蠕变模型

除宏观的时间 t、温度 T 和应力 σ 对材料蠕变产生很大影响外，影响蠕变的因素（宏观的和微观的）还有很多，如加工硬化、再结晶、扩散和相变等。这是因为在高温下，许多在常温下稳定的因素被激活，所以蠕变性能比常温下的机械性能对组织变化更敏感。

(1) 蠕变曲线

在各种不同情况下，为便于应用，蠕变曲线可以用多种形式来表示：

1）等时间蠕变曲线和等应变蠕变曲线

等时间和等应变蠕变曲线如图 6-1 所示。其中，图(a)为在应力 σ（单位为 MPa）和蠕变应变速度 $\dot{\varepsilon}_c$ 的双对数坐标上绘制的等时间蠕变曲线。不同的时间具有不同的蠕变速度是针对第一阶段蠕变而言的。图(b)为在时间 t（单位为 h）和应力 σ（单位为 MPa）的双对数坐标上绘制的等应变蠕变曲线。对于一定的应力水平，可以确定达到限制应变所需要的时间。

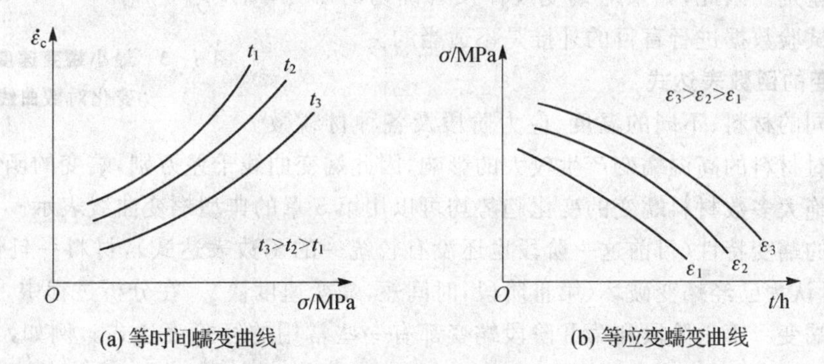

(a) 等时间蠕变曲线　　(b) 等应变蠕变曲线

图 6-1　等时间、等应变蠕变曲线

2）最小应变速度与应力的对数曲线和初始应力与断裂时间的曲线

应变-应力、应力-断裂时间的蠕变曲线如图 6-2 所示。对于长时间蠕变，决定最终结果的是最小蠕变速度。由图 6-2(a)可以看出，当应力较小时，最小蠕变速度变化缓慢，随着应力的增加，最小蠕变速度迅速增加，甚至最后几乎呈直线上升，相当于正比于应力的某一个幂次。图 6-2(b)所示则是在一定条件下，将要求断裂寿命与要求零部件的最大使用应力联系起来。

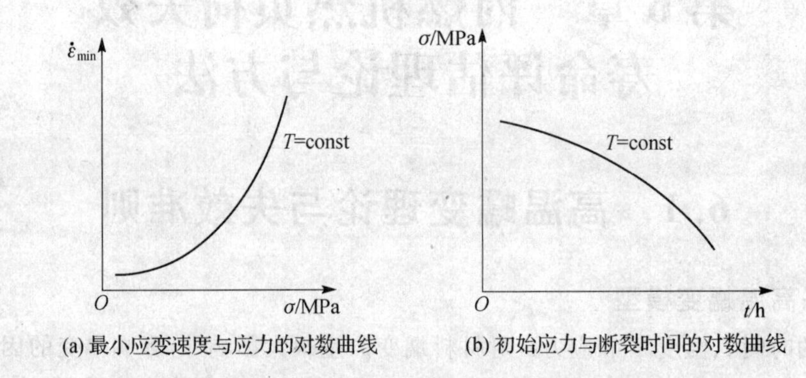

(a) 最小应变速度与应力的对数曲线　(b) 初始应力与断裂时间的对数曲线

图 6-2　应变-应力、应力-断裂时间的蠕变曲线

3）最小蠕变速度与温度的变化曲线

最小蠕变速度与温度的变化曲线如图 6-3 所示。将图 6-3与图 6-2(a)相比，温度对蠕变的影响比应力对蠕变的影响更严重、更复杂。蠕变速度随温度上升成指数增加。在高温时的温度增加少许可能引起蠕变速度增加几倍。由图 6-2(a)和图 6-3 还可以看出，在不同的应力和温度条件下，蠕变速度曲线的斜率变化很大，而且不同材料的曲线也会有很大的差别。因此，如果对蠕变规律没有确切的研究，仅靠有限的试验数据进行盲目的外推是不适当的。

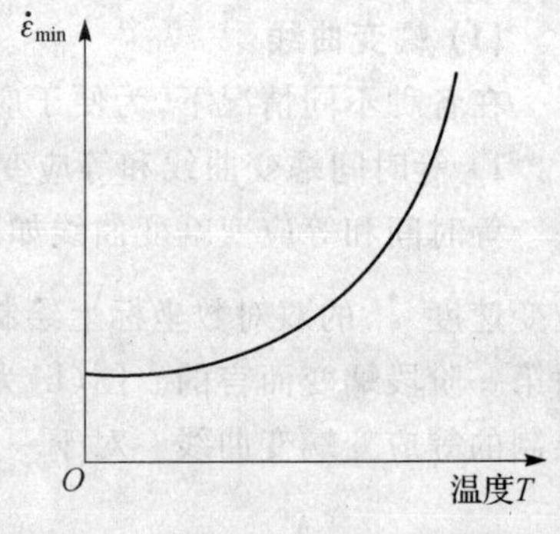

图 6-3　最小蠕变速度与温度的变化对数曲线

(2) 蠕变的函数表达式

由于不同的材料、不同的温度、应力阶段及各种材料微观特性均会对材料的高温蠕变产生较大的影响，因此蠕变曲线千差万别，蠕变的函数表达式也非常多。但绝大多数材料蠕变的变化趋势均可以用第 5 章的典型蠕变曲线表示。由于极少使用第Ⅲ阶段的蠕变特性（目前这一阶段也还没有较统一的函数表达式），材料一旦使用到第Ⅱ阶段末，就可认为已经蠕变破坏（第Ⅲ阶段，时间短，蠕变速度快）。在分析过程中，用得最多的是第Ⅰ阶段蠕变。第Ⅰ阶段和第Ⅱ阶段蠕变都有一些常用的经验表达式。例如，当相对温度较低时，蠕变第Ⅰ阶段表达式可表示为

$$\left.\begin{aligned}\varepsilon &= \varepsilon_0 + \alpha\log t \\ \varepsilon_c &= \alpha\log t\end{aligned}\right\} \tag{6-1}$$

式中：t 为时间；α 为取决于应力 σ、温度 T 等的参数；ε_0 为 $t=0$ 时的弹塑性应变；ε_c 为蠕变应变。

式(6-1)称为对数蠕变，又称为 α 蠕变。适用于温度较低的情况。由于低温时蠕变变形

速度及蠕变变形小，因此对应力长时间作用情况，这种蠕变才具有实际的考虑价值。对短时间情况，可忽略 α 蠕变。式(6-1)对 $t<1$ 时不成立。

对内燃机来说，铸铁零件的蠕变往往可以采用上述模型。内燃机铸铁零件的工作温度不高(相对蠕变温度)，最高温度一般在 350～400 ℃之间，蠕变影响较小，只有对长年工作的机车、船舶、固定发电用内燃机铸铁受热件可以采用 α 蠕变模型来考虑蠕变对寿命的影响。

当温度较高时，第Ⅰ阶段蠕变可表示为

$$\varepsilon_c = \beta \cdot t^n \tag{6-2}$$

式中：β 为取决于应力 σ、温度 T 等的参数；n 基本为常数，$n<1$。这种蠕变又称为 β 蠕变。

对蠕变的第Ⅱ阶段，蠕变 ε_c 和时间基本呈线性关系(蠕变速度 $\dot{\varepsilon}_c$ 近似为常数)，由此可表示为

$$\varepsilon_c = k \cdot t \tag{6-3}$$

当温度较高时，可以将第Ⅰ阶段式(6-2)和第Ⅱ阶段式(6-3)蠕变统一表示为

$$\varepsilon_c = \beta \cdot t^n + k \cdot t \tag{6-4}$$

即

$$\dot{\varepsilon}_c = \beta \cdot n / t^{(1-n)} + k \tag{6-5}$$

由于 $n<1$，因此随着时间 t 的增加，$\dot{\varepsilon}_c$ 减小，最终 $\dot{\varepsilon}_c$ 趋于 k。α、β、k 主要取决于零部件所承受的温度和应力，应力和温度的函数为 $f(\sigma, T)$。

该模型对内燃机铝合金受热件的蠕变模拟较为适用。而且经过研究发现，对铝合金材料 $n \approx 1/3$。

2. 内燃机材料的拉压蠕变特性

图 6-4 所示为内燃机受热件(燃烧室零件)常用的铝合金材料的静态蠕变曲线。由图可见，铝合金材料在拉伸条件下，第Ⅰ阶段结束时变形累计值为 0.45%，而在压缩条件下变形为 1.2%。在蠕变速度恒定的第Ⅱ阶段，这一速度值在拉伸条件下比压缩条件下大 13%。在蠕变曲线的第Ⅲ阶段，蠕变剧烈地增长，在变形为 0.9%～2.5%时引起拉伸蠕变断裂。在压缩

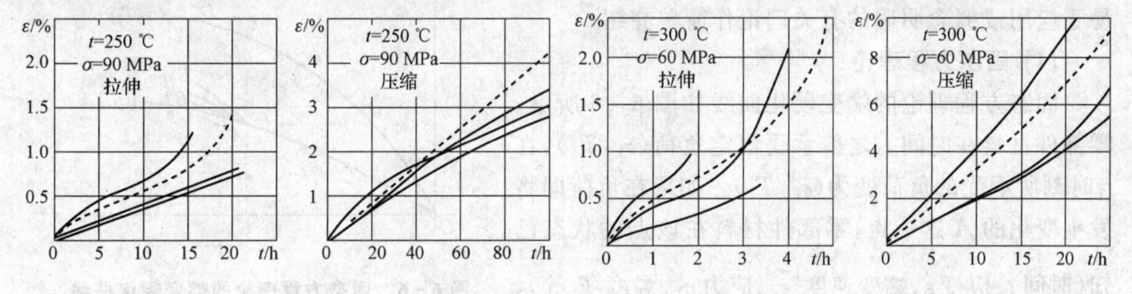

图 6-4　内燃机受热件用铝合金材料的静态蠕变曲线

条件下蠕变速度增加较缓慢，当应变累计为 9%～20%时出现破坏，而且到破坏的时间是拉伸状态下的 10 倍以上。另外，对单个试件其蠕变特性具有很大的分散性(达 200%或更高)。

图 6-5 所示为内燃机受热件用的铸铁材料的静态蠕变曲线。由图可见，铸铁材料的蠕变与载荷类型的关系很大。在拉伸条件下，第Ⅰ阶段结束时变形累计值为 0.3%，而在压缩条件下为 1.5%。第Ⅱ阶段的蠕变速度，在拉伸条件下比压缩条件下大 1 500 倍，而且试验的铸铁材料在没有出现蠕变增长的第Ⅲ阶段时即出现蠕变断裂。当蠕变变形为 0.5%～0.7%时引起拉伸蠕变断裂。在压缩条件下变形为 10%～15%时出现破坏，到破坏的时间在压缩条件下比在拉伸条件下大 5 000 倍。对铸铁单个试件其蠕变特性的分散性较小，不大于 30%。

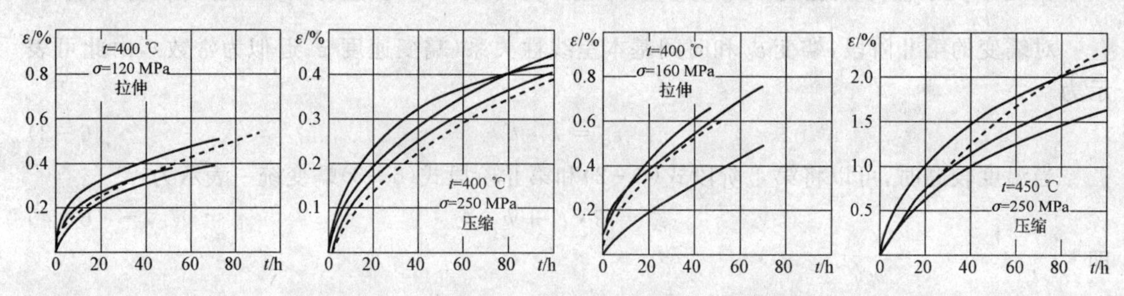

图 6-5 内燃机受热件用铸铁材料的静态蠕变曲线

由此可见，在应用材料的蠕变特性时，不仅要注意温度、应力的影响，还要特别注意应力的类型，尤其对铸铁材料。

3. 高温蠕变硬化模型

上述蠕变曲线是在恒定应力 σ 和恒定温度 T 下的蠕变变化规律。实际上，零部件多处在变化的应力 σ 和温度条件下，那么在非恒定应力、温度状态下，蠕变的变化规律更具有实际意义。简单地说，要研究零部件从低负荷(σ_1，T_1)变化到高负荷(σ_2，T_2)或相反情况下蠕变的变化规律。由于零部件的应力、温度状态发生变化时，蠕变速度将发生变化，就好像零部件材料变硬或变软，因此这种现象又称为蠕变硬化。

解决蠕变硬化的理论很多。下面仅对常用的、易于应用或概念明确的有关理论作简单介绍。

(1) 固态方程理论

固态方程理论的蠕变硬化曲线如图 6-6 所示。零部件材料在时间 t_1 之前承受恒定负荷(σ_1，T_1)，在 t_1 时刻所承受的负荷变为(σ_2，T_2)。如果在负荷即将发生变化的 A 这一点，零部件材料在该点的状态已知(时间 t、应变 ε、蠕变速度 $\dot{\varepsilon}_c$、应力 σ_1、温度 T_1 等)，

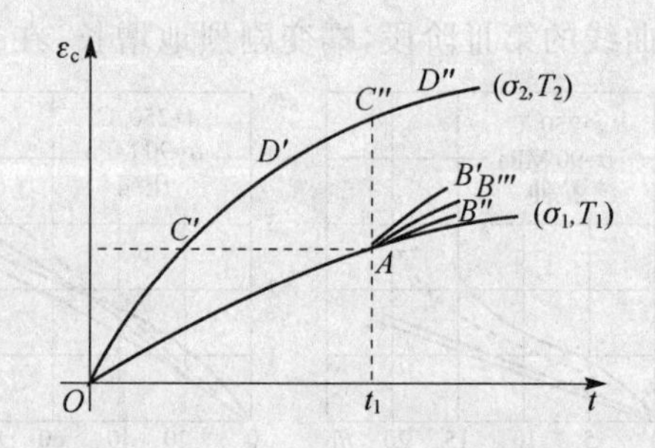

图 6-6 固态方程理论的蠕变硬化曲线

则固态方程理论研究在时刻 t_1（A 点）负荷发生变化后，蠕变的变化规律。

固态方程理论是蠕变硬化理论中历史最悠久、应用最广泛的理论，其他许多理论都是由它派生出来的。该理论假设应力和温度经历不影响蠕变，即材料在任何一点后蠕变的变化，只与此点的状态有关，而与从开始到此点材料所经历的过程无关，即与 OA 曲线的形状无关。如果用主要影响蠕变速度的参数应力 σ、温度 T 及应变 ε 表征某点的状态，则此点的蠕变速度可表示为

$$\dot{\varepsilon}_c = f(\sigma, T, \varepsilon) \tag{6-6}$$

这就是固态方程理论。现以 β 蠕变式(6－4)为例说明固态方程理论的应用。为简化分析，假设零件处于蠕变过渡段，则式(6－4)变为

$$\varepsilon_c = \beta \cdot t^n \tag{6-7}$$

对式(6－7)求导，并将 $\beta = f(\sigma, T)$ 代入得蠕变速度为

$$\dot{\varepsilon}_c = n \cdot f(\sigma, T) \cdot t^{n-1} \tag{6-8}$$

由式(6－7)和式(6－8)消去时间 t 得

$$\dot{\varepsilon}_c = n[f(\sigma, T)]^{\frac{1}{n}} \cdot \varepsilon_c^{1-\frac{1}{n}} \tag{6-9}$$

如部分消去时间 t 得

$$\dot{\varepsilon}_c = n[f(\sigma, T)]^2 \cdot t^{2m-1} / \varepsilon_c \tag{6-10}$$

如果应力 σ 和温度 T 保持不变，则式(6－8)、式(6－9)和式(6－10)没有区别。但是，如果应力 σ 和温度 T 发生变化，如图 6－6 所示，在 A 点由负荷(σ_1, T_1)变化到负荷(σ_2, T_2)，那么在 A 点前要用 σ_1 和 T_1 代入各式（均处于 A 点，无区别），而 A 点后要用 σ_2 和 T_2 代入各式，所得结果是不一样的。式(6－8)称为时间硬化模型，如图 6－6 所示，A 点后的蠕变速度与载荷为(σ_2, T_2)的蠕变曲线上的 C'' 点相对应，即 $AB'' /\!/ C''D''$；式(6－9)称为应变硬化模型，A 点后的蠕变速度与 C' 点相对应，即 $AB' /\!/ C'D'$；式(6－10)称为混合硬化模型，A 点后的蠕变速度介于时间硬化模型和应变硬化模型之间，如图 6－6 中的 AB'''。在过渡段，蠕变速度随时间逐渐下降，因此材料在 A 点从低负荷(σ_1, T_1)变化到高负荷(σ_2, T_2)后，蠕变速度由大到小依次为应变硬化模型、混合硬化模型及时间硬化模型。对于多步加载的蠕变，按照时间硬化和应变硬化计算时，两者的差别是很大的。图 6－7 及图 6－8 所示为多步载荷的时间硬化和应变硬化的应用。

上述三种硬化模型，多数情况下应变硬化模型与实际吻合较好。时间硬化模型只是在特殊情况下，如对显著产生与时间有关的时效硬化等过程的材料，此模型才认为有效。在计算处理时，时间硬化要比应变硬化简单得多。对缓慢加载的情况三者差别不显著。

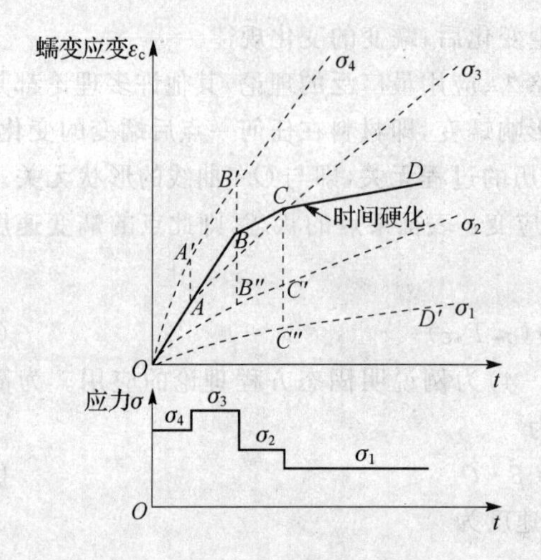

图 6-7　多步载荷的时间硬化

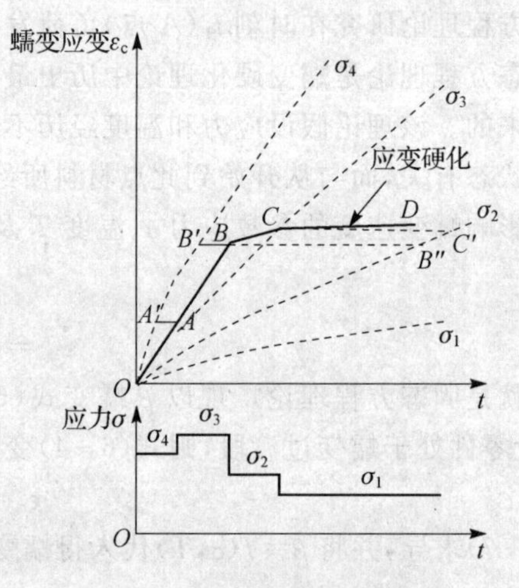

图 6-8　多步载荷的应变硬化

(2) 延迟理论

延迟理论假定在过去的时间 τ 产生的应力(实际为应力历程)在现在的时间还有影响。设时间 τ 的应力 $\sigma(\tau)$ 对时间 t 产生的延迟影响函数为 $R(t-\tau)$,则可用如下假想的应力来分析蠕变现象,即可考虑应力历程对蠕变的影响。

$$\varphi=\sigma(t)+\int_0^t R(t-\tau)\cdot\sigma(\tau)\mathrm{d}\tau \tag{6-11}$$

(3) 肯尼迪理论

肯尼迪理论与其说是一种理论,还不如说是一种特定情况下的算法。它以 β 蠕变式(6-4)为基础,给出了应力中断后再加载时的蠕变计算方法。由于许多实际问题可以简化为这种情况,因此肯尼迪理论有较大的应用价值。如对于内燃机启动后其缸内受热件在高温、高应力下工作会产生蠕变变形,停车后卸载,然后再启动,如此往复。这种情况即可用肯尼迪理论近似估算蠕变,如图 6-9 所示。零件材料所承受的应力在 A' 中断,由 σ_1 降为很小的应力 σ_2,经过时间 t_r 后又重新回复。肯尼迪理论假设:零件材料中的 μ 部分由于应力中断其过渡蠕变(第Ⅰ阶段蠕变)$\beta\cdot t^n$ 恢复到加载前的状态,而余下的 $1-\mu$ 部分不受影响,第Ⅱ阶段蠕变不受应力中断的影响;在应力为 σ_2 时蠕变停止,或蠕变很小,相比可忽略,因此应力中断又恢复后,某时间 t_2 时蠕变应由下式计算:

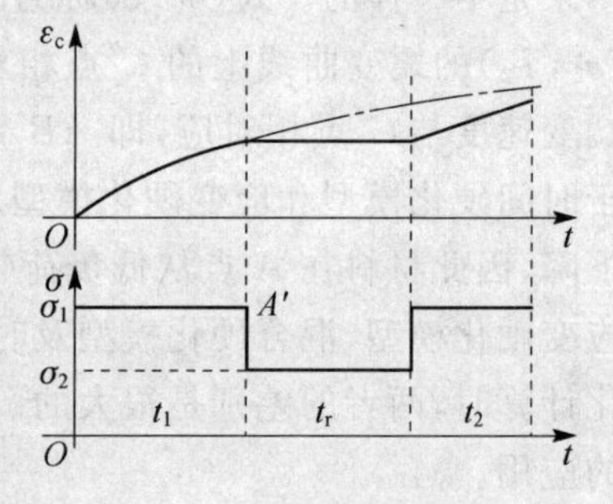

图 6-9　应力中断后的蠕变曲线

$$\varepsilon_c=\mu\cdot\beta\cdot(t_1^n+t_2^n)+(1-\mu)\cdot\beta\cdot(t_1+t_2)^n+k\cdot(t_1+t_2) \tag{6-12}$$

即

$$\dot{\varepsilon}_c = \mu \cdot \beta \cdot n \cdot t_2^{n-1} + (1-\mu) \cdot \beta \cdot n \cdot (t_1 + t_2)^{n-1} + k \qquad (6-13)$$

恢复量 μ 的大小与 σ_2/σ_1、t_r 及 t_1 有关。显然，σ_2/σ_1 越小，恢复越大。完全中断时 $\sigma_2/\sigma_1=0$，可近似认为 $\mu=1$，即完全恢复。恢复量 μ 可通过试验确定。

如果中断后再加载不是恢复到原状态(σ_1，T_1)而是达到(σ_3，T_3)，那么式(6-13)中的 β 和 k 可分别用 $\beta(\sigma_3, T_2)$ 和 $k(\sigma_3, T_3)$ 代入。

针对内燃机受热零件，在以启动停机为循环进行寿命预测时，常常可以采用肯尼迪理论考虑载荷中断后蠕变的变化规律及其对寿命的影响。

4. 动态高温蠕变模型

上面讨论的是载荷循环变化比较缓慢的情况下，载荷变化对蠕变的影响。还有一种应力或温度变化较快或很快时的蠕变变化情况，如振动、内燃机燃烧循环温度和气体压力波动引起的载荷快速变化等情况下产生的蠕变。在这种情况下，除了蠕变引起的零件损伤外，还有高频疲劳引起的损伤。实际损伤是两者累积的结果。常用如图 6-10 所示的无因次时间强度曲线图来表示平均应力 σ_m 和应力幅值 σ_a 对断裂的影响。

σ_f 为交变疲劳强度。它表示在某一固定循环数下(T=const)及纯循环载荷下($\sigma_m=0$)，零件材料产生疲劳断裂的应力。而 σ_e' 为对应上述循环数的时间下(T=const)，零件材料在静载荷下($\sigma_a=0$)的蠕变断裂应力。

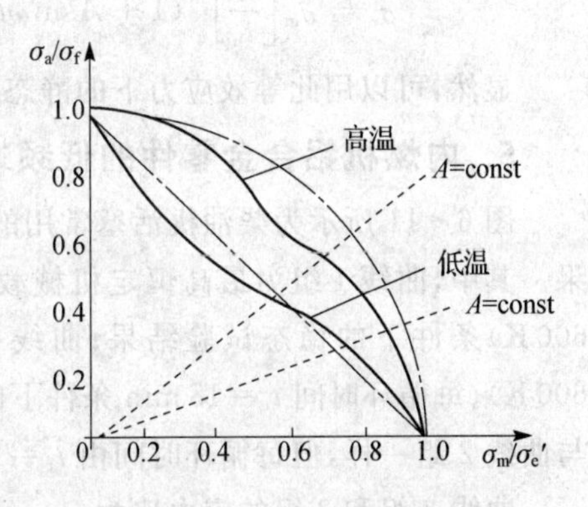

图 6-10　无因次时间强度曲线图

图 6-10 中实线分别为同一温度、同一循环数、不同应力比 $A=\sigma_a/\sigma_m$ 下，零件材料的破坏曲线。放射状虚线为等应力比(A=const)直线。两条点画线，一条为直线 $\frac{\sigma_a}{\sigma_f}+\frac{\sigma_m}{\sigma_e'}=1$；另一条为 $\sqrt{\left(\frac{\sigma_a}{\sigma_f}\right)^2+\left(\frac{\sigma_m}{\sigma_e'}\right)^2}=1$ 的圆弧线。几乎所有温度和循环数下的破坏曲线都介于两条点画线之间的区域，而且高温下的曲线接近圆，较低温度下的曲线接近直线。由于高温下同样循环数下的交变疲劳强度 σ_f 和蠕变断裂应力 σ_e' 要比低温下小很多，因此，高温下的无因次破坏曲线反而在低温下的无因次破坏曲线之外。

关于动态载荷对蠕变的影响，由于与机械因素和冶金因素纠缠在一起，非常复杂，许多问题悬而未决。实验表明：变动应力下的蠕变曲线与恒定应力下蠕变曲线的趋势和形式大体相同，只是数值不同。可以理解，在平均应力 σ_m 条件下，有变动应力 σ_a 时比只有平均应力 σ_m 条件下的蠕变要大。

动态载荷下的蠕变不仅复杂，理论上也不成熟，试验也很复杂，而且要做不同应力比下的试验，试验量很大。但是当应力比 A 较小时，在机理上可以认为和静态蠕变相同，并且可由静态蠕变试验结果估算小应力比 A 下的蠕变。当应力比 A 小时，破坏主要是由蠕变引起的，将应力比 A 小时的蠕变称为动态蠕变。下面举例说明由静态蠕变估算动态蠕变的方法。

一般情况下，应力对蠕变的影响呈现幂指数关系。假设零件材料处于过渡蠕变段，温度 T 为常数，则有 $\beta = a \cdot \sigma^m$，将此代入应变硬化模型得

$$\dot{\varepsilon}_c = n(a \cdot \sigma^m)^{\frac{1}{n}} \cdot \varepsilon_c^{1-\frac{1}{n}} = n \cdot a^{\frac{1}{n}} \cdot \sigma^{\frac{m}{n}} \cdot \varepsilon_c^{1-\frac{1}{n}} \tag{6-14}$$

对于动态应力，可将应力近似表示为时间 t 的正弦函数

$$\sigma = \sigma_m + \sigma_a \cdot \sin\omega t = \sigma_m(1 + A\sin\omega t) \tag{6-15}$$

式中：ω 为循环应力的角频率。式(6-14)可变换为

$$\varepsilon_c^{\frac{1}{n}-1} \cdot d\varepsilon_c = n \cdot a^{\frac{1}{n}} \cdot \sigma^{\frac{m}{n}} \cdot dt \tag{6-16}$$

如果每一应力循环的周期为 t_h，循环次数为 N，则 $t = Nt_h$。当 $t \gg t_h$ 时，可认为 N 为整数。将式(6-15)及等效静态应力 $\sigma_e = \text{const}$ 分别代入式(6-16)，并对时间 t 积分。两者等效的原则是蠕变量相等，即对式(6-16)的两积分式左侧完全相同，进而由右侧也相同可得

$$\sigma_e = \sigma_m \left[\frac{1}{t_h}\int_0^{t_h}(1 + A\sin\omega t)^{\frac{m}{n}} dt\right]^{\frac{n}{m}} = \sigma_m \left[\frac{1}{2\pi}\int_0^{2\pi}(1 + A\sin\omega t)^{\frac{m}{n}} d\omega t\right]^{\frac{n}{m}} \tag{6-17}$$

显然，可以用此等效应力下的静态蠕变结果近似代替应力比 A 较小条件下的动态蠕变。

5. 内燃机铝合金零件的低频蠕变

图 6-11 所示为柴油机活塞常用的共晶硅铝合金在稳态及低频载荷条件下的蠕变试验结果。其中，曲线 1 组为最高恒定机械载荷($\sigma = \sigma_{max} = 50$ MPa)以及最高恒定温度($T = T_{max} = 600$ K)条件下的稳态试验结果；曲线 2 组为变载荷($\sigma = 30 \sim 50$ MPa)、变温度($T = 500 \sim 600$ K)、每循环时间 $t_c = 18$ min 条件下的低频蠕变试验结果；曲线 3 组的载荷及温度变化情况与曲线 2 组一样，但每循环时间由 $t_c = 18$ min 缩短为 $t_c = 7$ min。

曲线 2 组和 3 组的应力比为

$$A_\sigma = \sigma_a / \sigma_m = 0.25$$

式中：$\sigma_a = (\sigma_{max} - \sigma_{min})/2$ 为载荷应力幅值；$\sigma_m = (\sigma_{max} + \sigma_{min})/2$ 为应力平均值。温度比为

$$A_T = T_a / T_m = 0.179$$

式中：$T_a = (T_{max} - T_{min})/2$ 为温度变化幅值；$T_m = (T_{max} + T_{min})/2$ 为温度平均值。因此，综合载荷比 $A = \sqrt{A_\sigma^2 + A_T^2} = 0.307$。

这两组试验模拟研究的是柴油机工况大幅度变化时活塞铝合金材料的低频蠕变。在试验中，所施加的机械载荷为方波，而温度载荷是升温较快、降温相对较慢的三角波，如图 6-12 所示。

由试验曲线可知：

① 铝合金材料在低频下的蠕变要远远大于相应最大应力及最高温度下的稳态蠕变。例

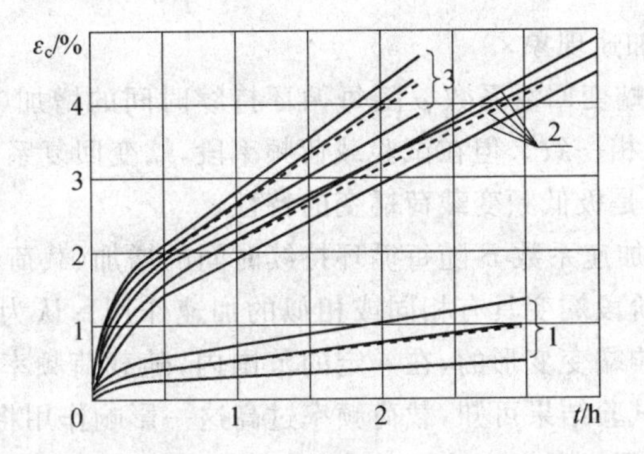

1 组　稳态蠕变试验结果：$\sigma=\sigma_{max}=50$ MPa，$T=T_{max}=600$ K

2 组　低频蠕变试验结果：$\sigma=30\sim50$ MPa，$T=500\sim600$ K，$t_c=18$ min

3 组　低频蠕变试验结果：$\sigma=30\sim50$ MPa，$T=500\sim600$ K，$t_c=7$ min

——试验结果；- - - - - 模拟计算结果

图 6-11　铝合金稳态及低频蠕变试验结果

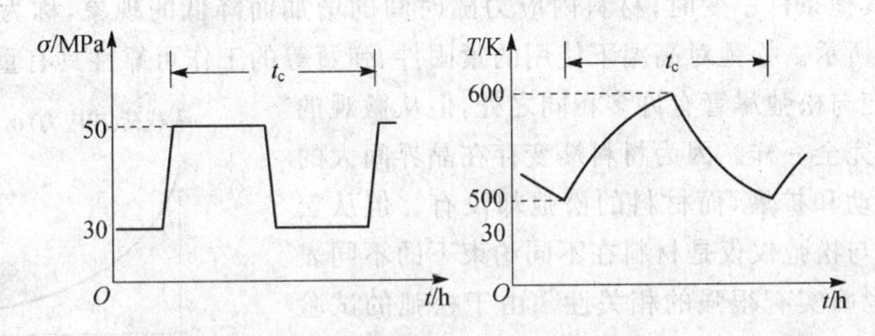

图 6-12　铝合金低频蠕变试验中的机械及温度载荷

如，2 h 时，稳态蠕变的均值为 0.705 %/h，而曲线 3 组的平均蠕变为 3.944 %/h，是稳态蠕变的 5.6 倍。

显然，直接利用静态蠕变的试验结果或由应力、温度变动下的蠕变硬化等模型（依然属于静态蠕变）来解析低频载荷下的蠕变问题是不恰当的。

② 低频下的蠕变曲线与恒应力、恒温下的蠕变曲线形状相似，但是无论是第Ⅰ阶段蠕变，还是第Ⅱ阶段蠕变，其蠕变速度均有不同程度的增加，这与肯尼迪蠕变回复理论中第Ⅱ阶段蠕变速度不发生变化的假设也不相符。

③ 在试验的低频载荷范围内及载荷形式下，每循环的时间越短（频率高），蠕变量越大。

上述比较条件是循环变化的载荷比相同，蠕变试验时间相同，因此结论直接反应了频率对铝合金材料蠕变的影响。这一点与一般材料在高频（每分钟几十、几千次以上）下的动态蠕变的试验结果又有所不同，对高温下的动态蠕变，载荷循环频率对一般材料的蠕变没有明显的促进作用，甚至频率越高蠕变越小。

经研究发现，影响低频蠕变的因素主要有两个：与极低速变载荷有关的蠕变速度回复和与高速变载荷有关的蠕变加速现象。

① 蠕变速度回复。蠕变回复系数 μ 随每循环持续时间的增加(载荷频率的降低)而迅速增加,这与蠕变回复理论相一致。但在试验载荷频率段,蠕变回复系数 μ 相对蠕变加速系数 B 的影响较小,说明它主要是极低频变载荷蠕变的特性。

② 蠕变加速。蠕变加速系数 B 随每循环持续时间的增加(载荷频率的降低)而减小,而且载荷频率对第Ⅰ及第Ⅱ阶段蠕变具有相同或相似的加速作用。认为,应力及温度的波动是通过促进位错的移动而影响蠕变变形的,在一定的范围内,随载荷频率的降低,这一影响的作用将减弱。由动态蠕变的试验结果可知,载荷频率过高这一影响作用将趋于稳定,甚至减小。

很显然,对低频蠕变同时存在上述两种主要影响机理是其区别于静态蠕变和动态蠕变的根本原因。

6. 材料的高温松弛

(1) 松弛的定义

当应变及其他条件不变时,材料内应力随时间的增加而降低的现象,称为材料的松弛特性,如图 6-13 所示。松弛对高温下使用的紧固件、弹簧等的工作可靠性具有重要影响。

材料的蠕变与松弛尽管有许多相同之处,但从微观的角度,两者并不完全一样。因为材料蠕变存在晶界间大的滑移、空穴的移动和扩展,而材料的松弛却没有。但从宏观上,好像蠕变与松弛仅仅是材料在不同约束下的不同表现。实际两者也确实有很强的相关性。由于松弛的试验研究较困难,因此如果无松弛的资料,可由蠕变试验数据来近似求得,即将蠕变的“等应变曲线”作为材料的松弛曲线。“等应变曲线”的绘图求解方法如图 6-14 所示。

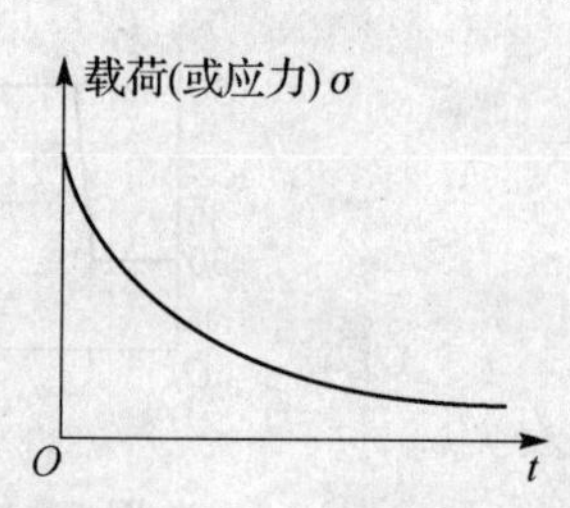

图 6-13 材料的应力松弛特性

(2) 松弛的一般特性

松弛的一般特性表现如下:

① 在松弛初期短时间内,残余应力急剧下降,以后则渐趋缓慢。

② 若增加初应力,则残余应力增大,但应力下降随初应力的增加而增加。因此,即使初应力的大小不同,长时间以后残余应力也将彼此相近,初应力的下降似乎是有限的,如图 6-15 所示。

实际上材料的蠕变和松弛往往是同时存在的,特别对热应力,一旦发生蠕变,将引起热变形约束的下降,热应力将同时下降。

7. 高温蠕变、松弛的失效准则

高温蠕变和高温松弛是否引起零件失效,或者其失效的准则取决于系统对相关零件的要求。要求不同,应该选择不同的失效准则进行评判。

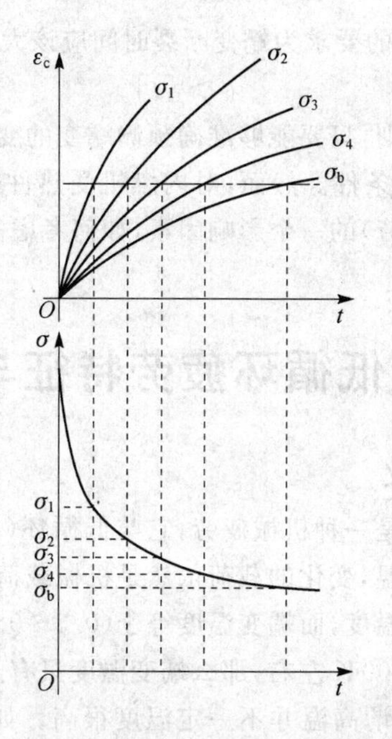

图 6-14　蠕变的"等应变曲线"(近似材料的松弛曲线)

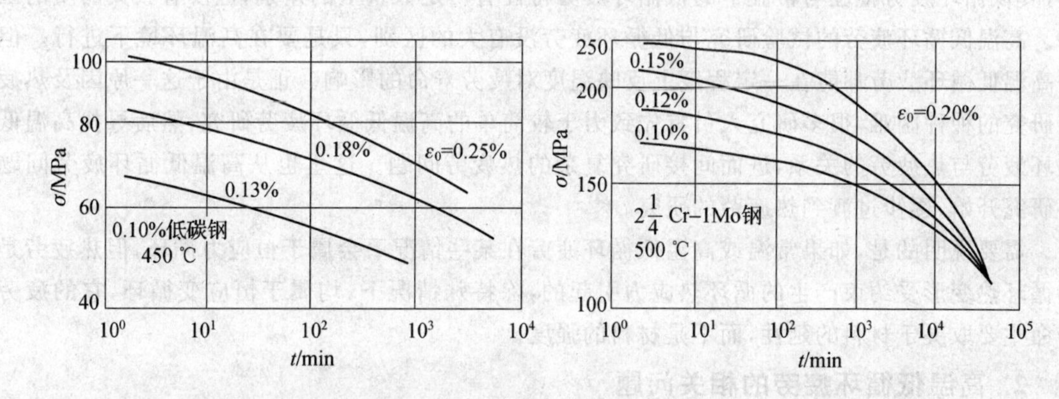

图 6-15　不同初应力下的材料松弛

① 针对断裂失效的要求，相应的失效准则为实际应力应该小于蠕变断裂强度 σ'_e，即

$$\sigma < \sigma'_e \tag{6-18}$$

② 针对限制最大塑性应变的要求，相应的失效准则为

$$\varepsilon_p + \varepsilon_c < [\varepsilon_{emax}] \tag{6-19}$$

式中：ε_p为由应力直接引起的塑性变形。

③ 针对保证最小预紧力的要求为

$$\sigma > [\sigma_{min}] \tag{6-20}$$

④ 针对保证最小时间寿命的要求为蠕变断裂时间应该大于要求值，即

$$t_R > [t] \tag{6-21}$$

无论采用什么蠕变失效准则，只要能够准确预测蠕变的变化规律，都可以基于这些准则确定一些未知的使用条件或限制条件。然而，对内燃机受热件来说，几乎不存在纯粹的蠕变失效，蠕变往往是其他失效（如疲劳）的一个影响因素，如何考虑高温蠕变损伤对整体寿命的影响将在下一节中论述。

6.2 高温低循环疲劳特征与寿命评估

1. 高温低循环疲劳定义

高温低循环（机械）疲劳也是一种机械疲劳，它与低循环（机械）疲劳的唯一区别是环境温度不是常温而是处于恒定的高温，变化的载荷依然是机械载荷。

这里的高温是指高于蠕变温度，而蠕变温度等于（0.3～0.5）T_m，T_m 为以绝对温度计的金属熔点。如铝合金的熔点为1000 K左右，那么蠕变温度只有几十摄氏度到200多摄氏度。因此，对某些熔点较低的金属，所谓高温并不一定温度很高。如果环境温度低于材料的蠕变温度，其低循环疲劳特性与常温下的低循环疲劳特性有一定数量上的差别，但没有较大的质的区别。高温低循环疲劳的试验研究与低循环疲劳没有大的区别，只是要在高温环境下进行。但是高温低循环疲劳却能在一定程度上反映温度对疲劳寿命的影响。正是由于这一原因及热疲劳研究的种种困难，很多研究人员首先致力于较简单的高温低循环疲劳研究，然后寻找高温低循环疲劳与热疲劳的关系，进而间接研究复杂的热疲劳问题。这里也从高温低循环疲劳问题的研究开始，逐步过渡到热疲劳的研究。

需要说明的是，如果常温或高温低循环疲劳在某些情况下会属于恒应力循环，但热疲劳是由循环热变形受约束产生的循环热应力引起的，除特殊情况下，均属于恒应变循环，它的疲劳寿命主要取决于材料的延性，而不是材料的强度。

2. 高温低循环疲劳的相关问题

尽管高温低循环疲劳与低循环疲劳相比，只是恒定的环境温度发生了变化。但很多相关问题的解决、参数的确定发生了很大的变化，甚至是质的变化。在高温下，许多在常温下不显著的影响因素被凸显出来了，如蠕变、松弛、氧化、材质变化、扩散和析出等。

(1) 材料的延性

对高温低循环疲劳，直接采用 Manson - Coffin 公式计算精度较低。在高温下，指数 α 比常温下要大，而主要由材料延性决定的常数 C 比常温条件下要小。高温低循环疲劳寿命明显小于常温下的低循环疲劳，如图 6 - 16 所示。一般情况下，温度越高，疲劳寿命越短，而且随着温度的提高，寿命-应变双对数曲线的斜率绝对值也在增加。但是并不是温度越高，对所有材

料都是疲劳寿命单调降低。有些材料的低循环疲劳寿命随温度的增加而呈复杂规律变化。其直接原因是有些材料的延性与温度存在复杂的关系，而延性依然是决定高温低循环疲劳寿命的主要因素。图 6－17 所示的为 0.5％Mo 钢的高温低循环疲劳寿命与温度的关系曲线。其延性与温度也有相似的变化规律。这种材料在约 350 ℃时有一个寿命及材料延性的极小点。对于镍基合金这一寿命及延性的极小点在 750 ℃左右。

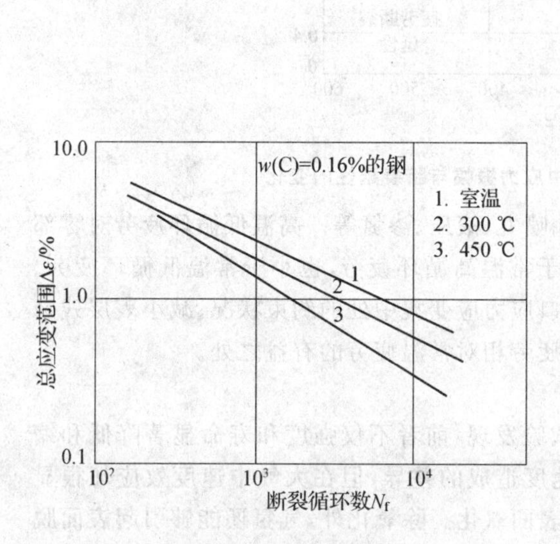

图 6－16　碳钢低循环疲劳与温度的关系

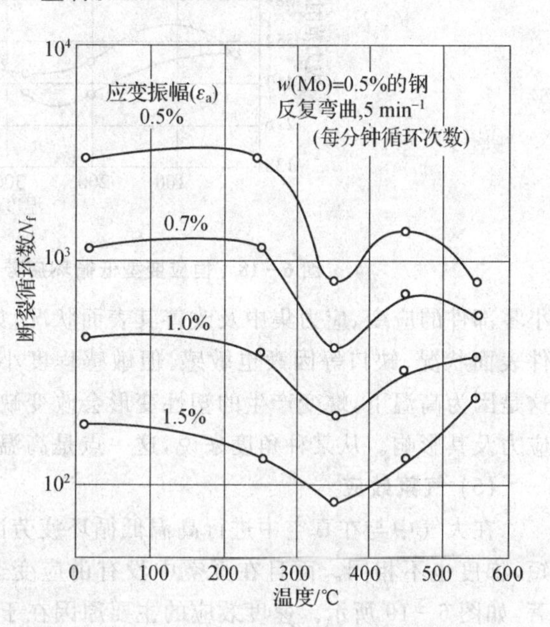

图 6－17　Mo 钢高温低循环疲劳寿命与温度的关系

(2) 循环硬化与循环软化

既然材料延性有可能与温度存在复杂的关系。那么，也可进一步推测其他参数会有这种可能性。图 6－18 所示为 2％Mo 钢在恒应变低循环疲劳试验中，滞后回线的应力范围随着循环数 N 的增加而增加，产生了循环硬化。循环硬化量的大小与温度有关，在近 300 ℃时为最大，而这一温度点正好与延性最低点对应。其实，两者均与材料应变析出、固溶体析出、晶界强化或弱化等微观组织变化有关。而且循环应变 $\Delta\varepsilon$ 越大，循环硬化或软化越严重。

(3) 应变循环速度、保持时间

高温下，随着应变循环速度的降低及保持时间的延长，疲劳寿命会显著缩短。其根本原因在于蠕变损伤及氧化。有关蠕变对高温低循环疲劳及热疲劳寿命的影响将在 6.5 节讨论。关于应变循环速度、保持时间对高温低循环疲劳寿命预估的影响，可以采用频率修正等方法。

(4) 应变集中与表面状态

疲劳问题对应力、应变集中、零部件表面状况(如表面硬度、残余应力等)、内部微观缺陷及缺口等很敏感。为了减小这些问题的危害，采用了各种结构、制造、工艺、表面处理等方法来减

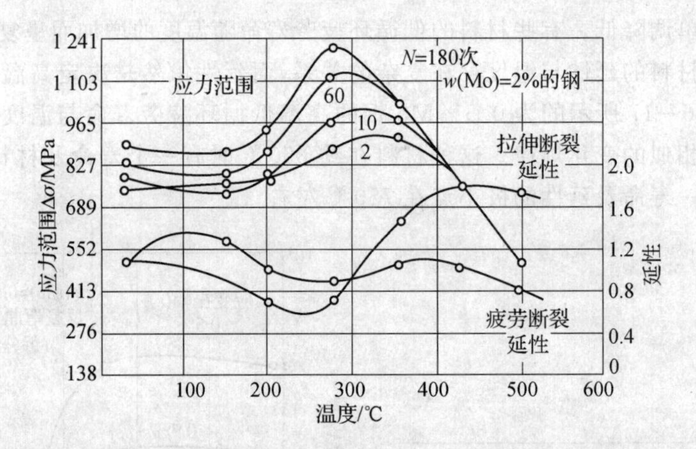

图 6-18 恒应变型低循环疲劳中应力振幅与断裂延性的变化

小零部件的应变、应力集中及改善其表面状况，如喷丸、滚压、渗氮等。高温低循环疲劳对零部件表面状况、缺口等因素也敏感，但敏感程度小于常温高循环疲劳，也小于常温低循环疲劳。这是因为高温下，蠕变产生的塑性变形会改变缺口应力应变集中处的约束状况、减小表层残余应力及其影响。从某种角度来说，这一点是高温疲劳相对常温疲劳的有益之处。

(5) 气氛效应

在大气中与在真空中进行高温低循环疲劳试验发现，前者不仅强度和寿命显著降低和缩短，梯度也不相同。而且在真空中没有由应变速度造成的差异，但在大气中速度效应却很显著，如图 6-19 所示。速度效应的主要原因在于表面氧化。除氧化外，气氛还能够引起表面脱

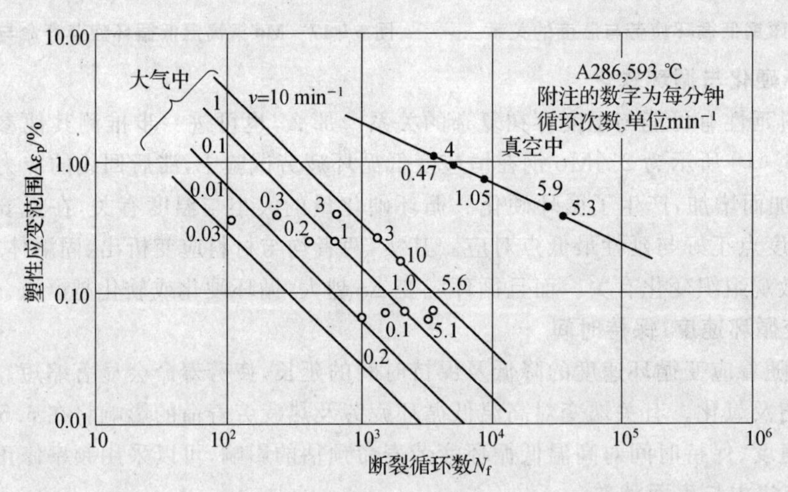

图 6-19 高温低循环疲劳的龟裂形式

碳、渗氮等质变现象以及腐蚀等问题的加重。因此环境，特别是特殊环境对高温低循环疲劳寿命的影响常常是很大的。要提高零部件的高温低循环疲劳寿命，采取适当的措施（如工艺措施）或研究、选用能较好地抵御环境影响（氧化、腐蚀、脱碳等）的材料是十分重要的。

3. 高温低循环疲劳寿命预测方法

(1) 频率修正法

在高温条件下，由于时间和变形的依赖关系影响整个疲劳循环加载过程，高温低循环疲劳寿命不再是 $\Delta\varepsilon_p$ 的单调函数，而与加载时间、频率、变形性质（包括塑性与蠕变行为）以及环境因素有着密切的关系。为了考虑这些因素，将具有代表性的疲劳循环频率 ν 引入低循环疲劳寿命预测的通用斜率法公式。

用 $\Delta\varepsilon_{in}$ 表示塑性和蠕变这两种非弹性应变。对通用斜率法公式中的塑性应变项引入频率 ν 后可变为

$$\Delta\varepsilon_{in} = C_2(N_f \cdot \nu^{K-1})^{\beta} \tag{6-22}$$

式中：K 是与材料有关的常数；指数 β 对应通用斜率法公式中的指数 C；C_2 对应通用斜率法公式中的 C_p，为材料断裂延性的度量。

仿照循环应力与塑性应变间的关系，可表示非弹性应变 $\Delta\varepsilon_{in}$ 与应力幅值 $\Delta\sigma$ 的关系如下：

$$\Delta\sigma = A \cdot \Delta\varepsilon_{in}^{n} \tag{6-23}$$

对此式加入频率修正项得到

$$\Delta\sigma = A \cdot \Delta\varepsilon_{in}^{n} \cdot \nu^{K_1} \tag{6-24}$$

式中：K_1 为材料常数；A 对应通用斜率法公式中的 K；n 为硬化指数。将式(6-22)代入式(6-24)，整理后得弹性应变幅值为

$$\Delta\varepsilon_e = \frac{\Delta\sigma}{E} = \frac{AC_2^n}{E} \cdot N_f^{n\beta} \cdot \nu^{n\beta(K-1)+K_1} \tag{6-25}$$

而总应变由式(6-22)与式(6-25)相加得到

$$\Delta\varepsilon_T = \Delta\varepsilon_e + \Delta\varepsilon_{in} = \frac{AC_2^n}{E} \cdot N_f^{n\beta} \cdot \nu^{n\beta(K-1)+K_1} + C_2(N_f \cdot \nu^{K-1})^{\beta} \tag{6-26}$$

显然，若 $K=1$ 和 $K_1=0$，则频率影响消除。

(2) 滞后能损伤函数法

该方法认为，低循环疲劳损伤取决于试样吸收的拉伸滞后能，并将滞后能 ΔW_t 近似表示为非弹性应变范围 $\Delta\varepsilon_{in}$ 与峰值拉伸应力 $\sigma_t=\sigma_m+\Delta\sigma/2$ 的乘积，即

$$\Delta W_t = \Delta\varepsilon_{in} \cdot \sigma_t \tag{6-27}$$

并认为，滞后能与疲劳寿命之间遵循幂指数关系

$$\Delta\varepsilon_{in} \cdot \sigma_t \cdot N_f^{\alpha} = C \tag{6-28}$$

当考虑与时间有关的损伤（蠕变、松弛）时，同样可以用频率项修正

$$\sigma_t \cdot \Delta\varepsilon_{in} \cdot N_f^{\alpha} \cdot \nu^{k-1} = C \tag{6-29}$$

或表示为

$$N_f = C(\Delta\varepsilon_{in} \cdot \sigma_t)^{\beta} \cdot \nu^{m} \tag{6-30}$$

式中：C、α、k、β和m都是与材料和载荷谱有关的常数。

6.3 热疲劳特征与寿命评估

1. 热疲劳问题

由上述高温低循环疲劳的研究结果可知，由于温度的影响，使影响低循环疲劳寿命的许多因素呈复杂规律变化，这增加了研究及寿命预测的难度。但由于高温低循环疲劳的温度是恒定的，在恒定的温度下，多数材料特性及参数基本保持不变，因此只要从试验得到的有关材料特性、参数随温度的变化关系中找出某一恒定温度下的数值，通过适当的修正，就可以用类似常温低循环疲劳寿命预测的方法来估算高温低循环疲劳寿命。

热疲劳要比高温低循环疲劳复杂得多。尽管在热疲劳中，影响热疲劳寿命的因素随温度的变化关系与高温低循环疲劳相比并未有多少质的变化，但在热疲劳的应变、应力循环过程中，温度在不断地变化，影响疲劳寿命的材料特性及有关参数也将不断地变化，使由众多复杂变化因素决定的热疲劳寿命的变化规律很复杂，所以热疲劳试验、计算结果的分散度较大，精度较低。在高温及变温条件下，多数因素对热疲劳的影响规律与上述对高温低循环疲劳的影响规律基本相同，只是量的区别，如延性、应变集中、循环软硬化及气氛效应等，这些问题将不再讨论。下面对一些热疲劳特有的因素或有质的区别的问题作些介绍。

(1) 约束条件

热疲劳是由循环热变形受约束产生的循环热应力引起的疲劳。因此，零部件内热应力的大小除与温度有关外，主要还取决于对热变形的约束条件。热变形约束可分为两类：

① 外部约束。如螺栓拧紧固定、铰支等外部定位方式。当温度升高时，这种约束多使零部件内产生压应力。另外，结构和温度场的对称约束等也属于外部约束。

② 内部约束。由于温度梯度、零部件内部夹杂不同热膨胀系数的材料、不同热膨胀系数材料的连接等造成零部件内部材料的相互约束。一般情况下，热膨胀大的材料内部产生压应力，热膨胀小的材料内部产生拉应力。

因此，要提高零部件的热疲劳强度，一是要降低温度和温度梯度，另一方面就是要尽可能解除热膨胀约束。

(2) 温度循环

在热膨胀约束条件一定的情况下，温度循环的状况决定了热应力循环的状况，它直接影响热疲劳寿命。温度循环有循环形式、循环频率、保持时间、下限温度 T_1、上限温度 T_2、温度范围 ΔT 及平均温度等参数。其中，循环形式、循环频率、保持时间与上述从应力、应变、蠕变角度讨论的结果并无大的区别。试验研究表明，温度循环的上限温度对热疲劳寿命的影响大于温度范围对热疲劳寿命的影响，更是远大于平均温度及下限温度的影响。这主要是因为，随着温度的增高，多数材料的抗疲劳特性将迅速下降。图 6－20 所示为上限温度对热疲劳寿命的影响。因此，在简单考虑内燃机高频温度波动对热疲劳寿命的影响时，可以取接近高频温度波幅的上限，甚至直接取波幅值累加在低频温度波动上进行研究。

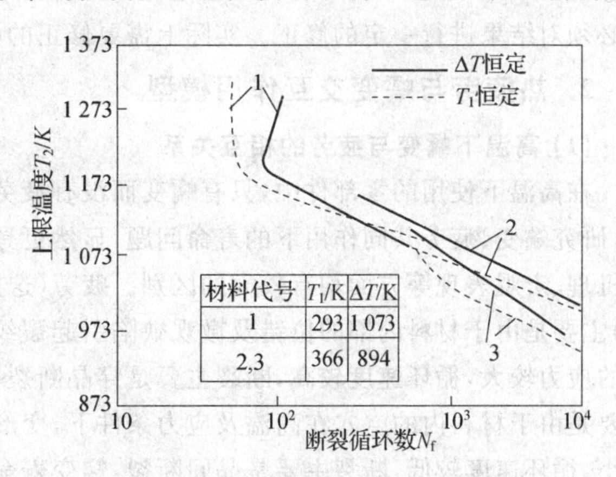

注：1—镍铬钛合金；2—铬镍铁合金；3—S8116 合金

图 6－20　上限温度 T_2 对热疲劳寿命的影响（T_1，ΔT 一定）

（3）热冲击

热冲击是指零部件由于急热或急冷而经受冲击热应力的现象。这种热冲击所产生的热应力比定常情况下的热应力要大得多，而且由于这种应力以极大的速度和冲击的形式加在物体上，根据物体的形状、温度和材料性质的不同，容易使材料失去延性，并呈现脆性断裂。因此，热冲击除了具有高速、高应力的冲击特性外，还有呈脆性断裂的特点。包括热疲劳在内的金属低循环疲劳多属于“延性断裂”，但它的循环疲劳寿命短；而高循环疲劳多属于“脆性断裂”，但它的循环疲劳寿命长。热冲击断裂是“脆性断裂”，但它的循环寿命通常比低循环疲劳还要低得多。因此，尽管它也是由循环热应力引起的疲劳断裂，但其特性与上述的热疲劳有较大的区别，计算及试验研究要困难得多。

（4）热疲劳强度与高温低循环疲劳强度的关系

如上所述，热疲劳问题要比高温低循环疲劳问题复杂得多，特别是试验研究。那么，能不能找到两者的对应关系，用较简单的高温低循环疲劳试验结果推断热疲劳强度？试验表明，只要采用大小和形状完全相同的试样；高温低循环疲劳试验中，选定适当的等效温度作为恒定温度；热疲劳试验中，均匀加热试样，使其轴向温度分布均匀；而且热疲劳试验在高温区的压缩受到完全约束，或者在与此接近的条件下进行，则两试验结果就很接近。当然，两种试验的循环速度、保持时间、应变集中等参数应尽可能保持一致。为此，要研究高温低循环疲劳试验结果与热疲劳试验结果的关系，关键是确定高温低循环疲劳的等效温度和如何保证热疲劳试验中对热应变实施完全约束。

在简化条件下，通过一个循环内高温低循环疲劳损伤与热疲劳损伤相等，可以推导出等效温度的计算式。但由于实际问题要复杂得多，计算结果误差很大。但等效温度的确定一般要通过试验。试验表明，等效温度处于热疲劳平均温度 T_m 及最高温度 T_2 之间。如前所述，多数情况下等效温度接近最高温度 T_2。

在热疲劳试验中，要想将与试件自由膨胀位移相当的热应变完全加在试件上（完全约束）

是不可能的，必然会发生某种约束逃逸。不同的约束条件，热疲劳的试验结果会相差很大，为此必须对结果进行一定的修正。实际上需要修正的因素还很多，如高温段的应变集中等。

2. 热疲劳与蠕变交互作用模型

(1) 高温下蠕变与疲劳的相互关系

在高温下使用的零部件中，只有蠕变而没有疲劳或只有疲劳而没有蠕变的现象极少。因此，研究蠕变、疲劳共同作用下的寿命问题，显然更具有实际意义。但是，蠕变和疲劳无论从微观机理、宏观表现等方面均有较大的区别。疲劳（这里疲劳主要指包括热疲劳在内的低循环疲劳）主要是由于材料内部的位错及微观缺陷引起裂纹萌生及扩展而产生的。由于产生塑性变形的应力较大，循环速度较高，断裂主要是穿晶断裂，疲劳寿命主要取决于载荷循环数；而蠕变主要是由于材料内的空穴在高温及应力条件下，变形、扩展而产生的，由于相对温度较高，应力较小，循环速度较低，断裂主要是晶间断裂，蠕变寿命主要取决于时间。所以两者的差别是很大的。在蠕变和疲劳共同作用下，确定零部件寿命的方法有三种。第一种方法是，由于两者的微观机理等相差很大，蠕变和疲劳互不影响，可独立进行纯疲劳寿命或纯蠕变寿命的计算，那么零部件的寿命即为两者寿命的较小者。但用这种方法所得到结果与实际相差较大。第二种方法是，以疲劳或蠕变为主，将另一方作为影响因素。如在研究蠕变时，考虑变动应力对蠕变的影响；在研究疲劳时，考虑时间对疲劳的影响，如频率修正法。这种方法在前面有关小节中已作介绍。第三种方法是，将疲劳和蠕变同等看待，考虑它们对零部件损伤的共同作用，也考虑它们之间的相互影响，即促进或抑制。这种方法能较客观、全面地考虑疲劳和蠕变对零部件破坏所起的综合作用，但较复杂。下面对一些主要的、常用的理论和方法作一简单介绍。

(2) 损伤法

损伤法实际是前述线性累积损伤法则在疲劳、蠕变交互损伤中的推广。疲劳和蠕变有本质的差别，它们对零部件的宏观损伤可以独立进行计算，总损伤及失效条件可用下式表示：

$$\Phi_{f} + \Phi_{c} = 1 \tag{6-31}$$

式中：$\Phi_{f}=N/N_{f}$ 为实际疲劳循环数 N 与失效疲劳循环数 N_{f} 之比；$\Phi_{c}=t/t_{r}$ 为实际蠕变时间 t 与失效蠕变时间 t_{r} 之比。总疲劳蠕变损伤率等于 1 表示为线性累积损伤。

对于在循环载荷及每循环保持时间为非定值的条件下，式(6－31)可扩展为

$$\sum_{j=1}^{m} \frac{N_{j}}{N_{f,j}} + \sum_{j=1}^{n} \frac{t_{i}}{t_{r,i}} = D \tag{6-32}$$

式中：D 为总疲劳蠕变损伤率，$D\neq1$ 表示这两种损伤的累积并不遵循线性规律。从大量的实验中发现，多数材料的总疲劳蠕变损伤率均不在 $D=1$ 的直线上，但均在此直线附近波动，如图 6－21 所示。对蠕变损伤分数较小时，$D<1$，采用线性损伤累积式(6－31)是保守的；对蠕变损伤分数较大时，$D>1$，采用线性损伤累积式(6－31)则明显危险。有人进一步提出考虑疲劳、蠕变耦合影响项的损伤累积式

$$\sum\frac{N}{N_f}+B\left(\sum\frac{N}{N_f}\cdot\sum\frac{t}{t_r}\right)+\sum\frac{t}{t_r}=D \tag{6-33}$$

根据统计，一般金属材料的 $B=+0.5\sim-0.5$。D 的数值也与载荷谱的形状等因素有关，需要从结构的真实条件出发，用实验方法来确定。

(3) 应变范围划分法

非弹性应变 $\Delta\varepsilon_{in}$ 包括塑性应变 $\Delta\varepsilon_p$ 和蠕变应变 $\Delta\varepsilon_c$。应变范围划分法的基本观点是：这两种应变是在拉伸状态还是在压缩状态下出现，它们对材料寿命的损伤是不同的。在稳定的疲劳循环中，可以将这两项应变区分开，并且根据每个循环的应力或应变的保持是在拉伸区还是在压缩区域，将非弹性应变划分为四种(见图6-22)。它们分别为：图(a) 拉伸塑性-压缩塑性；图(b) 拉伸塑性-压缩蠕变；图(c) 拉伸蠕变-压缩塑性；图(d) 拉伸蠕变-压缩蠕变。它们的非线性应变范围分别表示为 $\Delta\varepsilon_{pp}$、$\Delta\varepsilon_{pc}$、$\Delta\varepsilon_{cp}$、$\Delta\varepsilon_{cc}$。对应于这四种应变循环的寿命分别为 N_{pp}、N_{pc}、N_{cp}、N_{cc}，可通过相应应变范围条件下的疲劳试验获得，图6-23所示为316型不锈钢的试验结果。

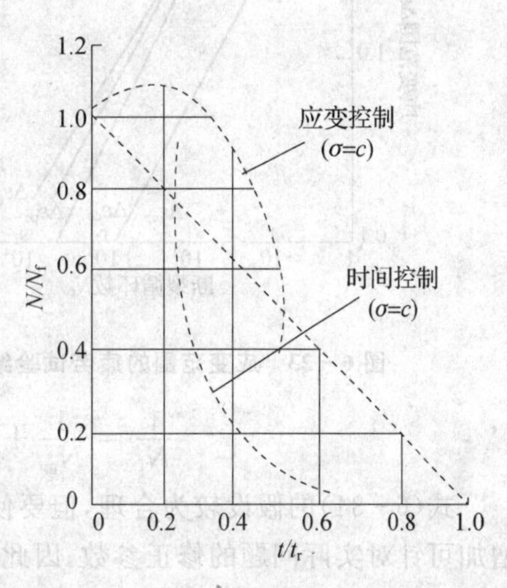

图6-21　应变与时间保持下的损伤曲线

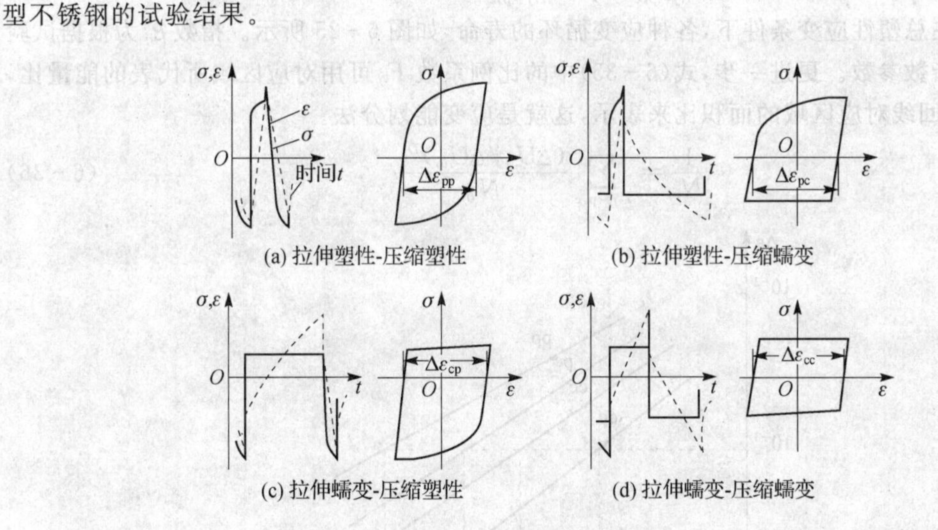

(a) 拉伸塑性-压缩塑性　(b) 拉伸塑性-压缩蠕变

(c) 拉伸蠕变-压缩塑性　(d) 拉伸蠕变-压缩蠕变

图6-22　非弹性应变的分类

由图6-23可见，断裂寿命由小到大依次为 N_{cp}、N_{cc}、N_{pc}、N_{pp}。对于较简单的应力应变回线，可如图6-24所示进行应变范围划分。图中 $\Delta\varepsilon_{pp}=BC$，$\Delta\varepsilon_{pc}=AB$、$\Delta\varepsilon_{cp}=CD$，$\Delta\varepsilon_{cc}=0$。根据均匀损伤假设，实际寿命 N_f 可表示为

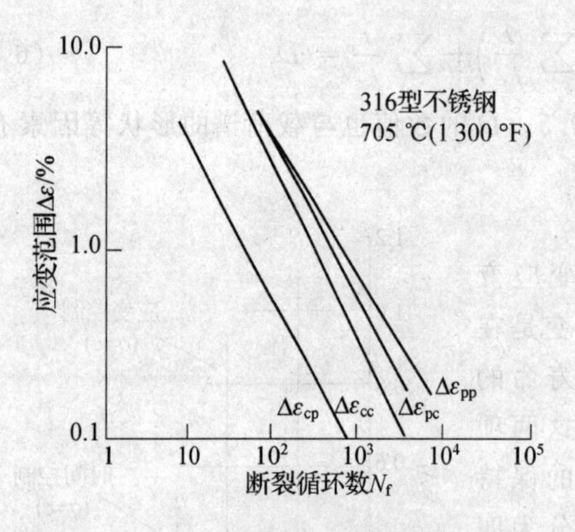

图 6-23　应变范围的疲劳试验结果

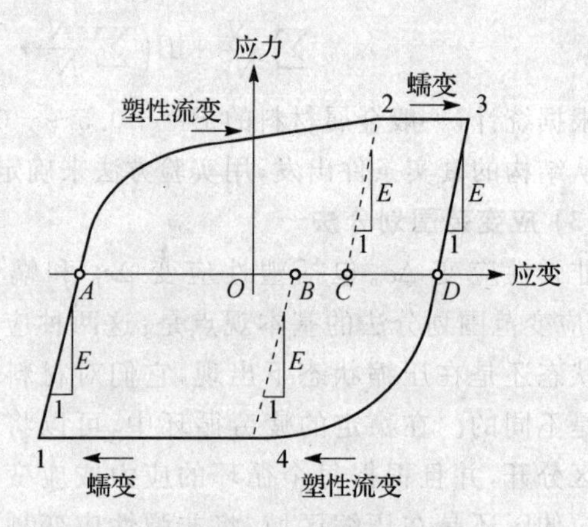

图 6-24　应变范围划分法

$$\frac{1}{N_f}=\frac{1}{N_{pp}}+\frac{1}{N_{pc}}+\frac{1}{N_{cp}}+\frac{1}{N_{cc}}=\sum_{i,j=p,c}\frac{1}{N_{ij}} \tag{6-34}$$

式(6-34)的假设较为合理,但要使计算结果对多数材料与实际吻合得好是不可能的。应增加可针对实际问题的修正参数,因此提出了"广义损伤累积法"。其公式为

$$\frac{1}{N_f}=\sum_{i,j=p,c}\frac{F_{ij}^{\beta_{ij}}}{N'_{ij}}=\sum_{i,j=p,c}\frac{(\Delta\varepsilon_{ij}/\Delta\varepsilon_{in})^{\beta_{ij}}}{N'_{ij}} \tag{6-35}$$

式中:N'_{ij}为在总塑性应变条件下,各种应变循环的寿命,如图 6-25 所示。指数β_{ij}为根据试验确定的调整指数参数。更进一步,式(6-35)中的比例系数F_{ij}可用对应区域所代表的能量比,即应力-应变回线对应区域的面积比来表示,这就是应变能划分法。

$$\frac{1}{N_f}=\sum_{i,j=p,c}\frac{(\Delta U_{ij}/\Delta U_{in})^{D_{ij}}}{N'_{ij}} \tag{6-36}$$

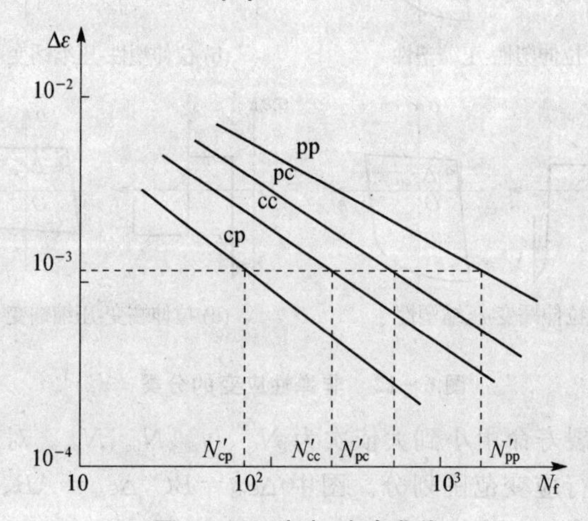

图 6-25　应变-寿命曲线

6.4　内燃机热疲劳寿命评估应用

柴油机采用铝合金活塞可以减小运动件的惯性质量及惯性力，如果配合采用铝合金机体及缸盖将大幅度减小整个内燃机的质量，这对提高车辆的经济性也有益处。但是，铝合金的断裂极限随材料温度的提高而迅速减小，当温度大于 300 ℃时，其热强度系数为 $\sigma_b/(\alpha E/\lambda)$（其中，$\sigma_b$为材料强度极限；$\alpha$ 为材料的线膨胀系数；E 为材料弹性模量；λ 为材料导热系数）将远低于铸铁材料的热强度系数值，这对高强化柴油机的活塞和缸盖采用铝合金材料是很不利的。这些在高温下工作的铝合金受热件的可靠性在很大程度上决定了高强化柴油机整机的可靠性。

由于影响受热件寿命的因素很多，而且复杂，实际寿命的离散度非常大，特别是在高温条件下，许多在常温下不起作用的因素被激活，例如高温蠕变、松弛等。要通过台架试验结果总结在各种条件下受热件的寿命及其分布规律，需要做大量、长时间且复杂的寿命试验。即便如此，一旦使用条件、结构、工艺及材质等因素发生改变，仍需要重新进行试验研究或试验修正。单纯采用台架试验确定受热件的寿命是非常费时、费力的，而且费用很高。寿命预测的另一种方法是在有限元计算、台架或实机应变测量的基础上，建立寿命计算模型，确定受热件的寿命，并辅以一定的台架试验、甚至实机试验结果来修正计算模型或验证计算模型的可靠性。一旦证明计算模型可靠，即可在一定的范围内使用。这种基于计算或温度、应变等基本参数测量的方法，可研究单一因素对寿命的影响规律，这是单纯的试验研究很难做到的。下面将介绍采用理论建模计算的方法预测内燃机铝合金受热件疲劳寿命的方法。研究针对的是内燃机铝合金活塞头部的疲劳裂纹问题。研究方法适用于其他高温下使用的铝合金受热件的疲劳问题。

1. 基于塑性参数的寿命预测模型

在已有的疲劳破坏准则中以能量和应力、应变类的准则研究得最多、应用得最广泛。理论上讲，针对破坏能量的准则更具有物理意义，然而不同情况下受热件局部破坏能的差别可能会大到几个数量级，现有的能量准则对实际受热件上出现的复杂疲劳过程的描述还不能令人满意。较为实用的准则还是应力和应变类的准则。其中，应力类准则只适用于高循环疲劳，而应变类准则的适用性较广泛。

在应用应变类准则时，首先要较准确地确定弹性及塑性应变范围（$\Delta\varepsilon_e$，$\Delta\varepsilon_p$），这可以通过弹塑性有限元法计算或台架、实机测量等方法确定。以弹塑性有限元法计算为例，理论上讲，要准确确定在循环载荷条件下的弹性及塑性应变范围，应进行循环疲劳计算，通过近百次载荷循环的计算，才能得到稳定的迟滞回线，进而获得应变范围。但是，这种方法不仅计算工作量太大，而且模型中许多参数及材料曲线需要进行大量的试验才能得到，例如疲劳模型的确定，材料的循环软硬化问题等，如果没有大量材料试验数据的支持，则计算结果的精度不能保证。简单的弹塑性有限元计算可以考虑对热应力影响很大的材料约束的变化问题，而且所需要的材料参数也较少，因此可以考虑以此为基础进行寿命预测。当然，简单弹塑性有限元计算不能直接得到应变范围，需要通过一系列合理的假设，得到预测用参量（可能与实际值并不完全一样），并建立预测模型。很显然，这种模型必须由台架试验及实机试验的结果来验证或进行修正。另外，还有许多不能在弹塑性有限元计算中考虑的影响因素，如高温蠕变问题、脉动载荷问题、平均应力影响问题及平均应变影响问题等，都可以在建立疲劳寿命计算模型时予以考虑，以便反映这些因素对循环弹性及塑性应变范围的影响。

预估受热件寿命的应变类准则有很多，绝大多数是由标准试件在疲劳试验机上，经对称载荷循环试验结果总结而得到的。对低循环疲劳（疲劳寿命 $N_f < 10^4$），预估寿命的应变类准则中最简单常见的是 Manson－Coffin 公式

$$\Delta\varepsilon_p = \varepsilon_f' \cdot N_f^c \tag{6-37}$$

高温下，塑性变形的大小具有不稳定性；而且在大于 10^4 寿命范围内，塑性应变范围与弹性应变范围的数量级相当，Manson 建议采用考虑弹性项影响的准则（通用斜率法）

$$\Delta\varepsilon = \Delta\varepsilon_e + \Delta\varepsilon_p = \frac{\sigma_f'}{E} \cdot N_f^b + \varepsilon_f' \cdot N_f^c \tag{6-38}$$

式中：b 和 σ_f' 分别为疲劳强度指数和疲劳强度系数；c 和 ε_f' 分别为疲劳延性指数和疲劳延性系数；$\Delta\varepsilon$ 为总应变范围；$\Delta\varepsilon_e$ 为弹性应变范围；$\Delta\varepsilon_p$ 为塑性应变范围；E 为材料弹性模量。

Manson 经试验研究得出：$b=-0.12$，$c=-0.6$，$\sigma_f'=3.5\sigma_b$，$\varepsilon_f'=\varepsilon_f^{0.6}$。其中：$\sigma_b$ 为材料强度极限；ε_f 为材料的断裂延性。

如果受热件某处的载荷及应力对称，循环平均载荷 $F_m=(F_{max}+F_{min})/2=0$，循环平均应力 $\sigma_m=(\sigma_{max}+\sigma_{min})/2=0$，且不考虑高温蠕变等问题，那么其应力应变回线反对称于坐标原点，对这种情况，可采用式(6－38)预估受热件的寿命。但内燃机活塞的工作、载荷及常出现疲劳裂纹的活塞头部的应力有其特殊性，这些特点会影响活塞在循环载荷下的应力应变迟滞回线的形状。通过内燃机活塞的弹塑性有限元计算能得到的数据仅为受热件计算点的温度 T、工作条件下的压应力 σ、弹性压应变 ε_e 及塑性压应变 ε_p，由这些结果还不能直接较精确地估算弹性及塑性应变范围（$\Delta\varepsilon_e$，$\Delta\varepsilon_p$）。为了能将活塞的弹塑性应力、应变计算结果用于预估其寿命，必须明确内燃机工作、载荷等的特殊性对塑性应变范围及其他特性参数的影响，从而得到工程上适用的预测寿命公式。这些特殊性有：

(1) 低频循环载荷

内燃机启动—工作—停机的低频循环载荷是脉冲载荷，而怠速或低负荷—高负荷—低负荷的低频循环载荷也是单向载荷循环。不考虑载荷的动态效应及高温蠕变的影响时，在这种脉冲及单向热及机械载荷作用下，如果受热件材料产生低循环疲劳，则其典型的应力应变曲线如图 6－26 所示。由图可见：

① 平均应变

$$\varepsilon_{pm} = \varepsilon_p + \Delta\varepsilon_p/2 < 0$$

其中：ε_p为塑性计算所得到的绝对值最大的塑性应变，这相当于材料的拉伸延性增加到$\varepsilon_f - \varepsilon_{pm}$。

② 一般情况下，循环应力平均值也不等于零。对随动硬化材料，循环应力平均值为

$$\sigma_m = (\sigma + \sigma_d)/2 < 0$$

其中：σ_d为图 6-26 中 d 点应力，这相当于材料的拉伸断裂强度增加为 $\sigma_b - \sigma_m$。

③ 当不考虑载荷的动态效应时，计算表明一般不会由于卸载在材料内部产生符号相反的残余应变，由此可知 $\Delta\varepsilon_p < -\varepsilon_p$（$-2\varepsilon_p$值为对称循环载荷作用下的循环塑性应变范围）。很显然，$\Delta\varepsilon_p$与 ε_p之间存在单调关系。在小范围的应变集中区，卸载残余应变绝对值将远小于受热件工作时的应变绝对值，特别对高温下工作的活塞头部，高温蠕变及热应变集中很严重，而高温下，铝合金的蠕变又很大，因此可近似假设卸载后最小残余应变绝对值等于零，即对如图 6-26 中的 d 点有$|\varepsilon_d| = 0$。设材料应力-应变曲线服从下式：

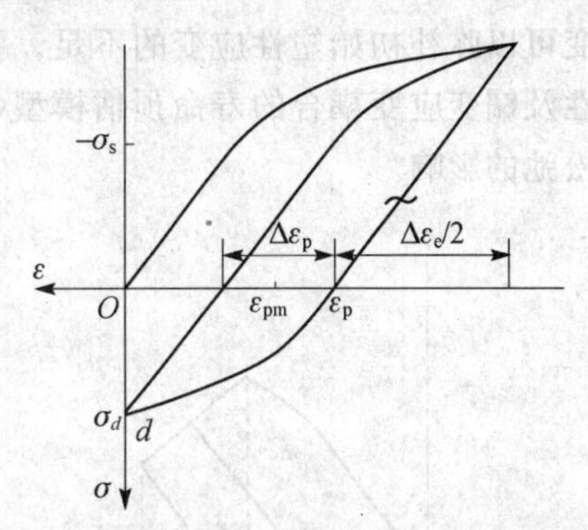

图 6-26　脉冲载荷作用下的低循环疲劳应力-应变曲线

$$|\sigma| - \sigma_s = K|\varepsilon_p|^m \tag{6-39}$$

式中：K 为与温度有关的材料常数；m 为材料硬化指数。由$|\varepsilon_d| = 0$ 的假设，可得到 d 点应力值的计算公式为

$$\sigma_d = (2 \cdot \sigma_s - |\sigma|) + K \cdot \left(|\varepsilon_p| - \frac{\sigma_s}{E}\right)^m \tag{6-40}$$

对拉压同性、随动强化材料，可推导出循环塑性应变范围为

$$\Delta\varepsilon_p = |\varepsilon_p| - \frac{\sigma_d}{E} \tag{6-41}$$

经过上述分析，可以提出一个在这种情况下对式(6-38)的修正式

$$\Delta\varepsilon = \Delta\varepsilon_e + \Delta\varepsilon_p = 2 \cdot |\varepsilon_e| + \Delta\varepsilon_p = \frac{3.5(\sigma_b - \sigma_m)}{E} \cdot N_f^{-0.12} + (\varepsilon_f - \varepsilon_{pm})^{0.6} \cdot N_f^{-0.6} \tag{6-42}$$

(2) 高温蠕变 ε_c的影响

高温蠕变也是不可恢复的塑性变形，而且随着应力、特别是温度的增加，蠕变变形的大小呈指数、幂指数的关系增长。由上述分析可知，对脉冲及单向载荷，当应力值稍大于材料的屈服应力 σ_s时，卸载后的残余应力将不会出现反向屈服，也即不会出现循环应力应变回线，不会出现低循环疲劳破坏，这时用式(6-41)计算会得到 $\Delta\varepsilon_p < 0$。但是，当存在高温蠕变时，由于受热件材料在高温、高应力下工作时，蠕变变形会不断累积，卸载后的残余应力会逐渐增加，直至达到屈服，最终形成稳定的循环应力应变回线（迟滞回线），进而产生低循环疲劳，如图 6-27 所示。只要受热件工作时温度足够高，即便第一次加载时的应力小于材料屈服应力，也可能因

蠕变累积逐渐形成稳定的应力应变回线，进而产生低循环蠕变疲劳，如图 6－28 所示。而图 6－29所示为应力较大的条件下，在内燃机工作时，同时存在塑性变形和蠕变变形的情况。由此可见，高温蠕变是活塞头部（高温下使用的铝合金材料受热件）低频疲劳裂纹最主要的影响因素，而且实际受热件的高温蠕变几乎必然伴随着高温应力松弛，因此高温蠕变（松弛）对受热件寿命的影响规律非常复杂（在上述各图中省略了中间逐步稳定过程的循环曲线）。高温蠕变可以弥补初始塑性应变的不足。下面以寿命较低、相对较复杂的图 6－29 为模型，建立以塑性及蠕变应变耦合的寿命预估模型（模型适用于图 6－27 及图 6－28 的情况），但不考虑高温松弛的影响。

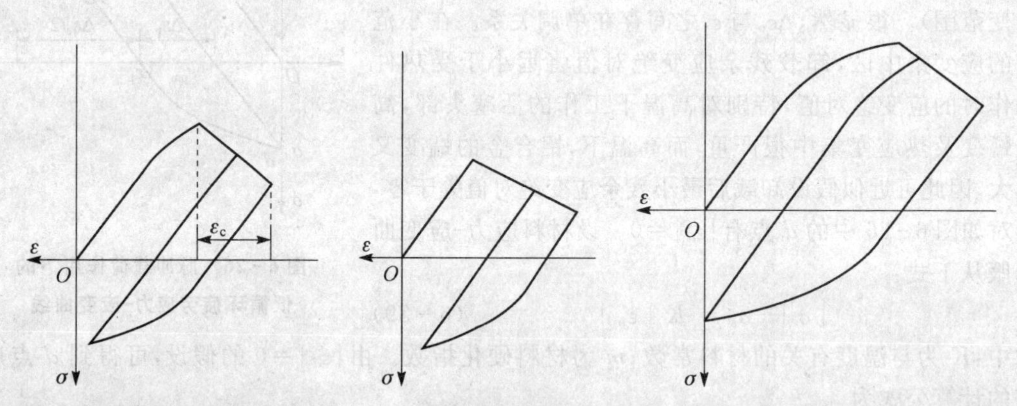

图 6－27 初始塑性变形较小情况下，高温蠕变对应力应变曲线的影响

图 6－28 高温蠕变疲劳

图 6－29 内燃机工作段，同时存在塑性变形和蠕变变形情况下的应力应变曲线

从应变结论的角度来说，蠕变与拉压塑性变形并无区别（实际上蠕变与拉压塑性变形对寿命的影响是不完全相同的）。由于最终循环曲线近似为应力对称循环，根据蠕变硬化的“肯尼迪理论”，可以认为每循环的第Ⅰ阶段蠕变完全恢复；又由于每循环持续时间 t_c 相对较短，可以认为只存在第Ⅰ阶段蠕变，且每循环的蠕变大小为

$$\varepsilon_c = \beta_0 \cdot |\sigma|^{C_1} \cdot e^{-C_2/T} \cdot t^n \tag{6-43}$$

式中：β_0、C_1、C_2、n 为材料常数；应力 σ 的单位是 MPa；时间 t 的单位是 h；温度 T 的单位是 K。对铝合金，指数 n 按“安德雷德蠕变”取 $n=1/3$。常数 β_0、C_1、C_2 由高温压缩蠕变试验得到（数值见表 6－2）。如前所述，蠕变弥补了塑性变形的不足，因此应采用总塑性变形 $\varepsilon_{pc}=\varepsilon_p+\varepsilon_c$ 代替上述各式中的塑性变形 ε_p。

(3) 高频载荷的影响

除了由于内燃机启动—工作—停机的低频循环载荷及怠速或低负荷—高负荷—低负荷引起的低频循环载荷外，还存在随内燃机工作循环而变化的高频热负荷及气体压力产生的机械负荷。在活塞头部，这些高频载荷引起的温度波动及应力波动值要远小于低频载荷引起的温度及应力值，因此将高频载荷独立出来考虑其对寿命的影响没有太大意义。但是，在高温及高应力下，温度哪怕只增加几度，蠕变速度将增加好几倍。因此，在低频载荷的基础上，再考虑高频热及机械负荷，则高频载荷的影响非常大，将会使寿命大幅度缩短。在计算和台架试验中，工程精度可接受的方法是将高频温度波幅直接累加到低频温度值上来研究，而高频应力分量的幅值也应与低频应力分量叠加进行分析，在计算及台架试验结果中已经考虑了高频的影响。

通过上述分析与推导可得到一组借助弹塑性有限元计算或参数试验测量结果，预测内燃机活塞头部在脉动载荷及高温蠕变作用下寿命的公式组为

$$\left.\begin{aligned}
&2\cdot|\varepsilon_e|+\Delta\varepsilon_p=\frac{3.5(\sigma_b-\sigma_m)}{E}\cdot N_f^{-0.12}+(\varepsilon_f-\varepsilon_{pm})^{0.6}\cdot N_f^{-0.6}\\
&\Delta\varepsilon_p=|\varepsilon_{pc}|-\sigma_d/E\\
&\varepsilon_{pc}=\varepsilon_p+\varepsilon_c\\
&\varepsilon_c=\beta_0\cdot|\sigma|^{C_1}\cdot e^{-C_2/T}\cdot t^n\\
&\sigma_d=(2\cdot\sigma_s-|\sigma|)+K\left(|\varepsilon_{pc}|-\frac{\sigma_s}{E}\right)^m\\
&\sigma_m=(\sigma+\sigma_d)/2\\
&\varepsilon_{pm}=\varepsilon_{pc}+\Delta\varepsilon_p/2
\end{aligned}\right\}\tag{6-44}$$

式中符号含义、单位与上述公式相同。

2. 基于塑性参数的寿命预测结果

为了检验预测模型式(6-44)的合理性，对已有热疲劳台架及内燃机实机试验结果的柴油机铝合金活塞，进行了弹塑性有限元计算及寿命预测，并与台架及实机试验结果进行了对比。图 6-30所示为计算活塞头部的局部结构示意图，该活塞具有收口的半开式燃烧室，燃烧室边缘为常出现疲劳裂纹的区域，疲劳寿命预测点 A 为此区域中的一点。表 6-1 所列为点 A 处的弹塑性有限元计算结果；表 6-2 所列为在点 A 的温度状态下寿命预测模型的参数；表 6-3 所列为疲劳寿命预测结果以及台架、实机试验所得到的寿命值，柴油机在额定工况时的工作时间为 1 h，台架及实机试验寿命以出现 0.5～1 mm 裂纹为标准。

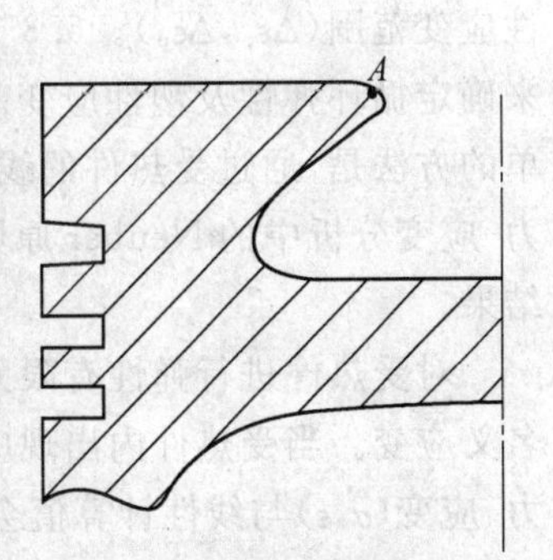

图 6-30 计算活塞头部的局部结构示意图

表 6-1 点 A 处的弹塑性有限元计算结果

温度 T/K	等效应力 σ/MPa	弹性应变 ε_e/%	塑性应变 ε_p/%
600	−33.8	−0.096	−0.029

表 6-2 A 点温度(T=600 K)状态下的寿命预测模型参数

E/MPa	σ_b/MPa	σ_s/MPa	K/MPa	m
0.352×10^5	50.0	21.5	41.7	0.15
β_0	C_1	C_2	n	
-1.64×10^5	5.68	23156	1/3	

表 6-3 寿命计算预测结果及试验结果($t=1\ h$)

$\varepsilon_c/\%$	$\varepsilon_{pc}/\%$	σ_d/MPa	$\Delta\varepsilon_p/\%$	σ_m/MPa	$\varepsilon_{pm}/\%$
−0.1666	−0.1956	26.27	0.121	−3.765	−0.1351
模型预测活塞寿命	活塞疲劳台架试验寿命	实机试验寿命(活塞1)	实机试验寿命(活塞2)	实机试验寿命(活塞3)	实机试验寿命(活塞4)
1660	1680	1700	2000	2100	1500

由计算结果可知塑性应变范围 $\Delta\varepsilon_p$ 不仅小于总的塑性应变 ε_{pc} 的绝对值，而且小于蠕变应变 ε_c 的绝对值，也即如果没有高温蠕变将不会出现残余塑性变形($\Delta\varepsilon_p=0$)。

以 0.95 的置信度、对数正态分布来处理内燃机实机活塞寿命试验数据后可得该机铝合金活塞的寿命为：$N_{fm}=1\,800\pm225.0$。由此可知，模型计算及台架试验结果均在置信区间内，证实了预测模型的可信度及有关假设的合理性。

3. 基于弹性参数的寿命预测模型

在进行高负荷状态或强化条件下的寿命预测时，可以以现有的弹性应力应变进行线性外推，并以此为基础进行塑性状态的计算，进而进行寿命预测。

计算预估活塞寿命的关键问题之一是要尽可能准确确定应力应变集中区的循环弹性及塑性应变范围($\Delta\varepsilon_e$，$\Delta\varepsilon_p$)。6.3 节探讨的是基于弹塑性有限元计算或有关参数的试验测量结果，来确定循环弹性及塑性应变范围，这是一种间接确定的方法。确定弹性及塑性应变范围更简单的方法是，通过受热件的线弹性计算得到受热件的理论弹性应力及应变值，然后应用局部应力-应变分析中的 Neuber 原则计算，求出弹性及塑性应变值来代替复杂的弹塑性有限元计算结果。

对受热件进行弹性有限元计算所获得的应力、应变(σ_n，ε_n)分别称为受热件的名义应力、名义应变。当受热件内出现应力大于屈服应力的区域，特别是在应力、应变集中区，其实际应力、应变(σ,ε)与线性计算值会有所不同，但根据局部应力-应变分析的 Neuber 原则，两者之间有如下关系：

$$K_t^2=K_\sigma\cdot K_\varepsilon \tag{6-45}$$

式中：K_t 为理论应力集中系数，对给定的受热件结构及材料，理论应力集中系数为常数；K_σ 为真实应力集中系数，$K_\sigma=\sigma/\sigma_n$；K_ε 为真实应变集中系数，$K_\varepsilon=\varepsilon/\varepsilon_n$。由此可得：

$$\sigma\cdot\varepsilon=K_t^2\cdot\sigma_n\cdot\varepsilon_n \tag{6-46}$$

式(6-46)反映了弹性计算所得到的名义应力、应变与受热件内部的实际弹塑性应力、应变间的关系。该式对于受热件上一固定点为一条双曲线，由此双曲线与材料的弹塑性应力、应变曲线或循环应力、应变曲线的交点，可确定实际应力及实际应变值。试验证明，上述估算的应力要高于实际应力，因此一般用有效应力集中系数 K_f 代替理论应力集中系数 K_t。对拉压同性材料，设应力-应变曲线服从下式：

$$|\sigma|-\sigma_s=K|\varepsilon_p|^m \tag{6-47}$$

式中：K 为与温度有关的材料常数；m 为材料硬化指数。K 可用下式预估：

$$K=\frac{\sigma_f-\sigma_s}{\varepsilon_f^m}=\frac{\sigma_b(1+\psi)-\sigma_s}{\varepsilon_f^m} \tag{6-48}$$

式中：σ_f 为材料真实断裂应力；σ_s 为材料屈服极限；ε_f 为材料的断裂延性；σ_b 为材料强度极限；ψ 为材料拉伸径缩率。同时，由式(6-47)可得：

$$|\varepsilon|=|\varepsilon_e|+|\varepsilon_p|=\frac{|\sigma|}{E}+|\varepsilon_p|=\frac{K|\varepsilon_p|^m+\sigma_s}{E}+|\varepsilon_p| \tag{6-49}$$

将式(6-47)和式(6-49)代入式(6-46)得：

$$|\varepsilon_p|=\frac{|K_f^2\cdot\sigma_n\cdot\varepsilon_n|}{K|\varepsilon_p|^m+\sigma_s}-\frac{K|\varepsilon_p|^m+\sigma_s}{E} \tag{6-50}$$

由式(6-50)可迭代求出实际塑性应变值 ε_p。将 ε_p 代入式(6-49)可得到实际弹性应变值 ε_e 及总应变值 ε；将 ε_p 代入式(6-47)可得实际应力值 σ。

将上述结果与6.3节衔接起来，即可得到一组基于简单弹性有限元计算，预测内燃机活塞头部寿命的预测公式：

$$\left.\begin{aligned}
&|\varepsilon_p|=\frac{|K_f^2\cdot\sigma_n\cdot\varepsilon_n|}{K|\varepsilon_p|^m+\sigma_s}-\frac{K|\varepsilon_p|^m+\sigma_s}{E} && ①\\
&|\sigma|=\sigma_s+K|\varepsilon_p|^m && ②\\
&\varepsilon_e=\frac{\sigma}{E} && ③\\
&\varepsilon=\varepsilon_e+\varepsilon_p && ④\\
&\varepsilon_c=\beta_0\cdot|\sigma|^{C_1}\cdot e^{-C_2/T}\cdot t^n && ⑤\\
&\varepsilon_{pc}=\varepsilon_p+\varepsilon_c && ⑥\\
&\sigma_d=(2\cdot\sigma_s-|\sigma|)+K\left(|\varepsilon_{pc}|-\frac{\sigma_s}{E}\right)^m && ⑦\\
&\Delta\varepsilon_p=|\varepsilon_{pc}|-\frac{\sigma_d}{E} && ⑧\\
&\sigma_m=\frac{\sigma+\sigma_d}{2} && ⑨\\
&\varepsilon_{pm}=\varepsilon_{pc}+\Delta\varepsilon_p/2 && ⑩\\
&N_f=\frac{\dfrac{3.5\cdot(\sigma_b-\sigma_m)}{E}\cdot N_f^{(1-0.12)}+(\varepsilon_f-\varepsilon_{pm})^{0.6}\cdot N_f^{(1-0.6)}}{2|\varepsilon_e|+\Delta\varepsilon_p} && ⑪
\end{aligned}\right\} \tag{6-51}$$

式中符号含义、单位与上述公式相同。公式组(6-51)中的式①和式⑪需迭代求解。

4. 基于弹性参数的寿命预测结果

利用对一台 150 缸径高强化柴油机铝合金活塞三维弹性有限元计算的结果，并借助于活塞寿命预测模型(6-51)对其进行了寿命计算预测，并与台架试验结果进行了对比。图 6-31 所示为计算活塞头部的局部结构示意图。该活塞为开式燃烧室，其底部为常出现疲劳裂纹的区域，图中所标点 1 为疲劳寿命预测点。表 6-4 所列为此点处的弹性有限元计算结果；表 6-5 所列为在此点温度状态下寿命预测模型的参数；表 6-6 所列为疲劳寿命预测结果以及台架试验所得到的寿命值，台架试验寿命以出现 0.5～1 mm 裂纹为标准。

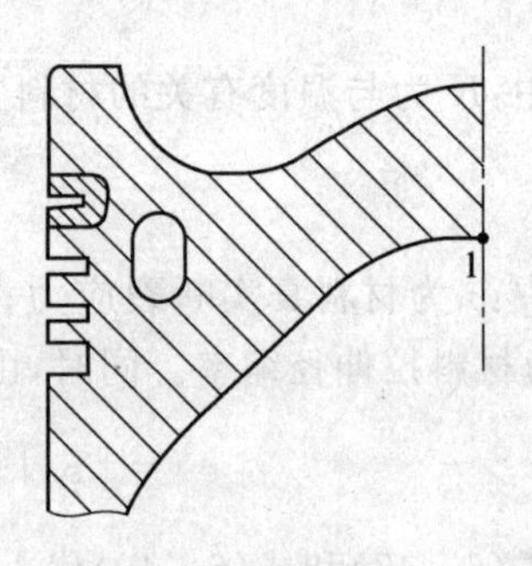

图 6-31 计算活塞头部的局部结构示意图

表 6-4 弹性有限元计算结果

计算点号	温度 T/K	名义应力 σ_n/MPa	名义应变 ε_n/%
1	541	−60.04	−1.1159

表 6-5 点 1 温度(T)状态下的寿命预测模型参数

参数	E/MPa	σ_b/MPa	σ_s/MPa	K_f	K/MPa	m
	0.541×10^5	80.0	40.0	1.14	146.3	0.266
参数	ε_f	β_0	C_1	C_2	n	
	0.015	-1.64×10^5	5.68	23156	1/3	

表 6-6 点 1 的寿命计算预测结果及试验结果

参数	t/h	ε_p/%	ε_e/%	ε/%	σ/MPa	ε_c/%	ε_{pc}/%
	1.0	−0.04179	−0.1080	−0.1499	58.47	−0.04594	−0.08773
参数	$\Delta\varepsilon_p$/%	σ_m/MPa	ε_{pm}/%	σ_d/MPa	N_f	试验结果	
	0.0225	−11.59	−0.07647	35.30	977	～1100	

同样，由计算结果可知，寿命预测结果可以满足工程应用的精度要求。

当然，基于当前的计算和测量条件，可以很方便地计算或测量出零件的应力应变回线，进而利用上述的能量法或应变范围划分法等方法进行寿命预测。但是这类方法，要获得较好的预测效果，同样需要大量、准确的试验研究数据。这对内燃机寿命评估应用来说是一个技术上的瓶颈。

第7章　内燃机受热件热疲劳寿命的实验评估

7.1　热疲劳模拟实验研究方法

1. 热疲劳模拟试验方法

现有的热疲劳模拟试验方法大致可分为四种。

(1) 实物模拟的热疲劳试验

这是一种利用实际内燃机零件进行热疲劳模拟的试验方法，即针对内燃机受热零件(活塞、缸盖、排气门和缸套等)，利用专门制作的试验装置进行热疲劳模拟试验。这种试验装置目前常用的加热方式有电磁感应加热、火焰加热、红外加热和激光加热。冷却方式主要有强制风冷、水冷或油冷。其中，风冷与水冷、油冷相比，虽然冷却速度较慢，但能使受热件表面温度分布比较均匀。对内燃机来说，加热速度远高于停机时的冷却速度，损伤主要在加热段，对冷却强度的要求相对不高。该方法可以施加一定的外部约束。

(2) 自约束型热疲劳试验(主要针对试件)

自约束型热疲劳试验是指在试验过程中受热件各部分的不均匀热变形是通过自身的约束达到平衡。此方法与实物模拟法类似，也是利用激冷和激热的方式在受热件表面形成较大的温度梯度而产生热疲劳裂纹。目前的加热方法有：高速空气对流法、高频感应加热法、低压大电流直接加热法、辐射加热法、流态床法、红外加热法及激光加热等。

(3) 外约束型热疲劳试验

由 Coffin 提出的外约束型热疲劳试验方法是指受热件的热胀冷缩受到外界强制约束的试验方法。此方法要求受热件是一个均热体，在无外约束时受热件可自由伸缩而不产生热应力；当受到外约束时，无论加热还是冷却都能产生热应力，且热应力的方向与约束方向一致，为单轴应力。在上限温度约束时，可以实现对受热件的拉伸热疲劳试验；在下限温度约束时，可以实现对受热件的压缩热疲劳试验；在上、下限温度间约束时，则可实现受热件各种类型的拉压热疲劳试验。外约束型热疲劳试验可以进行受热件热疲劳试验的定量分析，其缺点是不能随意改变约束，不能施加外部机械应力，主要针对标准试件进行试验研究。

(4) 有机械应变叠加的热疲劳试验

有机械应变叠加的热疲劳试验方法是在温度循环的基础上叠加机械应变。此试验方法通常采用高频感应加热和电液伺服控制，将热应变和机械应变按任意相位进行叠加。电液伺服式高频感应加热热疲劳试验系统主要由循环负荷加载装置、加热冷却装置和变形测量及记录装置组成，实际上就是由电液伺服拉压试验系统和加热冷却装置组合而成。目前，这种试验装置还难以对内燃机的实际零件进行模拟试验，主要还是针对标准试件或简单零件。

2. 热疲劳试验的加热方法

热疲劳试验的加热方法及主要优缺点如下：

① 通电加热。方便、快速，但难以形成复杂的温度场。

② 电炉旁辐射加热。加热均匀，速度较慢，通过快速冷却形成高应力。

③ 火焰加热。加热迅速，但难以形成复杂的温度场；利用天然气、乙炔气加热时，气体中腐蚀成分影响较大。

④ 红外光辐射加热。难以形成复杂温度场。常常通过在零件表面涂不同黑度的涂层，来调整辐射吸收率。

⑤ 高频感应加热。通过设计不同形状的加热器，在零件内形成要求的温度场，而且加热速度快，只对铁磁性材料的加热效率高。

⑥ 激光加热。设备昂贵，很难形成复杂温度场。一般用于附加高频温度波。

⑦ 高温液态金属导热。加热低熔点金属是通过其导热来实现的。同时，通过低熔点金属的膨胀还能施加机械载荷。缺点是密封与冷却困难。

⑧ 高热容的陶瓷颗粒（锆砂）导热。由电炉丝加热锆砂，通过高压空气吹起的锆砂加热试件；冷却时将试件移动到冷却槽，由水雾冷却。

3. 疲劳试验的加速条件

为了缩短试验时间，在疲劳试验时一般都要加大载荷，进行加速寿命试验。为了保证试验结果的可预测性，应该满足以下条件：

① 故障模式不变，故障的位置不变。

② 寿命分布的形状不变。对寿命常用的威布尔分布来说，即形状参数 m 不变。

4. 疲劳寿命的分布规律

对试验结果进行统计分析时，常需要进行寿命分布规律的研究，下面对疲劳寿命研究过程中常用的几种分布规律进行简单介绍。

(1) 正态分布

属递增型故障率的概率分布，其分布曲线符合磨损疲劳而集中发生的故障曲线。两个参数分布：均值 μ 和均方差 σ。磨损、腐蚀等随时间劣化型可靠性问题，影响因素多且相对独立，没有支配性因素存在的情况，其寿命的分布规律服从正态分布，其故障密度函数（式(7-1)）如图 7-1 所示。

故障密度函数是指产品单位时间内发生故障或失效的概率，公式如下：

$$f(t)=\frac{1}{\sqrt{2\pi}\cdot\sigma}\exp\left[-\frac{(t-\mu)^2}{2\sigma^2}\right] \tag{7-1}$$

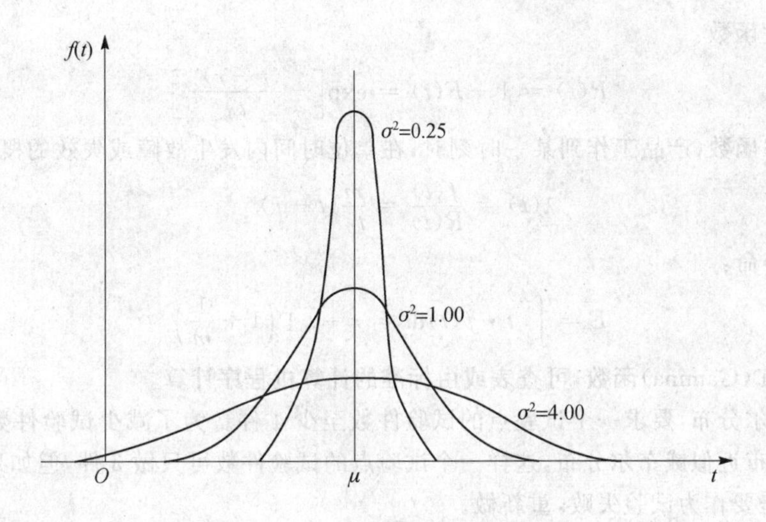

图 7-1　正态分布的故障密度函数

(2) 威布尔分布

热疲劳及机械疲劳寿命的分布规律一般服从威布尔分布。威布尔分布相对正态分布具有更广泛的适用性。它包括递增型故障率、恒定型故障率和递减型故障率等多种型式。由弱环理论得到。威布尔概率分布有三个特征参数,即形状参数 m、位置参数 r 和尺寸参数 t_0,如图 7-2 和图 7-3 所示。

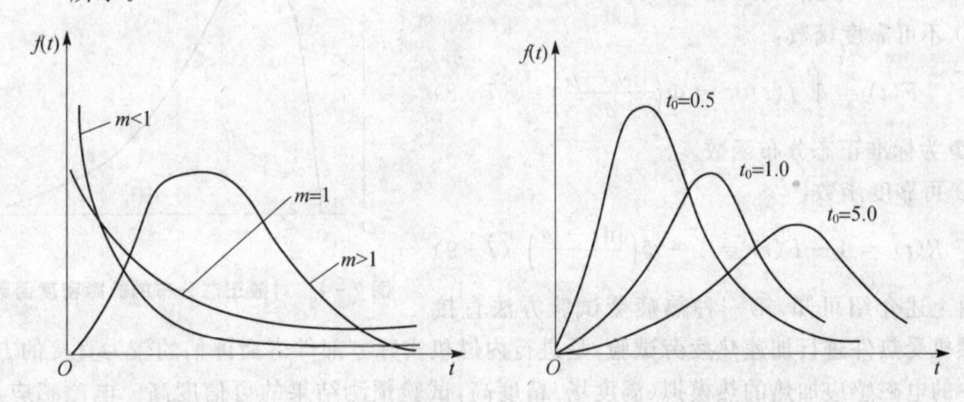

图 7-2　形状参数 m 对 $f(t)$ 的影响　　图 7-3　尺寸参数 t_0 对 $f(t)$ 的影响

① 故障密度函数:

$$f(t) = \frac{m}{t_0}(t-r)^{m-1}\exp\left[-\frac{(t-r)^m}{t_0}\right] \quad (7-2)$$

② 不可靠度函数:

$$F(t) = \int_0^t f(t)\,\mathrm{d}t = 1 - \exp\left[-\frac{(t-r)^m}{t_0}\right] \quad (7-3)$$

③ 可靠度函数：

$$R(t) = 1 - F(t) = \exp\left[-\frac{(t-r)^m}{t_0}\right] \tag{7-4}$$

④ 故障率函数(产品工作到某一时刻时，在单位时间内发生故障或失效的概率)：

$$\lambda(t) = \frac{f(t)}{R(t)} = \frac{m}{t_0}(t-r)^{m-1} \tag{7-5}$$

⑤ 平均寿命：

$$E = \int_0^{\infty} t \cdot f(t)\mathrm{d}t = r + t_0\Gamma\left(1+\frac{1}{m}\right) \tag{7-6}$$

其中：$\Gamma(x)$为Γ(Gamma)函数，可查表或由标准的计算机程序计算。

对于威布尔分布，要求一个试验点的试验件数至少4件。为了减少试验件数可用两参数的对数正态分布近似威布尔分布，这样一个试验点的试验件数可只做3件，但如果出现很高寿命的试验件，需要作为试验失败，重新做。

(3) 简化的对数正态分布

如果可以忽略出现概率很小的高寿命样本，威布尔分布可以用两参数的对数正态分布$\ln(\mu,\sigma^2)$近似表示。这样可以减少试验件数。

① 故障密度函数(见图7-4)：

$$f(t) = \frac{1}{\sqrt{2\pi}\cdot\sigma t}\exp\left[-\frac{(\ln t-\mu)^2}{2\sigma^2}\right] \tag{7-7}$$

② 不可靠度函数：

$$F(t) = \int_0^t f(t)\mathrm{d}t = \Phi\left(\frac{\ln t-\mu}{\sigma}\right) \tag{7-8}$$

式中：Φ为标准正态分布函数。

③ 可靠度函数：

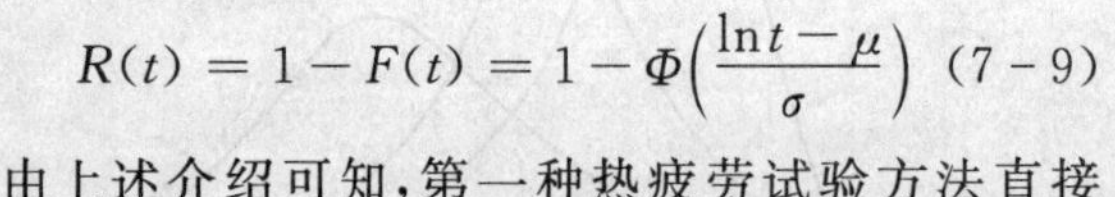

$$R(t) = 1 - F(t) = 1 - \Phi\left(\frac{\ln t-\mu}{\sigma}\right) \tag{7-9}$$

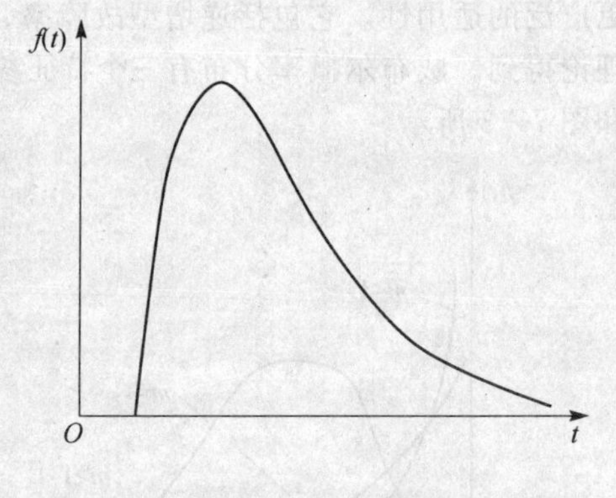

图7-4　对数正态分布的故障密度函数

由上述介绍可知，第一种热疲劳试验方法直接对内燃机受热件进行加速热疲劳试验，是进行内燃机实际零部件寿命评估的较为直接的方法。而其中的电磁感应加热的热模拟(温度场)精度高，试验预测结果的可信度高。电磁感应加热方法的缺点是，只对铁磁性材料零件的热疲劳试验效率高。这里仅以铸铁缸盖为例，对采用电磁感应加热的加速热疲劳寿命实验评价方法的进行介绍。

5. 热疲劳寿命试验过程及要求

(1) 试验前准备

1）活塞温度场数据的测试准备

必须有足够准确的活塞温度场特征点分布参数。因此，需要对活塞温度随柴油机工作的高频温度波幅进行测量或计算。

温度参数的获取方法如下：

① 通过柴油机温度场的实测得到。必须用热电偶等高精度传感器测量，不允许用硬度塞等低精度的测量方法，总的测量误差必须小于或等于±5 ℃。

② 在现有发动机热状态测量的基础上，对其强化机型进行小范围的外推预测，预测的可信度应充分研究确定。

2）冷却方式与冷却装置

可以采用强制气冷方式，并尽可能模拟零件实际冷却状况。例如，对内燃机活塞来说，冷却气路有三条：①活塞顶部吹风冷却；②环槽轴向气流及向裙部的分流；③冷却油腔内的冷却及低部吹风冷却。

3）台架试验活塞温度场调整

通过设计加热器（电磁感应加热）或火焰结构（火焰加热）等，调整活塞温度场。必须保证在台架上活塞的温度场与要求温度场（实机测定）的误差小于或等于±15 ℃，关键区域（最高温度区域、实际易出现故障的区域）的误差小于或等于±5 ℃。

4）冷却强度、冷却气量分配调整

尽可能模拟发动机停机时，活塞边界的冷却速度状况。冷却时间：对 150 mm 及以下活塞不超过 2 min；对大缸径活塞，冷却时间不超过 4 min。可以采用一些强化冷却的措施，如在冷却空气中喷水，但强化程度不能过高。冷却时间应该大于或等于 1 min。

(2) 试验程序

1）热疲劳试验条件

① 保证活塞温度场的模拟精度。

② 对等效试验件，同时保证台架瞬态应力场与实际情况的一致性（计算预测值）。

2）热疲劳试验规范

① 加热时间为 30 s。

② 最低控制温度 150 ℃或 120 ℃（要保证活塞整体温度基本均匀）。

③ 最高控制温度为保证危险点区域温度＝活塞稳态＋高频温度波幅。

④ 保温时间 60 s。

⑤ 保证整体温度分布与要求温度场的一致性。

疲劳试验件数要求：每一个工况点至少应该 3 件。

试验终止条件（破坏条件）：活塞上出现 2 mm 以上的可视裂纹或出现可视主裂纹。

7.2 热疲劳实验的加热特性

热疲劳加热装置对零件的加热特性关系到同样加热表面温度下的热应力状况，会严重影响加速特性。下面就以感应加热方法为例,研究其加热特性。

将感应加热用于内燃机受热件的热疲劳试验台架上,可以通过设计与受热件加热表面温度场相对应的不同形状的加热器实现对加热零件表面温度分布的模拟。这种加热方式与感应热处理加热不同,功率低、温度低(远小于铁磁性材料居里点温度),了解这种加热方法的特点,无疑有利于试验时参数的确定以及寿命评估分析。

1. 高频加热热源假设

放置在由高频感应线圈产生的交变磁场内的零件,其内部产生的磁感应电流强度 I_z 为

$$I_z = I_0 e^{-\frac{2\pi}{c_0}\sqrt{\frac{\mu \cdot f}{\rho_r}}} = I_0 e^{-\beta \cdot z} \tag{7-10}$$

式中:I_0 为零件表面的磁感应电流强度;z 为距表面的距离,mm;c_0 为光速;μ 为零件材料的磁导率;ρ_r 为电阻率;f 为电流频率;系数 $\beta = \frac{2\pi}{c_0}\sqrt{\frac{\mu \cdot f}{\rho_r}}$。$I_z$ 的幅值降到 I_0 的 1/e 处的深度 Δ 称为电流透入深度,由式(7-10)可知

$$\Delta = 1/\beta \tag{7-11}$$

铁磁性材料在温度超过居里点(钢为 770 ℃)以前 μ 基本不变,ρ_r 随温度的增加而增长。内燃机铸铁缸盖的实际使用温度一般不会超过 450 ℃,材料在该温度下有

$$\Delta_{450} \approx 50/\sqrt{f} \tag{7-12}$$

对所用的高频电磁感应热疲劳设备,其电流频率设为 $f = 0.44$ MHz,将 f 代入式(7-12)可得:$\Delta_{450} = 0.075\,38$ mm。

感应电流在零件内的热生成率 q_z 与电流的平方成正比

$$q_z = R \cdot I_z^2 \tag{7-13}$$

式中:R 为零件内产生的涡流回路的电阻。在 Δ 厚度内所产生的热量占总热量的比率为

$$\int_0^{\Delta} q_z \mathrm{d}z \Big/ \int_0^{\infty} q_z \mathrm{d}z = 86.5\%$$

由上述对加热热源的分析可知,高频感应对铁磁性材料的低温(低于居里点)加热是在很薄的零件表面内以基本恒定的热生成率向零件表面输入热量。为简化分析,可将其简化为恒表面热流的第二类边界条件。

2. 瞬态温度变化规律模型

尽管实际零件的形状多数均很复杂,但对平面加热的中心区域仍可将其简化为无限大平板,即该处的传热、导热只发生在壁厚方向 z。又由于在热疲劳试验的加热阶段,零件背部与空气接触,没有采取冷却措施,考虑到空气自然冷却的换热系数相对很小,可假设该处为绝热边界。因此,在热疲劳试验的加热阶段,可将易出现裂纹的加热中心区域的瞬态加热、导热、传热问题简化为如下具有恒表面热流的、无内热源的无限大平板的瞬态导热问题,该问题可用一组方程描述:

微分方程为
$$\frac{\partial T}{\partial \tau}=a\frac{\partial^2 T}{\partial z^2} \tag{7-14}$$
初始条件为
$$\tau=0, T=T_0 \tag{7-15}$$
边界条件为

· $\tau \geqslant 0, z=0$，零件背部绝热条件为
$$\frac{\partial T}{\partial z}=-\frac{h}{k}(T-T_f)\approx 0 \tag{7-16}$$
· $\tau \geqslant 0, z=\delta$，零件加热面恒热流条件为
$$k\frac{\partial T}{\partial z}=q_F \tag{7-17}$$
以上四式中：τ 为时间；h 为零件背部换热系数；T_f为零件背部环境温度；k 为材料导热系数；q_F为零件表面热流率。

式(7-14)～(7-17)的解为
$$T(z,\tau)-T_0=\frac{2q_F\delta}{k}\sum_{n=1}^{\infty}\frac{(-1)^{n+1}}{n^2\pi^2}\cos\left(\frac{n\pi z}{\delta}\right)e^{-n^2\pi^2 a\tau/\delta^2}+\frac{q_F\tau}{\rho c\delta}+\frac{3q_F z^2-q_F\delta^2}{6k\delta} \tag{7-18}$$
式中：c 为材料热容；ρ 为材料密度。

式(7-18)右侧第一项为一无穷级数，它只在加热初期很短的时间内起作用，随着时间 τ 的增加迅速衰减，该项反映了加热的瞬态特性。

3. 加热特性的试验分析

表 7-1 所列为对内燃机缸盖进行高频感应加热试验中有关数据测量记录，以及将这些数据和缸盖的材料(HT200)特性代入式(7-18)所得的加热表面热流计算结果。

表 7-1　高频感应加热试验数据及加热表面热流计算值

项　目	1组数据均值	2组数据均值	3组数据均值
阳极电压 V/kV	7.5	6.5	5
阳极电流 I/A	2.7	2.3	1.5
最高控制温度 T_{max}/℃	450	450	450
T_0/℃	120	120	120
加热到 T_{max}的时间 τ_e/s	4.24	8.23	24.09
加热表面热流 q_F/(W·m^{-2})	0.192×10^7	0.121×10^7	0.487×10^6
最大温度梯度 dT/dz/(℃·mm^{-1})	36.9	23.3	9.37

显然，随着加热时间的延长，加热热量除轴向(法向)传播外，还将向加热区外径向(切向)

传播。因此,更确切地说,式(7-14)~(7-17)中的热流应为加热表面的法向热流 q_F。该热流与阳极输入功率 $V \times I$(kW)并不成正比,对于上述试验状况及试验零件,具有以下近似拟合关系式

$$q_F = 0.470 \times 10^5 (V \times I) + 0.0233 \times 10^5 (V \times I)^2 \tag{7-19}$$

图7-5所示为阳极电压为7.5 kV时,各时刻缸盖火力板内的温度分布。测量及计算点在涡流室镶块边沿靠中心部位,缸盖火力板厚度10 mm。

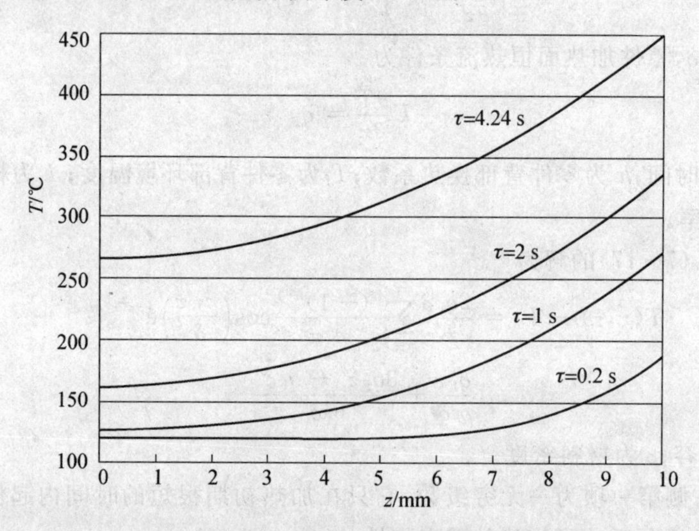

图7-5 各时刻缸盖火力板内的温度分布(阳极电压7.5 kV)

由图7-5可见,在加热瞬间,加热表面的温度以很高的速率升高。对图7-5所示的状况,瞬态最大温度梯度可达36.9℃/mm,进而引起高的热应力及动态热应力。式(7-18)右侧第一项——瞬态影响项的作用很快衰减,随后温度分布曲线以近似平移的方式向上移动。

由于热疲劳试验模拟的是内燃机“启动—工作—停机”或“怠速—标定—怠速”的低频热疲劳问题,根据大量统计资料推断,现有车用柴油机、汽油机缸盖在稳态及变工况过渡态的表面热流不超过 0.1×10^7 W/m²,即1 000 kW/m²。同时,台架可达到的最大温度梯度也足以满足对实际铸铁受热件表面法向温度梯度的模拟。

7.3 热疲劳寿命实验评估

铸铁材料由于断裂延性很低,非常容易产生低循环疲劳失效。在内燃机铸铁受热件火力板上产生的疲劳裂纹主要是由低循环热疲劳引起的。

要对受热件热疲劳台架试验寿命的规律进行总结研究,最简单的方法是直接进行通用曲线模型的拟合,确定模型参数。如利用最小二乘法的多项式拟合、盈亏法和优化法的复杂曲线

拟合等。但是，这些方法所得到的模型的物理意义不明确。随着试验数据的变化(如进一步试验研究使试验数据增加)，不仅这些模型的参数会发生变化，模型结构也容易发生变化，这显然是不合理的。首先应通过理论研究，找到能反映受热件试验疲劳寿命变化规律或主要因素影响规律的模型，再通过拟合的办法确定模型参数。用这种方法得到的模型，不仅物理意义明确，易于分析研究，且其适用范围相对要广泛得多。除了可应用热强度、热疲劳和统计力学等的理论和试验研究成果外，属于唯象法的宏观损伤力学也是进行试验理论分析的有力工具。

1. 连续损伤力学与疲劳损伤演化方程

连续损伤力学是近 20 年发展起来的一门用于研究材料、零件破坏和寿命的新学科，它是以实验研究为基础、以工程实用为目的的一种唯象学方法。连续损伤力学往往基于标准试件的试验研究结果。标准试件的试验研究简单、快速、成本低，并且可以较精确地控制载荷，易于采取措施排除各种干扰因素，结果的规律性强，便于进行理论总结，但结果的实用性差。对实际零件的热疲劳问题，其影响因素很多，规律复杂，分散度大。从工程应用的角度来说，能较准确地反映实际零件寿命变化的趋势，以及趋势预测的分散度，更具有实用价值。常将"连续损伤力学"对疲劳损伤演化规律的研究结论应用于热疲劳试验实际零件的损伤过程，进行内燃机具体受热件热疲劳试验寿命变化趋势模型的研究。下面对将用到的连续损伤力学的部分内容进行简单介绍。

在外部因素(包括力、温度和辐射等)的作用下，材料内部将形成大量的微观缺陷(如微裂纹和微孔洞)，这些微缺陷的形核、扩展(或胀大)和汇合将造成材料的逐渐劣化直至破坏。从本质上讲，这些微缺陷是离散的，但由于微缺陷是大量而又密集的，从宏观统计学的角度或工程应用的角度，可以将其近似认为是连续的，这就是连续损伤力学的立足点。

(1) 损伤变量

在连续损伤力学中，所有的微缺陷被连续化，它们对材料的影响用一个或几个连续的内部场变量来表示，这种变量称为损伤变量。而且，为了能对这些损伤变量及其变化规律进行研究，所选取的损伤变量往往都是宏观可测量的变量或可测变量的函数，如有效承载面积的变化为

$$D=\frac{A-\widetilde{A}}{A} \tag{7-20}$$

和

$$D=\ln.\left[\frac{A}{\widetilde{A}}\right] \tag{7-21}$$

材料弹性模量的变化量为

$$D=1-\frac{\widetilde{E}}{E} \tag{7-22}$$

式中:D为损伤变量;A和E分别为初始材料的承载面积和弹性模量;$\widetilde{A}$和$\widetilde{E}$分别为损伤为D时材料的有效承载面积和实际弹性模量。因此,连续损伤力学是服务于工程应用,来自于试验研究的学科。

(2) 损伤演化方程

连续损伤力学中最关键的是研究损伤变量随载荷循环或时间的变化规律,这种变化规律称为损伤演化方程。有了损伤演化方程就可以以损伤为桥梁,建立载荷参数与寿命(载荷循环或时间)之间的关系式,从而建立寿命预测模型。以下是几种简单、常用的损伤演化方程。

① Kachanov 损伤模型(一维蠕变损伤模型):

$$\frac{\mathrm{d}D}{\mathrm{d}N}=C'\left(\frac{\sigma}{1-D}\right)^{\nu} \tag{7-23}$$

式中:σ为应力;C'、ν为材料常数;D为寿命为N时材料的损伤度;N为循环寿命。失效的标准为$D=1$或$D=D_c$,D_c为失效界限值。

② Mazars 损伤模型(一维脆塑性损伤模型):

$$D=\begin{cases}0 & (0\leqslant\varepsilon\leqslant\varepsilon_c)\\ 1-\dfrac{\varepsilon_c(1-A_T)}{\varepsilon}-\dfrac{A_T}{\exp[B_T(\varepsilon-\varepsilon_c)]} & (\varepsilon\geqslant\varepsilon_c)\end{cases} \tag{7-24}$$

式中:A_T、B_T为材料常数,下标 T 表示拉伸;ε_c为损伤开始时材料的应变;ε为损伤为D时材料的应变。脆塑性损伤模型适用于诸如岩石、混凝土、陶瓷、石膏、某些脆性或准脆性金属材料。

由于疲劳问题的复杂性,疲劳损伤演化方程很多。在考虑应力幅影响的情况下,一种常用的损伤演化方程为

$$\frac{\mathrm{d}D}{\mathrm{d}N}=\left[\frac{\Delta\sigma}{2B(1-D)}\right]^{\beta}(1-D)^{-\gamma} \tag{7-25}$$

式中:B、β、γ是与温度有关的材料常数,而B还依赖于平均应力,$B=B(T,\overline{\sigma})$。该模型适用于高循环疲劳。

③ Chaboche 疲劳损伤演化方程:

$$\frac{\mathrm{d}D}{\mathrm{d}N}=\left[\frac{\Delta\sigma}{M(1-D)}\right]^{\beta}[1-(1-D)^{1+\beta}]^{\alpha} \tag{7-26}$$

式中:α、β、M是与温度有关的材料常数,$\alpha=\alpha(T,\overline{\sigma})$,$M=M(T,\overline{\sigma})$。该模型适用于高循环疲劳。

(3) 低循环疲劳损伤演化方程

由于所研究的热疲劳问题,特别是在加速热疲劳试验台架上得到的低寿命热疲劳都属于低循环疲劳,即应变疲劳,因此它的损伤自然会与塑性应变范围及每循环迟滞回线所包围的破坏能有密切的关系。这一观点已经体现在低循环疲劳寿命预测的能量法及精度较高的蠕变、热疲劳耦合寿命计算预测的"应变能划分法"等方法之中。应变能划分法也是一种总体线形损

伤演化方程，其表达式为

$$\frac{1}{N_{\mathrm{f}}}=\sum_{i,j=\mathrm{p,c}}\frac{(\Delta\omega_{ij}/\Delta\omega_{\mathrm{in}})^{\beta_{ij}}}{N'_{ij}} \tag{7-27}$$

式中：下标 p，c 分别表示塑性和蠕变。N'_{ij} 为在总塑性应变条件下，各种标准应变循环的寿命，标准应变循环寿命分为四种：（Ⅰ）拉伸塑性－压缩塑性 N'_{pp}；（Ⅱ）拉伸塑性－压缩蠕变 N'_{pc}；（Ⅲ）拉伸蠕变－压缩塑性 N'_{cp}；（Ⅳ）拉伸蠕变－压缩蠕变 N'_{cc}。对于这四种应变循环的寿命，可通过相应应变范围条件下的疲劳试验获得。指数 β_{ij} 为根据试验确定的调整指数参数。$\Delta\omega_{\mathrm{in}}$ 为每循环迟滞回线所包围的总破坏能。$\Delta\omega_{ij}$ 为按标准应变循环划分实际循环的迟滞回线得到的各标准循环对应的破坏能。

借助于上述“循环破坏能直接影响着热疲劳损伤的发展”的观点，如果令式（7－23）中的 $\nu=2$，并用更能反映低循环疲劳及热疲劳的每循环破坏能代替 σ^2（因为破坏能近似与 σ^2 成正比关系），则得到可用于低循环疲劳及蠕变影响下热疲劳问题的损伤演化方程：

$$\frac{\mathrm{d}D}{\mathrm{d}N}=\alpha'\frac{\Delta\omega}{(1-D)^2} \tag{7-28}$$

式中：α' 为材料常数；$\Delta\omega$ 反映应力应变迟滞回线所围的面积（破坏能）的大小。显然，该模型能体现低循环疲劳及热疲劳损伤的主要影响规律，又相对简单，易于进行进一步试验寿命趋势模型的推导。该损伤演化方程的合理性、适用性将在下面的试验数据的整理、应用中得以证实。

2. 试验疲劳寿命与实际使用寿命关系预测

(1) 热疲劳试验

试验研究是在高频电磁感应加热的“内燃机受热件加速热疲劳试验台架”上进行的。试件是材料为铸铁的 S195 内燃机缸盖。在尽可能模拟受热件的冷却条件、温度场分布规律及环境条件的情况下，进行了缸盖的热疲劳寿命试验。为了模拟缸盖的约束状况，借助于冷却介质的导流装置，给试验缸盖施加了相应的预紧力。在为保证缸盖温度场与实测温度场基本一致而设计的感应加热线圈及冷却方案、冷却气流分配、缸盖与加热器间的位置基本不变的条件下，试验载荷的调节主要是调节阳极电压。阳极电压的大小直接影响着加热时间 t（速度）及加载时受热件表面法向温度梯度值 $\partial T/\partial z$。试验的目的是研究试验寿命的“概率－载荷－寿命”曲线（曲面）。但要较好地总结出该曲面，载荷点至少应有 7 个点（变化趋势分析要求），每个载荷点要进行 10 个试件以上的疲劳试验（较精确总结寿命分布规律要求），应进行相同控制条件下 100 件左右的疲劳试验研究。为了节省时间和经费，并尽可能保证研究结果的实用价值，采用下述方法安排试验并进行研究总结：

① 结合连续损伤力学及热强度、热疲劳研究的成果，推导出寿命变化趋势的关系式，通过各载荷点的试验结果拟合关系式中的未知参数。

② 针对短寿命、高载荷（阳极电压高）的载荷点，进行大量试验（10 件以上），总结出该点的寿命分布规律后，根据分布规律的特点及工程应用的要求，进行整个研究曲面上分布状况的

计算拟合。

③ 随着载荷的降低、寿命的延长,可逐渐减少试件数。

试验以缸盖火力面出现 1～3 mm 的可视裂纹为试验终止条件。试验结果显示,裂纹位置均在涡流室镶块与进排门之间、热负荷最高的三角地带。

寿命变化规律可以根据不同的需求进行整理。下面分别从台架参数(阳极电压)和使用参数(加热温度和加热时间)两个角度进行规律总结。

(2) 用阳极电压表示的受热件寿命趋势模型

在其他条件不变,只改变高频感应加热的阳极电压,在受热件内的感应加热量 q_0 近似满足下式(为简化预测模型,只取主要影响项):

$$q_0 \propto V^2 \tag{7-29}$$

根据上述对电磁感应加热特点的研究结果,当加热温度远小于铁磁性材料居里点温度时,具有加热层薄(约 0.1 mm),热生成率集中、稳定的特点,可以将其简化为表面恒热流 q_F 边界条件。同样,可假设在易出现裂纹处的表面恒热流 q_F 与感应加热量 q_0 成正比,则

$$q_F = k \times \partial T / \partial z \propto q_0 \propto V^2 \tag{7-30}$$

式中:k 为试验零件导热系数;$\partial T / \partial z$ 为零件表面法向 z 的温度梯度值。

易出现裂纹的地方,一般是温度及零件表面法向温度梯度值最大的地方。这里的热流、热应力状态与准稳态状态下,半无限物体加热及由此产生的热应力相似。如果假设材料的热物理特性与温度无关,则零件表面 $z=0$ 处的应力为

$$\left.\begin{aligned} &\sigma_z = 0 \\ &\sigma_x = \sigma_y = -\frac{E\alpha[T(z,\tau) - T_0]_{z=0}}{1-\nu} = -\frac{Ek\dfrac{\partial T}{\partial z}}{1-\nu} \propto \frac{\partial T}{\partial z} \propto V^2 \end{aligned}\right\} \tag{7-31}$$

式中:E 为材料的弹性模量;ν 为泊松比;τ 为时间。考虑到上述假设的近似性,可假设零件表面的等效应力的幅值 $\Delta\sigma$(反映载荷水平)与阳极电压 V 存在如下关系式:

$$\Delta\sigma = CV^b \tag{7-32}$$

式中:C、b 为模型参数,b 应为一接近于 2 的参数。并假设:

① 不考虑材料的循环软硬化问题。缸盖试验寿命很低,属于低循环热疲劳。

② 材料损伤的变化率(损伤发展方程)与应力应变迟滞回线所围的面积(破坏能 $\Delta\omega$)成正比。

③ 零件低循环热疲劳损伤演化方程如式(7-28)所示。

对高温条件下的弹塑性问题,一般用总应变代替稳定性差的塑性应变,并可用下式反映破坏能的大小:

$$\Delta\omega \propto \Delta\sigma\Delta\varepsilon \tag{7-33}$$

式中:$\Delta\sigma$ 和 $\Delta\varepsilon$ 分别为应力与总应变范围的大小(这里的应力、应变为等效值)。总应变 $\Delta\varepsilon$ 可

由下式表示：

$$\Delta\varepsilon = \Delta\varepsilon_e + \Delta\varepsilon_p = \frac{\Delta\sigma}{E} + 2\left(\frac{\Delta\sigma}{2K}\right)^{\frac{1}{n}} \tag{7-34}$$

式中：$\Delta\varepsilon_e$ 和 $\Delta\varepsilon_p$ 分别为弹性及塑性应变范围；K 为材料强度系数；n 为材料应变硬化指数。将式(7-32)、式(7-33)、式(7-34)代入式(7-28)可得

$$\frac{\mathrm{d}D}{\mathrm{d}N} = \frac{\alpha'}{(1-D)^2}\left[\frac{C^2}{E}(V^b)^2 + \frac{2C^{\left(1+\frac{1}{n}\right)b}}{(2K)^{\frac{1}{n}}}(V^b)^{\left(1+\frac{1}{n}\right)}\right] \tag{7-35}$$

将式(7-35)在损伤区间$[0, D_c]$上积分，D_c为试验终止条件下的损伤临界值。对载荷较大的加速低循环热疲劳问题，可以认为自第1循环已开始出现损伤，并在 $D=D_c$时，$N=N_f$。对同种零件、材料及同样的试验终止条件，D_c为常数。将积分结果合并常数项，可得如下基于实际受热件台架试验结果的寿命趋势预测模型：

$$N_f = \frac{\alpha}{(V^b)^2 + \beta(V^b)^{\left(1+\frac{1}{n}\right)}} \tag{7-36}$$

式中：$\alpha = \dfrac{E[1-(1-D_c)^3]}{3\alpha' C^2}$；$\beta = \dfrac{2EC^{\left(1+\frac{1}{n}\right)b-2}}{(2K)^{\frac{1}{n}}}$；$b$ 为模型常数。对缸盖所用铸铁材料，应变硬化指数 $n=0.2$。

(3) 寿命分布规律

为了研究寿命的分布规律，同时为了减少试验工作量，对寿命较短，载荷较大的阳极电压为7 kV 的载荷点，进行了14个受热件的热疲劳试验。由于试验结果具有非对称性，且具有明显的下限值（最短寿命），很容易证明，其结果的概率分布应该用较复杂的威布尔分布模型，其概率分布函数为

$$f(N_f) = \begin{cases} \dfrac{m}{\eta^m}(N_f - r)^{m-1}\exp\left[-\left(\dfrac{N_f - r}{\eta}\right)^m\right] & (N_f \geqslant r) \\ 0 & (N_f < r) \end{cases} \tag{7-37}$$

可靠度函数为

$$R(N_f) = \begin{cases} \exp\left[-\left(\dfrac{N_f - r}{\eta}\right)^m\right] & (N_f \geqslant r) \\ 1 & (N_f < r) \end{cases} \tag{7-38}$$

寿命平均值为

$$E(N_f) = r + \eta\Gamma\left(1 + \frac{1}{m}\right) \tag{7-39}$$

式中：m 为形状参数；η 为尺度参数；r 为位置参数；Γ 为伽马函数。r 即为该载荷点的最低寿命值（可靠度100%）。通过对阳极电压为7 kV 载荷点分布模型参数的计算预估，得分布模型参数如表7-2所列，平均寿命为 $E=70.8$ 循环，其可靠度曲线如图7-6所示。

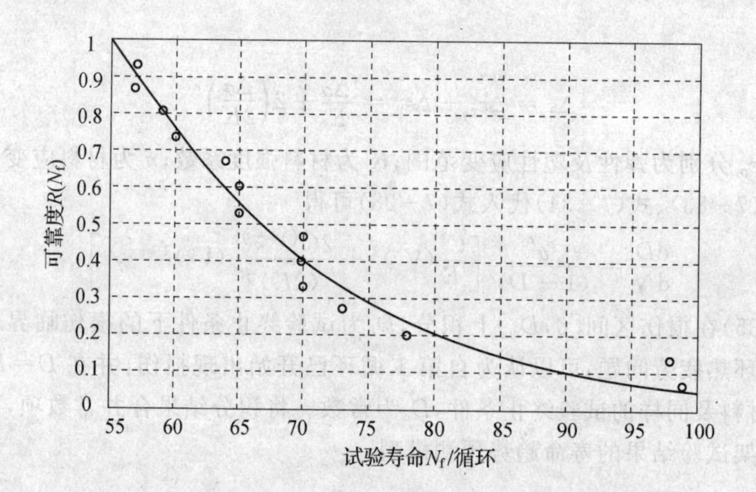

图 7-6 阳极电压为 7 kV 时,缸盖试验寿命的可靠度曲线

表 7-2 模型参数拟合结果

寿命分布模型参数			寿命趋势模型参数					
			平均寿命			安全寿命		
r	η	m	α	β	b	α	β	b
55.005	16.343	1.0862	4.9269×10^{5}	1.1199×10^{-6}	1.8686	6.1618×10^{5}	2.2107×10^{-8}	2.2406

(4) 概率-载荷-寿命曲线

仅根据上述两组模型还不足以产生该受热件试验寿命的概率-载荷-寿命曲线(曲面)。从工程应用的角度,更关心的是平均寿命及安全寿命(可靠性较高,如 99%、99.9%时的寿命)的寿命趋势曲线。许多试验结果的总结也是按这两条寿命曲线总结的。从实用的角度可以假设:

① 各载荷点的寿命分布均服从威布尔分布,并且分布的形状一样,即各载荷点的形状参数 m 均相同;

② 平均寿命及安全寿命的趋势预测曲线的形式一样,均具有式(7-36)所示的形式。

这两条曲线可以确定各载荷点的位置参数和寿命均值,可以完全确定受热件试验寿命的概率-载荷-寿命曲面。对于平均寿命趋势预测曲线,可根据各载荷点试验寿命的平均值及模型式(7-36)进行参数拟合。由于威布尔分布具有最低寿命值 r(可靠度 100%),对于安全寿命趋势预测曲线,可用模型式(7-36)通过 7 kV 载荷 $r=55.005$ 的点,作所有试验点的最低寿命曲线。因此,只要再找两个与均值曲线下偏差最大的点,即可近似计算出该曲线的参数值。对威布尔分布,当试验点较多时,下偏差最大的点可以作为最低寿命的估计值。这两条曲线参数的非线性曲线拟合及近似计算结果如表 7-2 所列,曲线如图 7-7 所示。

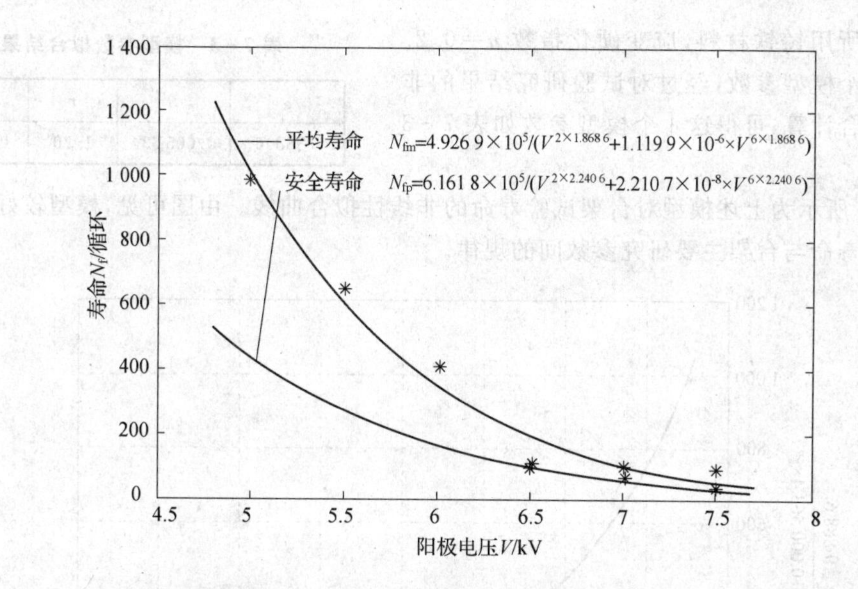

图 7－7　S195 缸盖试验平均寿命趋势预测曲线及安全寿命趋势的近似预估曲线

(5) 用使用参数表示的受热件寿命趋势模型

试验诸参数中对寿命影响最大、能与实际使用状况相结合的参数是加热时间 t 及加载时危险点温度变化幅值 ΔT。对热疲劳试验，这两个变量并不独立，在一定的条件下，都取决于阳极电压。

研究表明，试验过程中受热件表面的载荷水平可表示为(这里的应力、应变同样为等效值)

$$\Delta\sigma = C\frac{\Delta T^r}{t^\nu} \tag{7-40}$$

式中：C、r、ν 为模型参数。

同样，以式(7－28)作为热疲劳损伤演化方程，与 7.2 节一样进行推导可得：

$$\frac{\mathrm{d}D}{\mathrm{d}N} = \frac{\alpha'}{(1-D)^2}\left[\frac{C^2}{E}\left(\frac{\Delta T^r}{t^\nu}\right)^2 + \frac{2C^{\left(1+\frac{1}{n}\right)r}}{(2K)^{\frac{1}{n}}}\left(\frac{\Delta T^r}{t^\nu}\right)^{\left(1+\frac{1}{n}\right)}\right] \tag{7-41}$$

将式(7－41)在损伤区间$[0, D_c]$上积分，将积分结果合并常数项，可得如下基于实际受热件台架试验结果的寿命预测模型。模型中为了防止数量级差别太大造成拟合困难，将温差 ΔT 除以 100，而加热时间 t 缩小 10 倍。

$$N_f = \frac{\alpha}{\left[\frac{(\Delta T/100)^r}{(t/10)^\nu}\right]^2 + \beta\left[\frac{(\Delta T/100)^r}{(t/10)^\nu}\right]^{\left(1+\frac{1}{n}\right)}} \tag{7-42}$$

式中：$\alpha = \dfrac{E[1-(1-D_c)^3]}{3\alpha' C^2}$，$\beta = \dfrac{2EC^{\left(1+\frac{1}{n}\right)r-2}}{(2K)^{\frac{1}{n}}}$均为常数。

对缸盖所用铸铁材料，应变硬化指数 $n=0.2$。该模型有 4 个模型参数，经过对试验研究结果的非线性曲线拟合计算，可得这 4 个模型参数如表 7－3 所列。

表 7－3 模型参数拟合结果

α	β	r	ν
9 888.6	0.005 634	1.20	0.478

图 7－8 所示为上述模型对台架试验寿命的非线性拟合曲线。由图可见，模型较好地拟合了台架试验寿命与台架主要研究参数间的规律。

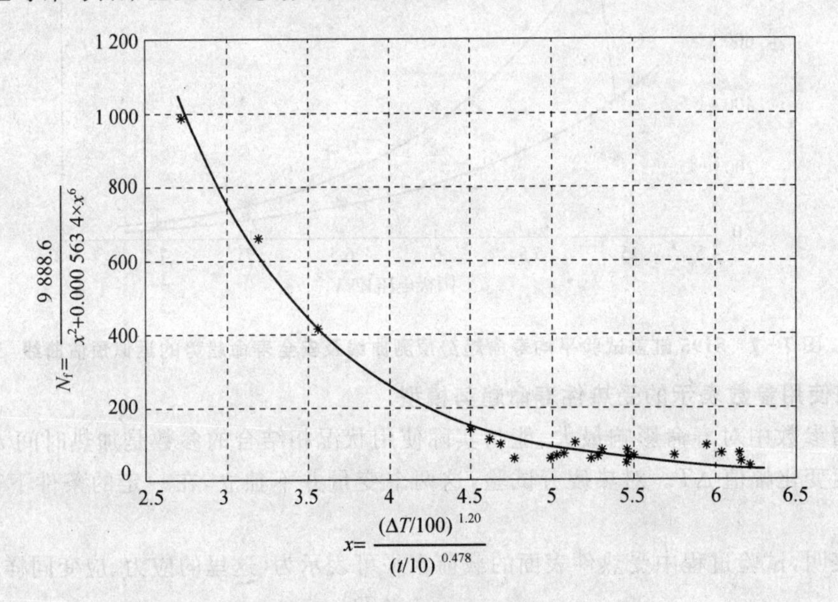

图 7－8 试验寿命拟合曲线

预测公式是基于对低循环热疲劳试验结果总结而得到的，因此，只适合进行低循环热疲劳为主的寿命预测。在实际应用中对其他因素可进行计算修正。

从内燃机热冲击试验（怠速—额定—怠速循环）对缸盖表面温度测量的结果表明，两工况的温差在危险点大约为 270 K，温度稳定时间约 150 s，但初期 70 s 为受热件表面温度急速变化段。那么，将 $\Delta T=270$ K；$t=70$ s 代入寿命预测公式（7－42）可得 $N_f=5\,732$ 循环。

3. 热疲劳试验寿命修正

研究表明，对机车用柴油机铸铁缸盖，在一定的试验规范下，高频感应加速热疲劳试验的 1 000 循环相当于同类因素影响下柴油机缸盖工作 50 000 h。对表 7－4 所列的 428 循环的平均寿命相当于同类因素影响下柴油机缸盖能工作 2.14 万小时。如果机车每年有 3/4 的时间在满负荷工作，那么缸盖平均能工作约 3.26 年。由于机车内燃机几乎属于持久工作的动力，其蠕变影响不容忽视，需要进行计算修正。下面介绍一种热疲劳试验寿命的蠕变修正方法。

表 7－4　缸盖加速热疲劳试验结果

序　号	缸盖号	寿命/循环	停机次数
1	83623	255	5
2	91811	488	5
3	95537	540	7
试验寿命均值：$N_f=428$ 循环		试验寿命方差：$\sigma=72$ 循环	
时间寿命：$t_{f0}=2.14\times10^4$ h		$t_f=3.26$ 年（年 3/4 时间满负荷工作）	

在高温下，影响内燃机受热件广义热疲劳寿命的两个主要因素是取决于循环的疲劳强度和取决于时间的蠕变持久强度。而实际受热件寿命的确定必须根据某种观点同时考虑这两种因素的影响。根据线性损伤累积原则，总损伤可表示为

$$\Phi = \Phi_c + \Phi_f \tag{7-43}$$

式中：

$$\Phi_c = \Delta\varepsilon_c / \Delta\varepsilon_{c0} \tag{7-44}$$

$$\Phi_f = N_{fx} / N_{f0} \tag{7-45}$$

由统计得知，货运机车柴油机启停平均循环时间约为 $\Delta t_0 = 3$ h，远远大于疲劳试验循环的保温时间(1 min)。因此，可不考虑疲劳试验的蠕变影响，认为疲劳试验的寿命为单纯热疲劳寿命。缸盖实际的纯循环疲劳寿命已由台架试验及上述评价标准确定为

$$N_{fo} = t_{f0} / \Delta t_0 \tag{7-46}$$

式中：$t_{f0}=2.14\times10^4$ h。

由于缸盖的时间寿命较长，其蠕变变形符合 α 蠕变规律。又由于缸盖鼻梁区的蠕变是在压缩应力下产生的，因此在相应温度下，该缸盖材料的蠕变应变增量应由压缩蠕变来计算：

$$\Delta\varepsilon_c = \alpha(\sigma/\sigma_{bc})^m \lg t_{fx} \tag{7-47}$$

式中：σ 为压缩应力；σ_{bc} 为材料压缩强度极限；α、m 为材料常数。

联立式(7－43)～(7－47)并迭代求解，即可得到在蠕变影响下的实际循环寿命 N_{fx} 或者时间寿命 $t_{fx}=N_{fx}\times\Delta t_0$。表 7－5 所列为在 350 ℃条件下，上述公式中有关参数及寿命的高温蠕变修正结果。

表 7－5　高温蠕变模型参数及寿命修正结果

序　号	名　称	符　号	值
1	材料蠕变断裂时的总蠕变应变/%	$\Delta\varepsilon_{c0}$	0.6
2	缸盖鼻梁区的压缩应力/MPa	σ	471
3	材料压缩强度极限/MPa	σ_{bc}	1000

续表 7-5

序 号	名 称	符 号	值
4	材料常数	m	4.3
5	材料 α 蠕变模型参数	α	0.01
6	不考虑蠕变时的时间寿命/h	t_{f0}	2.14×10^4
7	柴油机实际平均循环周期/h	Δt_0	3
8	不考虑蠕变时的循环寿命/循环	N_{f0}	7 133
9	高温蠕变修正后的循环寿命/循环	N_{fx}	5 159
10	高温蠕变修正后的时间寿命/h	t_{fx}	1.55×10^4
11	年 3/4 时间满负荷工作寿命/年	t_{yx}	2.36

第8章　内燃机摩擦磨损失效模式与诊断分析

8.1　摩擦的基本概念及影响因素

8.1.1　基本概念

两物体在外力的作用下发生相对运动时,其接触面间切向运动的阻力叫摩擦力,这种现象叫做摩擦。摩擦可按不同的方式分类。按摩擦副的运动形式分为滑动摩擦和滚动摩擦;按摩擦副的运动状态分为静摩擦和动摩擦;按表面润滑情况分为干摩擦、液体摩擦和混合摩擦等。

干摩擦是由摩擦副的两表面直接接触产生的。液体摩擦是摩擦副内充有润滑液体(润滑膜),它遵守液体润滑膜理论。混合摩擦是摩擦副介于干摩擦和液体摩擦的一种摩擦。内燃机中有许多摩擦副,如轴承与轴瓦、气缸与活塞环、凸轮与挺柱、齿轮传动等,在一定条件下都可能是混合摩擦。

相对于干摩擦,液体摩擦的特点是:①摩擦因数较低,μ 为 0.03～0.10;②磨损较小;③承载能力较大。

滚动摩擦一般比滑动摩擦小得多,但影响因素很多,也很复杂。滚动摩擦的起因可概括为微观滑移、弹性滞后、塑性变形和粘着效应。

(1) 微观滑移

微观滑移或是由于自动滚动的两物体表面材料弹性不同引起的彼此间滑移(雷诺滑移),或是由于两滚动体在接触区的几何形状与回转中心的距离不同在界面发生滑移。

(2) 弹性滞后

弹性滞后是滚动摩擦在理想的赫兹接触下,在接触区吸收一定的能量,在接触消除后由于松弛效应弹性变形能不能全部恢复,两者的差即为滚动摩擦损耗。由于滚动摩擦损耗与材料的阻尼性能和松弛性能有关,橡胶与塑料等非金属材料的阻尼性能为金属的 $10 \sim 10^4$ 倍,所以粘、弹性材料的损耗要比金属大,滚动摩擦阻力也要大得多。另外,低速滚动时,接触区的后缘,粘、弹性材料将得到复原,因而滚动阻力小;在高速滚动时,弹性滞后损失大,摩擦阻力也大。这也说明了滚动轴承在低速时摩擦因数低于径向滑动轴承,但在高速时摩擦因数可能超过滑动轴承的原因。

(3) 塑性变形

塑性变形是金属物体滚动接触时,若接触应力超过一定数值将产生塑性变形,但最大应力状态是在接触表面之下的某一点处。当赫兹应力为剪切屈服极限的 3 倍时，则首先在该点产生塑性变形。因此，即使实际的接触表面上一直承受弹性应力，也会引起明显的塑性能量消耗。另外，要考虑到表面材料经过塑性变形之后，由于冷作硬化的作用，它的屈服极限有所提高。以后虽再受滚压，塑性变形也会减小，在经过若干次后，就会处于稳定状态，塑性变形引起的摩擦阻力就不存在了。

(4) 粘着效应

粘着效应是两物体在滚动接触的界面出现粘结点，其粘结力在垂直于界面的方向(滑动接触的粘着效应，其粘结力是在界面的剪切方向)。滚动摩擦的粘结力一般只占摩擦力的一小部分。

8.1.2 库仑摩擦定律

库仑建立的摩擦定律已有 200 多年，其主要内容可归纳如下：

① 摩擦力的大小与接触面之间的法向载荷成正比，即

$$F_f = \mu F_n \quad 或 \quad \mu = F_f / F_n \tag{8-1}$$

式中：F_f为摩擦力；F_n为法向载荷；μ 为摩擦因数。

② 滑动摩擦力与名义接触面积无关。

③ 摩擦力(或摩擦因数)大小与相对滑动速度无关。

④ 静摩擦力大于动摩擦力。

以上四条古典摩擦定律是由试验得来的，故在一定程度上是成立的，但在近代科技的实践中也发现许多例外的事例，如对于某些很硬的(如钻石)和很软的(如聚四氟乙烯等)材料，其摩擦力与法向载荷之间呈非线性关系，即

$$F_f = CF_n^{\beta} \tag{8-2}$$

式中：C 为常数；β 为指数，$2/3<\beta<1$。

若固体表面有硬脆的边界膜，在边界膜被压溃的前后，其摩擦因数也不会是一样的。关于第②条，对有一定屈服点的金属等材料是适用的，对一般粗糙度的表面也基本正确，但对弹性和粘性材料，如橡胶、皮革，以及极光滑洁净的表面，如块规等，就不适用。这些材料的摩擦力与名义接触面积成正比，这是因为接触表面间的分子吸引力在起作用。关于第③条，实验证明，许多材料的摩擦因数与滑动速度有关。

出现不符的情况在于古典摩擦定律是在机器低速的背景下得出的。最后是关于静、动摩擦力问题。在一般情况下，摩擦表面开始滑动之后，摩擦因数是下降的。但对于粘性材料，这一条就不适用，况且静库仑摩擦因数的大小还与静止的停留时间有关，它本身也不是常数。

现在看来，库仑摩擦定律由于受到当时科学技术和生产水平的限制，而显得简单和粗糙些，但它在历史上确实起过重大的作用，且在当今仍是研究、分析摩擦的基础。

8.1.3　影响摩擦的因素

由于摩擦过程的复杂性，影响摩擦的因素众多，同一摩擦副在不同条件下，其摩擦因数可能相差很大，如钢对钢的摩擦因数可以在 0.05～0.8 的范围内变化。下面从表面氧化膜、材料性质、法向载荷、滑动速度以及温度等方面说明它们对摩擦的影响。

1. 表面氧化膜的影响

具有表面氧化膜的摩擦副，摩擦主要发生在膜层内。氧化膜起双重的作用：一方面，由于它硬度高，能保护下层免受机械相互作用，但它的厚度毕竟较薄，其保护作用是有限的；另一方面，也是它的主要作用是防止摩擦金属间有可能形成金属键粘着，因为金属键结合大约比分子间的范德华力大 30 倍。氧化膜的厚度对摩擦因数有很大影响，当氧化膜很薄时，摩擦因数随着膜厚增加而减小；随着膜厚的增加，摩擦因数可能增加也可能减小。

2. 材料性质的影响

摩擦因数随配对材料性质的不同而不同。通常认为，相同的金属或互溶性较大的材料间比较容易发生粘着现象，摩擦因数较大。但在实验中也有相反的事例，即没有互溶性的不同金属也可能产生强的粘着，而且在表面分离时，还可以从内聚力弱的金属往内聚力较强的金属上转移。

从晶体结构上看，面心立方和体心立方晶格的晶体具有很多的可能滑移面，六方结构的晶格具有最小可能的滑移面，具有这种晶格的金属，其摩擦因数较小而不易发生粘着，这是由于滑移受限制，塑性变形能力差而影响真实接触面积。从硬度方面看，粘着系数随硬度的增加而降低，摩擦因数也较低。以金刚石对金刚石摩擦为例，它在空气中的摩擦因数就较小，但有明显的方向性，沿硬的方向 $\mu=0.05$，沿软的方向 $\mu=0.15$，这是由于产生较大的接触面积并使犁沟分量增加。

某些固体具有层状或片状的晶体结构，如石墨和二硫化钼（MoS_2）的结构，它们都由许多片或许多层所组成，每层本身都结合得很强，但各层之间的结合却很弱，所以这些材料的抗压能力很强，而抗剪能力却很弱，摩擦因数也小，如石墨的摩擦因数为 $\mu\approx0.1\sim0.5$，二硫化钼约 $\mu\approx0.2$。但不是所有层状结构的固体摩擦因数都小，如二硫化钛（TiS_2）与云母虽也是层状结构，但它们都不是低摩阻材料。

3. 载荷对摩擦因数的影响

摩擦定律认为摩擦力与法向载荷成正比，也就是说摩擦因数与法向载荷无关。但实验表明，载荷对摩擦因数是有影响的。对金属，一般趋势是摩擦因数随法向载荷的增加而有所减小；而对非金属材料，摩擦因数随法向载荷的变化趋势则不同，如尼龙，开始时增大，以后又减小。

4. 滑动速度对摩擦因数的影响

实验证明,摩擦因数随滑动速度的改变而改变,但其趋势往往不尽相同,有的材料的摩擦因数随滑动速度与载荷的提高而减小,有的则随滑动速度的增加而增大,以后又减小。

5. 温度对摩擦因数的影响

大多数金属,如钢、铸铁、青铜的摩擦因数均随温度的上升而减小,但也有少数金属,如黄金,其摩擦因数却随温度的上升而增大。

6. 表面粗糙度的影响

实验证明,在塑性接触情况下,表面粗糙度对实际接触面积的影响不大,因而对摩擦因数的影响也不大。但对弹性或弹塑性接触的干摩擦,当表面粗糙度达到表面分子吸引力的有效作用范围时,表面粗糙度愈小,实际接触面积愈大,摩擦因数愈大。如果摩擦副之间有润滑介质时情况就不完全一样了。

内燃机中产生摩擦的地方很多,除了与运动零件接触的表面,还包括两紧固零件的接触表面。下面仅就内燃机中最主要的、最有代表性的活塞与活塞环、缸套之间的摩擦,以及轴承与轴瓦之间的摩擦及其影响因素进行简单介绍。

8.1.4 活塞与活塞环的摩擦

根据至今对各摩擦部件的摩擦测定,活塞与活塞环(主要是与缸套间)的摩擦是内燃机主要的摩擦损失源。图 8-1 所示为内燃机在全负荷时摩擦功分配及平均摩擦压力随转速变化的情况。活塞组即活塞与活塞环的摩擦损失占总机械损失的 50%左右。所以,改善活塞组的摩擦条件是提高机械效率的最有吸引力的方法。

1. 影响活塞组摩擦的因素

将滑动摩擦规律具体应用在内燃机的活塞组上,则与摩擦因数 μ 有关的影响参数包括:摩擦副材料,即活塞、活塞环及气缸套的材料;润滑状况(干摩擦、混合摩擦、液体摩擦);机油粘度、润滑处的机油温度、相互滑动零件的温度及机油数量。

与摩擦面接触有关的影响参数为:法向力(内燃机负荷、往复惯性力、活塞环的切向力),活塞销的质心位置,曲柄半径与连杆大小头中心距之比(r/L)以及活塞裙部面积。

与摩擦功有关的影响参数为:内燃机转速、冲程和气缸直径。

上述各有关影响参数对摩擦因数 μ 的影响,只是限于在液体润滑条件下提出的。但在内燃机中,要考虑到液体摩擦、混合摩擦和边界摩擦这三种可能的情况。很多试验与理论研究表明,活塞组的纯液体摩擦表达式只在活塞的高速运动范围内,而在上、下止点范围内并不适用,因而活塞组只有在高速运动范围内才能保证与气缸套的液体润滑,这时摩擦因数较小,而在上、下止点范围内,活塞组与气缸套处于混合摩擦状态,摩擦因数急剧增加,摩擦力和磨损显著

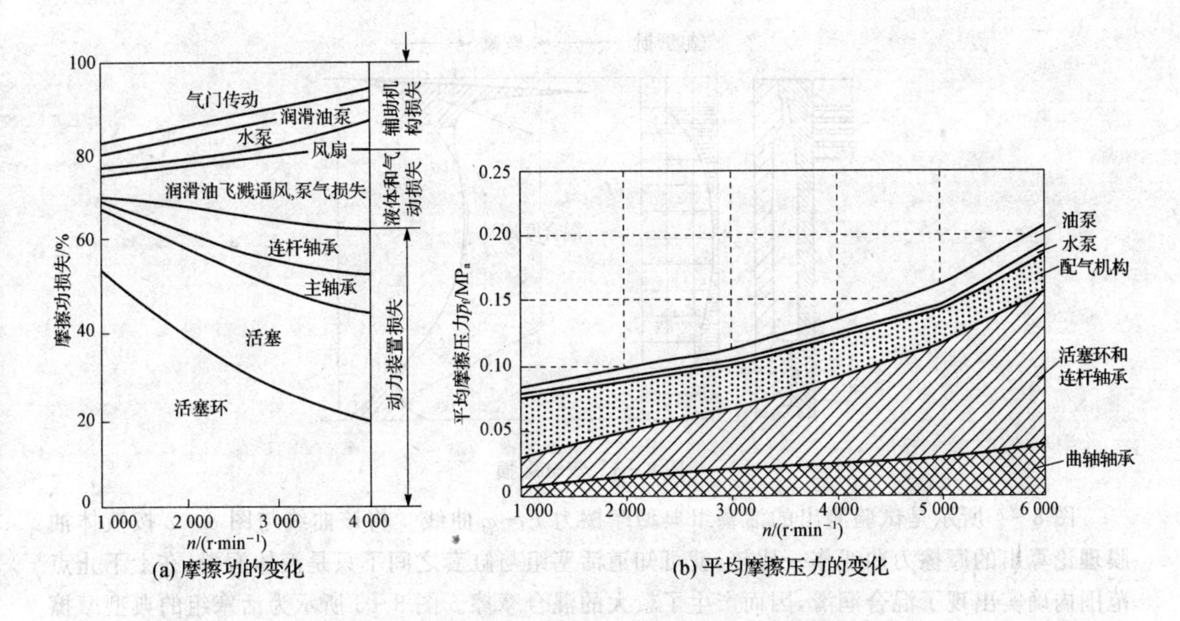

(a) 摩擦功的变化　　(b) 平均摩擦压力的变化

图 8-1　内燃机在全负荷时摩擦功分配及平均摩擦压力随转速的变化

增加，如图 8-2 和图 8-3 所示。由图 8-3 可知，活塞处于上止点范围内的第一活塞环平面内的缸套磨损和活塞处于下止点范围内的所有活塞环平面内的气缸磨损均趋于最大值。

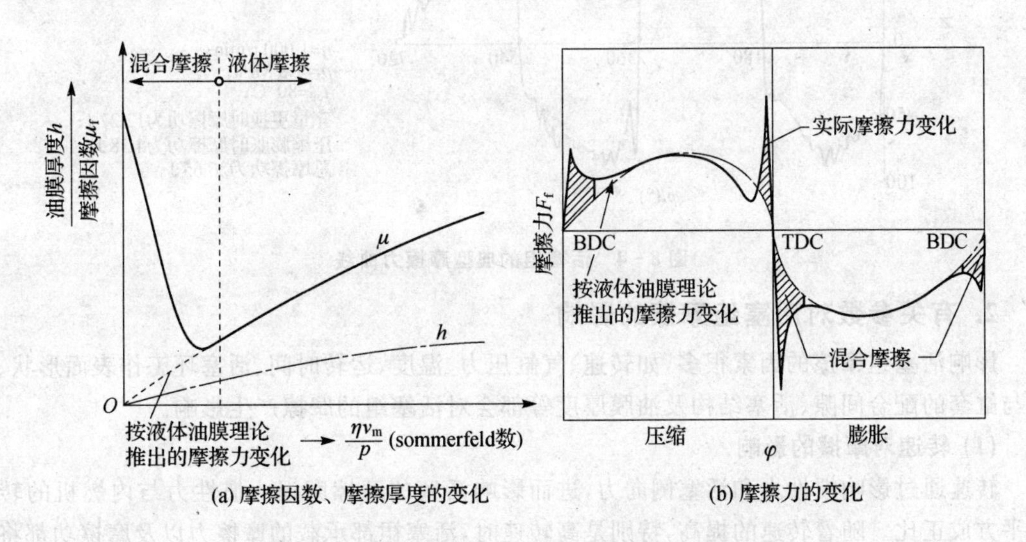

(a) 摩擦因数、摩擦厚度的变化　　(b) 摩擦力的变化

图 8-2　摩擦因数、摩擦力和润滑油膜厚度的变化

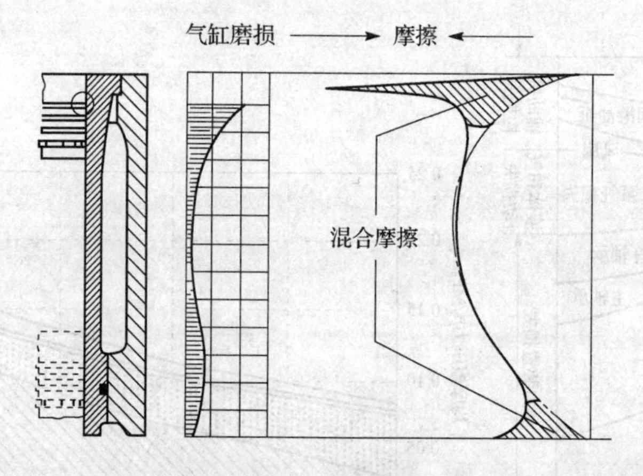

图 8-3 气缸磨损

图 8-4 所示是试验测出的活塞组典型摩擦力 F_f-φ 曲线。将该曲线与图 8-2 按液体油膜理论算出的摩擦力曲线作一比较，就可知道活塞组与缸套之间不只是液体润滑，在上下止点范围内确实出现了混合润滑，因而产生了较大的混合摩擦。图 8-5 所示为活塞组的典型摩擦功曲线。

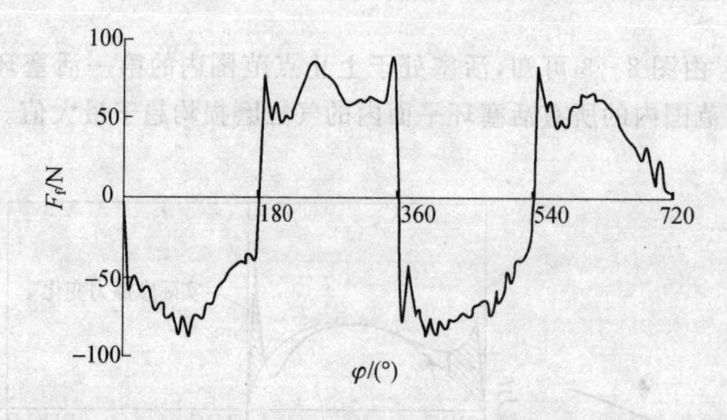

图 8-4 活塞组的典型摩擦力曲线

2. 有关参数对活塞组摩擦的影响

影响活塞组摩擦的因素很多，如转速、气缸压力、温度、运转时间、活塞环工作表面形状、活塞与缸套的配合间隙、活塞结构及油膜厚度等都会对活塞组的摩擦产生影响。

(1) 转速对摩擦的影响

转速通过影响惯性力和活塞侧向力，进而影响活塞的摩擦磨损。惯性力与内燃机的转速的平方成正比。随着转速的提高，特别是高转速时，活塞裙部承载的摩擦力以及摩擦功都将增加很快。

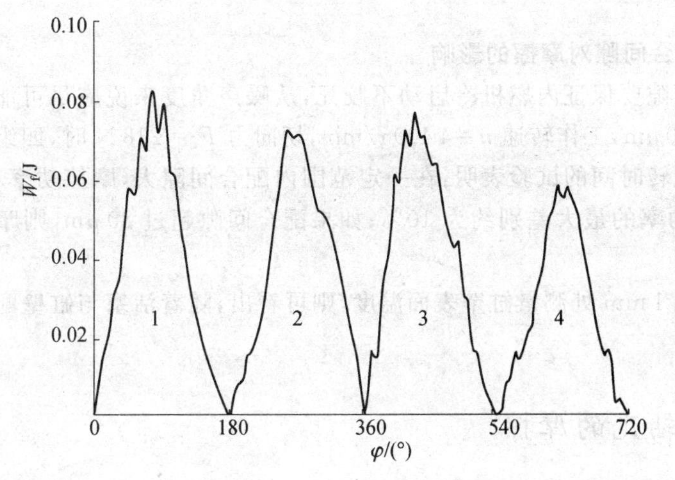

图 8－5　活塞组的典型摩擦功曲线

(2) 气缸压力对摩擦的影响

试验证实，气缸压力(或最大爆发压力)只对燃烧期间的摩擦力产生较大的影响，但由于该段持续时间较短，对活塞的摩擦损失功只有很微小的影响。

(3) 温度对摩擦的影响

温度对摩擦力的影响是通过润滑油的粘性表现出来的。在充分润滑的情况下，摩擦力总是随着温度的上升使润滑油的粘性下降而减小。需要指出的是，只有靠近工作侧的气缸壁温才能实际反映活塞组摩擦处的润滑油温度，在内燃机上通常测出的润滑油进出口温度不能作为润滑油温度的标志。由于气缸壁温的热惯性，温度变化要比润滑油泵出口温度的变化小得多。

在液体摩擦范围，润滑油动力粘度 η 对摩擦力的影响可近似为

$$F_f \sim \eta^{1/2} \tag{8-3}$$

其比摩擦功按 Bruchner 推荐为

$$W_f = W_{fo}(v_m/v_{mo})^{1/3} + K_p[(p_{zmax} - p_o)/p_o] \cdot (\eta/\eta_o)^{1/3} \tag{8-4}$$

式中：W_{fo}为对应活塞平均速度 v_{mo}、p_{zmax}、η_o时的基准比摩擦功。

(4) 活塞环工作表面形状对摩擦的影响

活塞环工作表面的形状可以概括分为小凸度($B_m < 10\ \mu$m)、中凸度($10\ \mu m < B_m < 20\ \mu$m)和大凸度($B_m > 20\ \mu$m)三种情况。试验证明，在液体摩擦范围小凸度环的摩擦力最大，运转 100 h 后的中凸度环的摩擦力最小，大凸度环的摩擦力处于中间状态。在混合摩擦范围(对第一活塞环)，摩擦力随凸度的增加而增加，混合摩擦范围也扩大。活塞环表面的凸起越大，速度效应越显著，在活塞高速运动的区域的油膜厚度会越厚，对降低摩擦损失有利。但是，在活塞速度为零的上下止点附近，由于其挤压效应弱，油膜厚度太薄，更趋近于干摩擦，容易产生熔着

磨损，甚至拉缸。

(5) 活塞与缸套的配合间隙对摩擦的影响

活塞与缸套的配合间隙要保证内燃机冷启动不咬死，从噪声角度来说应尽可能小。在对不同的配合间隙从 10～50 μm，工作转速 n=4 400 r/min，切向力 F_t=218 N 时，四组不同配合间隙的活塞摩擦功率随运转时间的试验表明：在一定范围内配合间隙大，摩擦功率小，配合间隙小，摩擦功率大；摩擦功率的最大差别约为 10%；如果配合间隙超过 80 μm，则摩擦功率又增大。

如果在离缸壁压力侧 1 mm 处测量缸壁表面温度，则可看出，随着活塞与缸壁配合间隙减小，缸壁温度也将增高。

8.1.5 轴承与轴瓦的摩擦

按照液体润滑理论，可以计算滑动轴承不稳定负载下的轴承轨迹，借此也可计算滑动轴承的摩擦损失和选择合适的结构参数(如轴承宽度、轴承直径、轴承间隙等)来减小摩擦。一般的，随着轴承负荷的增加，摩擦减小(在轴承负载许可范围内)；轴承相对间隙一定时，轴承直径增大，摩擦力也增大；润滑油膜温度升高，摩擦力减小(在温度许可范围内)；轴承相对间隙增大，摩擦力减小；轴承宽度增大，摩擦力增大(在承载能力范围内)。

8.2 内燃机的磨损失效模式及影响原因

磨损是由于机械等作用而造成的物体表面材料的逐渐损耗。

按磨损的破坏机理分，内燃机的磨损失效模式主要有五种：粘着磨损、磨粒磨损、腐蚀磨损、微动磨损和疲劳磨损。

除了上述五种主要磨损失效模式外，还有其他一些磨损失效，例如冲蚀磨损、热磨损等。冲蚀磨损是指流体束冲击固体表面而造成的磨损，它包括颗粒流束冲蚀、流体冲蚀、氧蚀和电火花冲蚀。热磨损是指在摩擦时，由于摩擦区温度升高使金属组织软化而使表面“涂抹”转移和摩擦表面微粒的脱落。下面就五种主要的磨损失效模式及其转换进行讨论和分析。

1. 粘着磨损

当一对摩擦副的两个摩擦表面的微凸体端部相互接触时，即使法向负荷很小，但因为凸起端部实际接触的面积很小，所以接触应力很大。如果接触应力大到足以使凸起端部的材料发生塑性变形，而且接触表面非常干净(无油表面，表面污染膜也失效)，彼此又具有很好的适应性，那么在摩擦界面上很可能形成粘着点。在摩擦表面发生相对滑动时，粘着点在剪应力作用下发生了塑性变形剪切，使材料从一个表面迁移到另一个表面。通常，金属的这种迁移是由较软的摩擦面迁移到较硬的摩擦面上。摩擦使表面温度升高，严重时表面金属会软化或熔化。

金相检验发现,迁移的金属往往呈颗粒状粘附在表面。这是由于反复的滑动摩擦使粘着点扩大,并在剪切力作用下,使粘着点后跟部开裂,形成磨粒而脱离粘着面,这就是粘着磨损。

按损伤程度不同,粘着磨损可以分为以下五类:

① 轻微磨损。结点断裂发生于结点表面,表面转移的材料较轻微,粘着结合强度比摩擦副的两基本金属抗剪强度都弱。

② 涂抹。结点断裂发生于离粘着结合面不远的较软金属表面上,软金属涂抹在硬金属表面上,粘着结合强度大于较软金属的抗剪强度,但小于较硬金属的抗剪强度。

③ 擦伤。结点断裂发生于金属次表面,转移到硬金属上的粘着物又使软表面出现细而浅的划痕,有时硬金属表面也有划伤,粘着结合强度比两基本金属的抗剪强度都高。

④ 胶合。结点断裂发生于金属较深处,表面呈现宽而深的划痕,粘着结合强度比两基本金属的抗剪强度都高,切应力高于粘着结合强度。

⑤ 咬死。粘着面积大,切应力低于粘着结合强度。粘着结合强度比两基本金属的抗剪强度都高。

粘着磨损常常也根据磨损程度简化成两种形式:一是没有明显的粘着现象,称为氧化型磨损,由于磨损小,又称为轻微磨损;另一是有明显的粘着现象,摩擦界面出现金属和金属的接触,故称金属型磨损,由于磨损大,又称为严重磨损。

通常,磨损开始时或磨合时为金属型磨损,在平衡磨损或稳态磨损时为氧化型磨损。气缸套、活塞环正常磨损可归此类。有时当负载和速度在很大的范围内变化时,磨损形式可由氧化型转变为金属型,再由金属型变为氧化型。拉缸可看成是粘着磨损严重发展的结果,它是在滑动摩擦面间形成局部焊合而导致表面大量的损伤。这时,摩擦因数急剧上升,摩擦界面温度急剧升高,在滑动摩擦方向形成狭窄的条带或沟槽。

影响粘着磨损过程的主要因素是磨粒和摩擦面材料的性质及环境影响。从工程应用的角度来看,影响粘着磨损的主要因素如下:

(1) 摩擦表面的粗糙度

摩擦表面粗糙度愈小,愈可能发生表面的粘着,促使粘着磨损的发生和发展。因此,应当尽量使摩擦面有吸附物质,如氧化物和润滑剂。甚至还可以根据摩擦副的工作条件,在润滑剂中加入适当的添加剂。

(2) 摩擦表面的成分和组织

摩擦副材料形成固溶体或金属间化合物的倾向直接与粘着磨损有关。通常,一对摩擦副的材料应当是形成固溶体倾向最小的两种材料。要满足这个要求,应当选用不同的晶体结构材料,最好选用密排六方晶体结构材料,或者同时要求摩擦副表面易于形成金属间化合物,因为金属间化合物具有良好的抗粘着磨损性能。如果不能满足以上要求,可以在磨损表面覆盖铅、锡、银、铟等软金属或合金,或者铅、锡、铜、铝分别组成合金和黑色金属组成摩擦副,这些都是行之有效的抗粘着磨损的材料。

其他的影响因素还有滑动速度、工作温度、承载大小和润滑油粘度等。

2. 磨粒磨损

磨粒磨损是由于一个个表面硬的凸起和另一表面接触，或者在两个摩擦面之间存在着硬的颗粒，或者出现外来颗粒，且其尺寸大于润滑油膜最小厚度，在发生相对运动后，使两个表面或其中一个表面的材料发生位移（如塑性变形、断裂）而引起的。

目前，关于材料磨屑如何从金属表面产生和脱落尚不清楚。研究人员借助电子显微镜、离子显微镜、X 射线衍射仪、能谱仪、波谱仪、铁谱仪及光谱仪等先进仪器进行研究分析，主要提出以下三种磨料磨损机理：

① 微观切削磨损机理。对于塑性材料，材料摩擦面之间有高硬度、尖磨粒（三体磨损），当尖磨粒受力并相对移动时，会在塑性材料表面产生切削现象。

② 疲劳磨损机理。该机理适用于塑性材料、圆磨粒，是前苏联学者克拉盖尔斯基在不同塑性材料配对的情况下，用圆磨粒进行磨损试验的基础上提出来的，但缺乏足够多的试验证据。

③ 微观断裂磨损机理。适用于脆性材料。对脆性材料，微凸体压痕四周的挤出材料将由于材料的脆性而发生剥落。

3. 腐蚀磨损

摩擦时，材料与周围介质发生化学或电化学作用的磨损常称为腐蚀磨损。当摩擦副在一定的环境中发生摩擦时，摩擦面便与环境介质发生反应并形成反应产物，这些反应产物将影响滑动或滚动过程中表面的摩擦特性。活性或腐蚀性介质与摩擦面反应后，产生的腐蚀产物和表面结合性能一般都较差，进一步摩擦后，这些腐蚀产物就会被磨去。可以认为：腐蚀磨损时摩擦表面的破坏是由于同时发生了两个过程，即腐蚀和机械磨损。而整个腐蚀磨损的机制可以认为是由两个固体摩擦表面与环境的交互作用引起的，这种交互作用是循环的和逐步的。在第 1 阶段是两个摩擦表面与环境发生反应，反应结果是在两个摩擦表面上形成反应产物；在第 2 阶段是两个摩擦表面在相互接触过程中，由于反应产物被摩擦后形成裂纹，结果反应产物就被磨去。一旦反应产物被磨去，就暴露了未反应的表面，继而又开始了腐蚀磨损的第 1 阶段。

影响腐蚀磨损的因素主要是摩擦面材料的耐蚀性、工作环境及温度。

氧化腐蚀磨损是腐蚀磨损的另一种形式。氧与金属表面发生反应生成的氧化膜起到固体润滑剂的作用，可减小摩擦因数，防止摩擦面咬合。但如在表面形成过量的氧化物，则属于氧化腐蚀磨损。影响氧化磨损的因素有滑动速度、接触载荷、氧化膜的硬度、介质的含氧量、润滑条件及材料性能等。氧化腐蚀磨损一般较轻微。

当载荷超过某一临界值，磨损量随载荷的增大而急剧增加，磨损类型可能由氧化磨损转化为粘着磨损。

为了减少摩擦,广泛采用了润滑油。采用润滑油还可以防止金属表面腐蚀,但是如果油中含水,润滑油就会逐渐变质失效,有时甚至对表面腐蚀得更厉害。如果在润滑油中加入过量的耐压添加剂也会引起摩擦界面的腐蚀。

腐蚀磨损是一种重要的磨损形式。在很多情况下,应当尽量减少腐蚀磨损的发生。但是,腐蚀磨损并不完全是有害的,在某些情况下,如当腐蚀磨损能限制其他磨损(如粘着磨损)时,这种腐蚀磨损是需要的(当然应在许可范围内)。

4. 微动磨损

当两个摩擦表面经受相对往复切向振动时(振幅很小,一般在 1mm 以下),由于振动或循环应力的作用产生"滑移"而导致的磨损,称为微动磨损。如果在微动磨损过程中,两个表面之间的化学反应起主要作用时,则可称为微动腐蚀磨损。

通常在静配合的轴与孔表面,某些片式摩擦离合器内外摩擦片的接合面上,以及一些受振动影响的连接件(花键、销、螺钉)的接合面上等,都可能出现微动磨损。

微动磨损的发生过程可描述如下:接触压力使摩擦副表面的凸起发生塑性变形和粘着。小幅振动使粘着点剪切脱落,露出基体金属表面,这些脱落颗粒及新表面又与大气中的氧反应,形成以 Fe_2O_3 为主的呈红褐色氧化物的磨屑,如有润滑油则成为红褐色胶体,不易排出,在摩擦面起着磨粒磨损的作用,如此循环往复。若振动应力很大时,微动磨损处能形成表面应力源,由微动裂纹导致完全的破坏。因此,微动磨损的主要特征是摩擦表面存在着大量磨损产物——磨屑,而且磨屑是由大量氧化物组成。例如,铁微动磨损的标志是摩擦表面的痘斑内有大量棕红色的金属氧化物细粉末。

在微动腐蚀磨损时将显著地使表面层质量变坏,如表面粗糙,表面层内出现微观裂纹等,从而使零件的疲劳强度降低。

相互接触作用的机械参数,接触材料的性质,外界介质的成分(气体或液体)等是影响微动腐蚀磨损的主要因素。

5. 表面疲劳磨损

从摩擦学角度,表面疲劳磨损是指在摩擦时表面在周期性的载荷作用下使接触区产生很大的应力和变形,并形成裂纹而破坏的现象。疲劳裂纹一般是在固体有缺陷的地方最先出现。这些缺陷可能是机械加工时的毛病(如擦伤)或材料在冶炼过程中造成的缺陷(如气孔、夹杂物等)。裂纹还可在金属相之间和晶界之间形成。

通常在内燃机的凸轮-挺柱、齿轮副、滚动轴承及火车轮箍与钢轨等零件上比较容易出现疲劳磨损。

表面疲劳磨损可以分为以下两类:

(1) 非扩展性的表面疲劳磨损

某些新的摩擦表面,由于接触点少,其单位面积上的压强较大,可能产生小麻点。随着接触面的扩大,单位面积的实际压力减小,小麻点停止扩展。特别是塑性较好的金属表面,因为加工硬化提高了表面强度,使小麻点不能继续扩展,机器可继续正常工作。

(2) 扩展性的表面疲劳磨损

若作用在两接触面上的交变压应力较大以及由于材料选择和润滑不当,在跑合阶段就产生小麻点。有的在稍长时间内,有的在较短时间内就使小麻点发展为痘斑状凹坑,导致机件迅速失效。

8.3 内燃机主要零部件的磨损与诊断分析

8.3.1 轴承磨损失效分析

当装配、运转和润滑条件都满足时,轴承寿命主要取决于它的抗疲劳性、表面作用力、抗腐蚀和抗磨特性。至于运转条件,不同使用场合可以用不同的轴承寿命(小时)来表示,一般近似地作如下分类:

轿车用内燃机　　2 000~3 000 h;
商用车辆内燃机　3 000~4 000 h;
拖拉机内燃机　　3 000~4 000 h;
铁路机车内燃机　10 000~15 000 h;
船用内燃机　　　10 000~15 000 h;
陆用内燃机(如柴油发电机)　15 000~25 000 h。

这些数据并不一定是上限,有时往往由于下述的一个或几个原因而使内燃机轴承发生过早的损坏:

① 在高周期性负荷下引起轴承金属疲劳。
② 外来颗粒的大量嵌入。
③ 轴承金属的硬度过高或不足。
④ 轴承金属被润滑油腐蚀。
⑤ 轴承金属与其钢背之间粘结力不足。
⑥ 装配错误。
⑦ 其他(例如使用不正常、结构缺陷、挤压等)。

长期以来,轴承损坏一般归纳为 3 个原因:

① 轴承材料质量差;
② 轴承金属与其钢背的结合力差;
③ 机油品质低劣。

其中，第 3 个原因影响最大。许多分析和检查表明，各种有机的和金属的杂质都是损坏轴承的主要有害物，因此对新装好的内燃机，特别要注意机油过滤和保持清洁。

表 8-1 列出轴承损坏主要原因的统计值。下面再来进一步分析轴承损坏的各种原因。

表 8-1　轴承损坏的主要原因

损坏原因	灰尘	装配不当	定位不当	润滑不足	超负荷	其他(包括腐蚀)
损坏百分数/%	44.9	13.4	12.7	10.8	9.5	8.7

1. 疲劳失效

轴承材料因疲劳造成的损坏通常是由于在过大的周期性载荷作用下工作的结果。失效首先是在轴瓦承载表面出现细小裂纹，随着时间的增长，这些裂纹在数量、大小和深度上不断增加，直至扩展到轴承背部，最后是部分合金层呈卵石状(巴氏合金)(见图 8-6)、树皮状(三层铅青铜合金)(见图 8-7)破碎或裂纹扩大直至合金层剥落(见图 8-8)。

引起轴承疲劳失效的直接原因很多，主要包括：

① 应力超过材料疲劳强度。

② 承受额外冲击载荷，如轴颈与轴承配合间隙过大。

③ 轴瓦质量差，如合金层过厚，在交变载荷下变形大，产生的疲劳倾向大，或合金层与钢背结合不牢。

④ 轴承弯曲而产生塑性变形导致负荷应力转移，或由于轴承涂层及其衬层材料的不同引起的热应力。

⑤ 润滑油膜不连续。油膜内的负压会造成穴蚀现象。油膜的破坏会引起较大的压力梯度，造成摩擦层内部过大的剪应力。润滑液体不连续造成温度的波动也会引起附加疲劳应力。

图 8-6　巴氏合金轴瓦疲劳

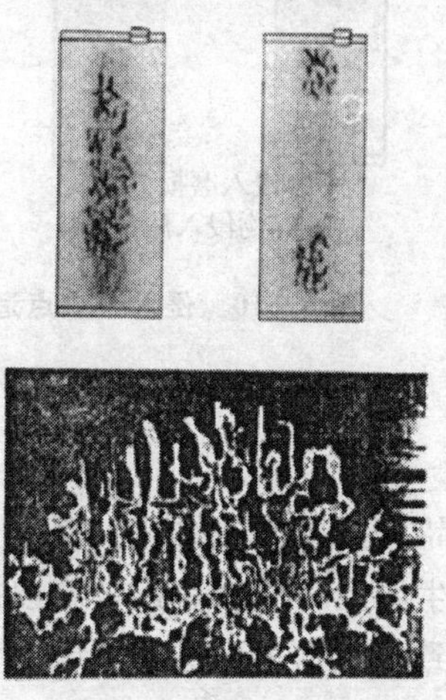

图 8-7　三层铅青铜合金轴瓦疲劳及放大图

图 8-8　铝基轴瓦疲劳

2. 外来颗粒的嵌入

金属的和无机的硬颗粒往往会出现在机油中，这些颗粒可能来自于未充分清洗的、新的或修复的内燃机中，也可能来自不可避免的内燃机磨损磨粒（特别是在磨合期）、疲劳剥落的颗粒，还可能来自内燃机中所有与大气相通的通道中的空气中。这些颗粒随润滑油循环，能渗入轴承间隙内，在油压的作用下，它们会嵌入软金属（表面合金层）或刮伤硬金属（铜铅合金层等），或是上述两种情况同时存在；也可能由于装配时不仔细使外来颗粒进入轴承钢背和轴承盖之间。

大颗粒嵌入轴承内往往引起轴承金属环绕颗粒接触点的移动，因此在摩擦时会形成热点，引起局部疲劳，如图 8－9 所示。这种情况同样发生在大颗粒进入轴承钢背和轴承盖之间，如图 8－10 所示。

小的和中等颗粒嵌入轴瓦内的数量要比大颗粒多，它能改变轴承表面状态，降低流体动力润滑的安全界限。另外，硬颗粒的嵌入也会加速轴承的磨损，如图 8－11 所示。

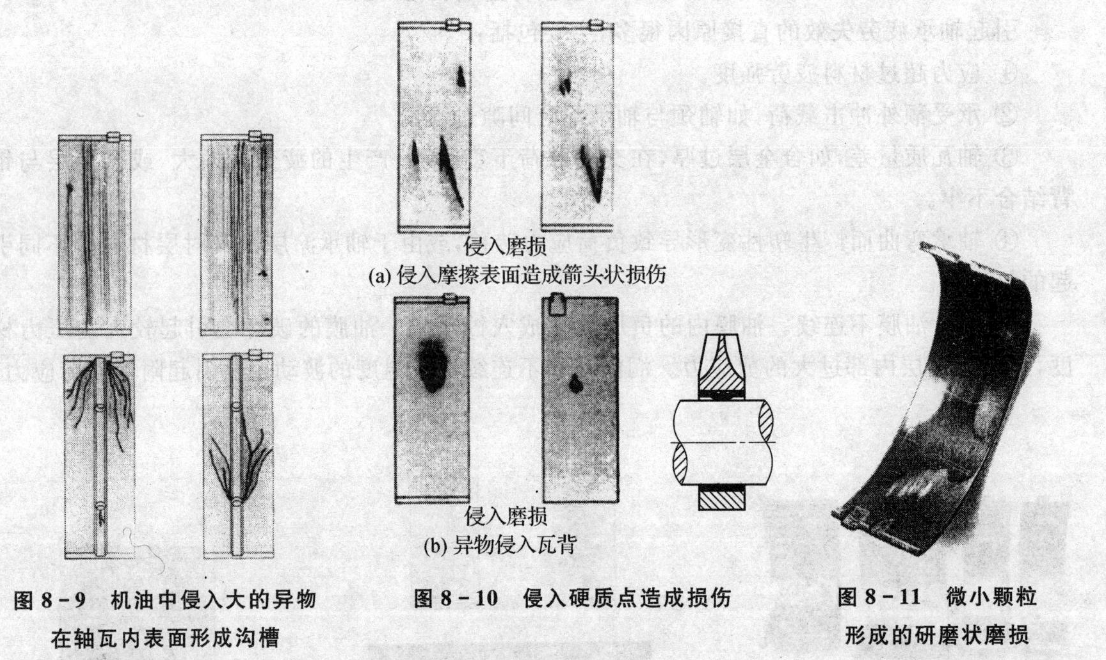

(a) 侵入摩擦表面造成箭头状损伤

(b) 异物侵入瓦背

图 8－9　机油中侵入大的异物在轴瓦内表面形成沟槽

图 8－10　侵入硬质点造成损伤

图 8－11　微小颗粒形成的研磨状磨损

3. 腐蚀失效

没有防护层的轴承材料，如铅基抗摩擦的铜-铅、镉合金轴瓦，其腐蚀是由于氧化后再与机油发生化学作用。铜-铅轴瓦发生腐蚀时往往是铅被腐蚀掉而铜晶体原样不动，随后就是铜块的崩溃，金属的这种破碎方式导致了轴承表面的承载能力大大降低，而且剥落的金属因被润滑油带走而加速了其他轴承的磨损。

失效特征是：表面粗糙、多孔、变色或变黑，没有变色的金属层剥离等，如图 8－12～图 8－14 所示。

引起轴瓦腐蚀的直接失效因素包括：

① 换油时间过长；

② 使用不合格的机油添加剂；

③ 燃烧残留物侵入机油中；

④ 机油中含水过多；

⑤ 空气中含有气态腐蚀性化学物质。

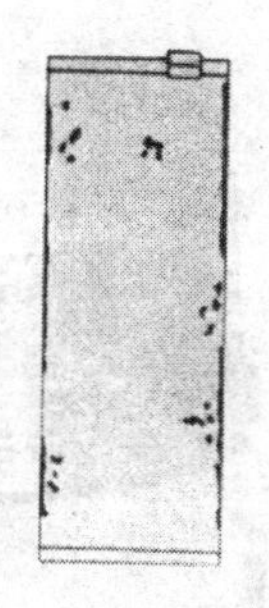
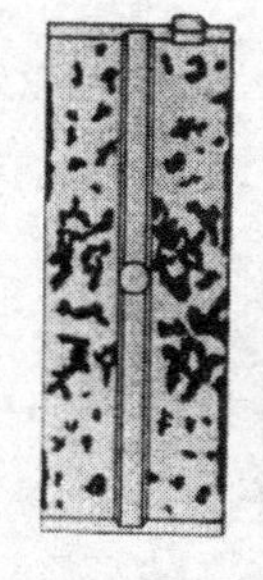
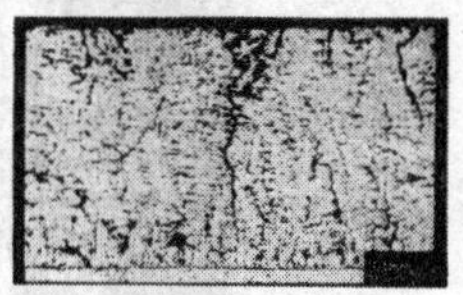

图 8－12　铅青铜轴瓦腐蚀(孔洞或麻点)

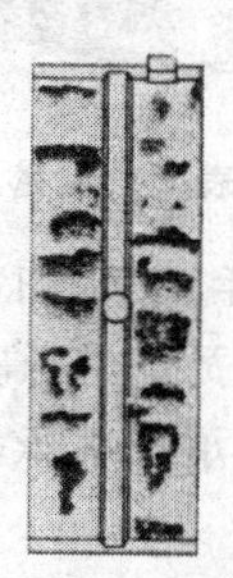

图 8－13　铝轴瓦腐蚀(工作表面粗糙、变色、呈小片状)

图 8－14　腐蚀(小凹坑)

4. 表面接触磨损

轴瓦接触磨损主要是由于润滑不足、轴承孔变形等因素造成轴承与轴颈间隙过小，摩擦生热量大，不能正常由润滑油带走，造成轴瓦表面过热，轴瓦表层最低熔点金属熔化而擦掉，甚至造成烧瓦、抱瓦故障。

表面接触磨损由轻到重的特征是：表面粗糙，有沟槽，但只在浅表层；轴瓦表层擦掉(常出现在轴瓦合金带上)(见图 8－15)；大面积损伤，表面剥落(见图 8－16、图 8－17)；瓦背变色或变蓝；表面合金层整体烧熔，脱落并外溢，最终可导致抱轴(见图 2－12)。

引起轴瓦表面接触磨损的直接失效因素包括：

① 缺油，润滑不足。如轴承或润滑点过度磨损，间隙增大，使油量、油压减小；靠近机油泵的轴瓦间隙过大，使机油过多泄漏而超过了机油泵的供油能力，机油滤清器严重堵塞、机油泵磨损过大、机油油面低、轴瓦装错等；润滑系油量节流，机油泵供油量不足；如内燃机启动后就很快加速到高速，这时各润滑点尚未得到充足的油流(需经 15～30 s 后)而使有的轴承没有充分的润滑，呈半干摩擦。

② 低温冷启动或长期不动后启动(没有手动机油泵)。判断能否冷启动的简单方法是拔出油标尺，看是否能滴下机油，否则应预热。

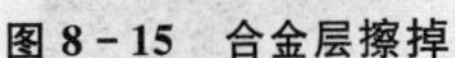

图 8－15　合金层擦掉

图 8－16　表面层剥落

图 8－17　严重划伤

③ 高温，过载。如内燃机长期处于超负荷工作，使机油温度升高，粘度下降，油膜不易形成且摩擦热不易带走造成摩擦、磨损加剧而出现轴瓦烧熔；高温使油变稀，油膜变薄或遭破坏。

④ 轴承与轴颈配合间隙不当；轴承孔变形；轴承局部承载，如轴颈倾斜、几何形状和形位尺寸不符合要求。

⑤ 机油不洁，如进入灰尘和杂质；机油使用时间过长或油质不符等。

5. 穴蚀失效

机油流经油孔、油槽处时流通断面突然变化，由层流变成湍流出现负压而形成小气泡，而后随着压力增大又爆炸破裂，产生达数百兆帕（MPa）的压力撞击，使小气泡处轴瓦表面破裂。在低油压、高温条件下，机油中有低沸腾温度的燃油、水和空气等并有振动时会促使穴蚀的发展。

因穴蚀而造成的轴承破坏总是只限于涂层，而且主要发生在高速大功率内燃机上，要完全避免往往是困难的，但它一般不构成轴承的主要故障。一般说来，在轴承的非承载面上更容易出现穴蚀损坏现象，如图 8－18 所示。

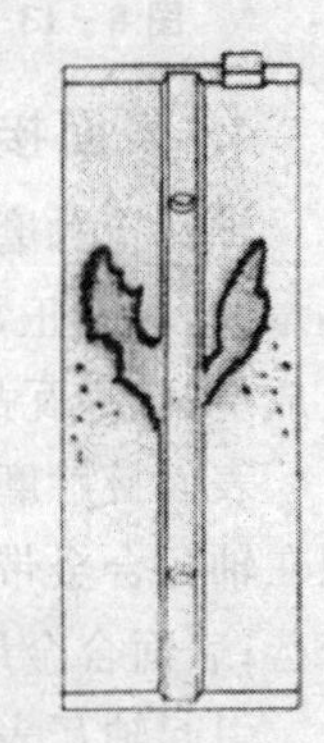

图 8－18　穴蚀（有孔穴）

轴瓦穴蚀失效的特征如下：

① 穴蚀一般发生在油孔、油槽附近或周围。

② 在非承载轴瓦上（主轴承上瓦、连杆轴承下瓦）出现小孔，并经较长时间的机油冲蚀形成损伤小区，出现局部剥落。

③ 穴蚀只伤及表面合金层，不会伤及铜、青铜或铝层。

对轴承穴蚀失效影响较大的因素包括：

① 内燃机转速越高、机油在轴承中流速过大，则易于形成穴蚀。

② 高频振动大、气体爆发压力升高率过大，易于形成穴蚀。

③ 轴颈处的粗糙度和波度增大都促使穴蚀的产生。

④ 内燃机作功过程会造成轴心位置的突变，对穴蚀的出现有直接影响。

⑤ 曲轴连杆轴颈和连杆轴承的穴蚀常与该处润滑油的供应配置有关，机油入口处位置不佳，易于形成穴蚀。在连杆轴颈上钻一个出油孔和分配油道，这比在轴颈上钻一个斜油道对连杆轴承供油产生的穴蚀现象要小。

⑥ 机油的发泡率（尤其在高速高温条件下），即润滑油成分中含有较易挥发的轻油和添加剂或带有空气的混合添加物（造成泡沫、夹气和溶解空气）易造成穴蚀。

6. 轴瓦的特殊磨损

由于变形、载荷不均匀、形位公差、设计缺陷、装配的疏忽和缺乏经验等造成轴承损坏的情况十分普遍，如图 8 - 19～图 8 - 28 所示，这主要是因为：

① 连杆的垂直度和扭曲度没有严格检验。

② 轴承座孔和装配后轴瓦的平行度、垂直度没有严格检查。

③ 轴瓦装配时未按标记方向安装。

④ 装配后轴颈与轴瓦间隙不足。

⑤ 用来拧紧螺钉或螺母的力矩不足或不均匀。

⑥ 轴承没定位好。

⑦ 曲轴轴向位置装配不妥，等等。

可以根据磨损形成的原因和轴瓦特殊磨损形貌的关系进行分析判断。

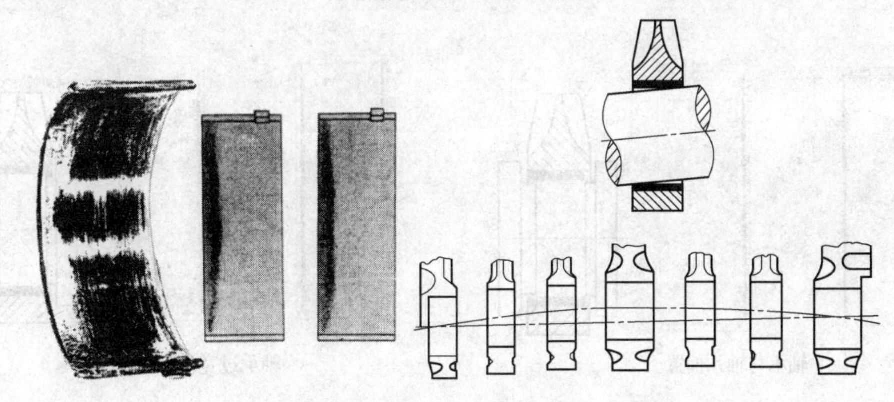

轴有锥度，轴承过宽或轴颈圆角过大，轴摆动

图 8 - 19　单侧边缘承载（同侧一）

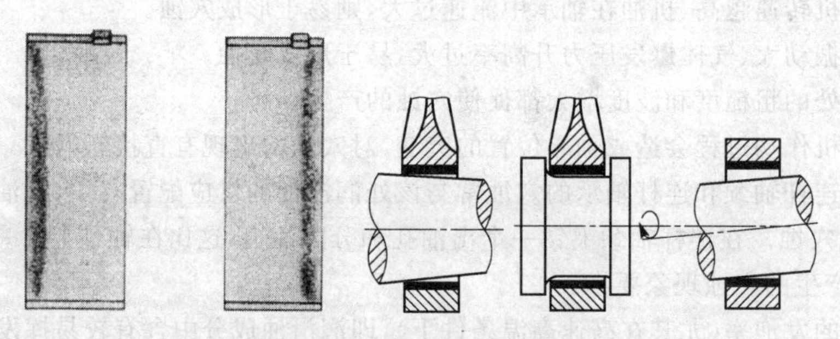

图 8－20　单侧边缘承载(同侧二)

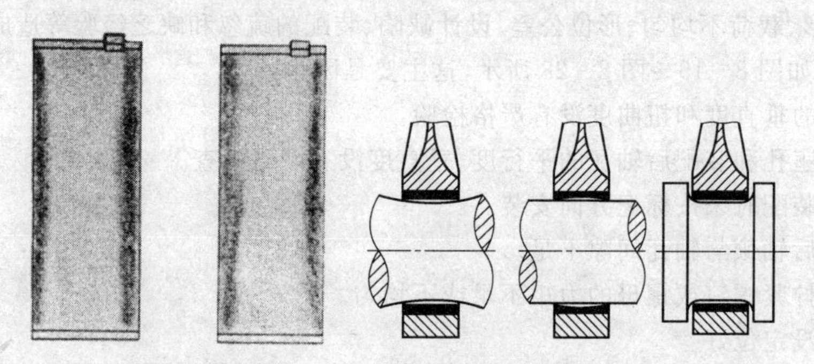

图 8－21　两侧边缘承载

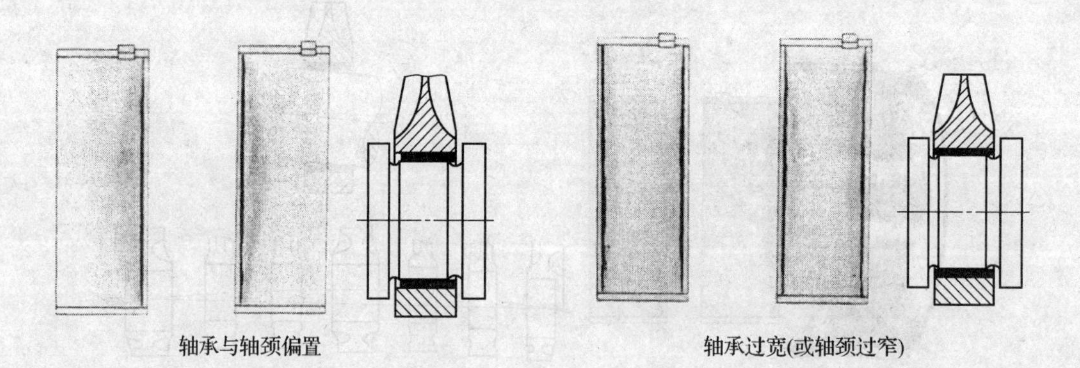

图 8－22　窄磨损带(同侧)　　**图 8－23　窄磨损带(双侧)**

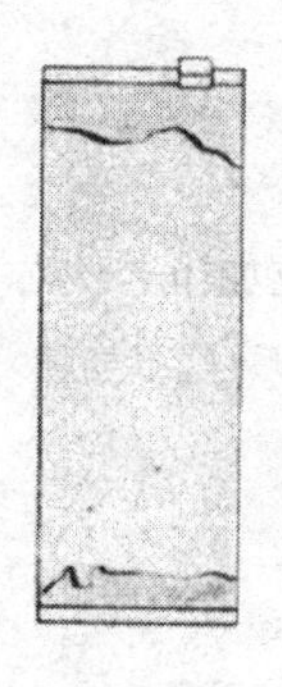
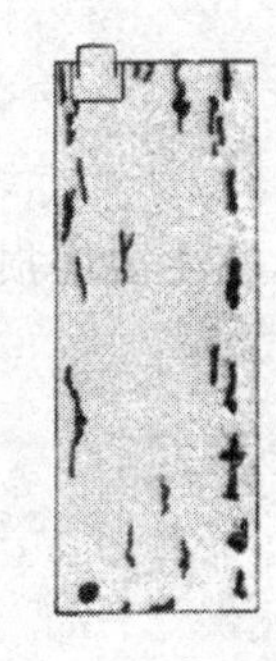
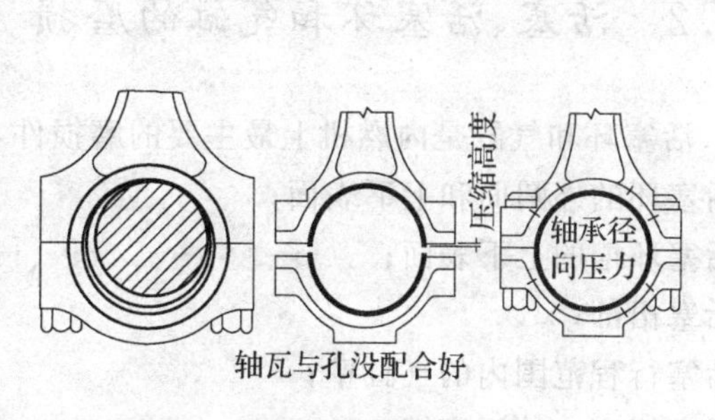

图 8-24　铝轴瓦表面脱落，瓦背摩擦磨损

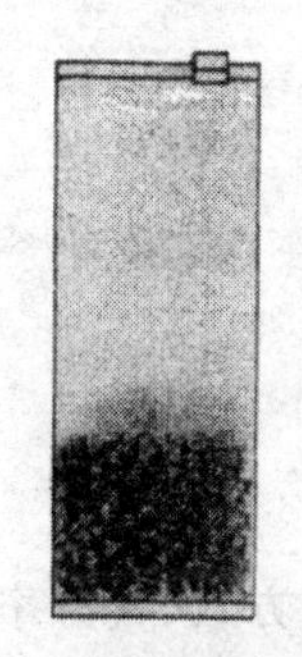
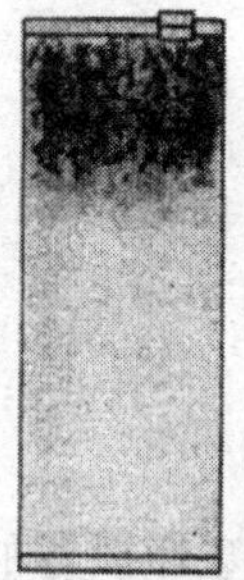
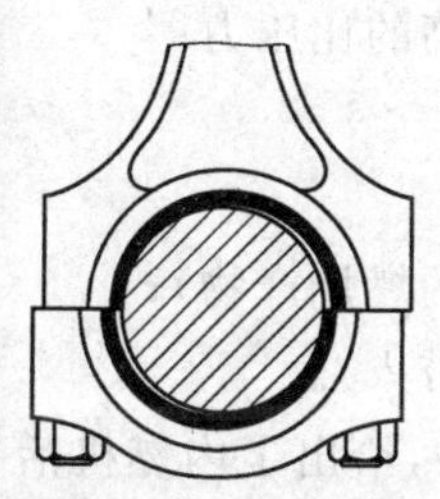

图 8-25　单端严重磨损

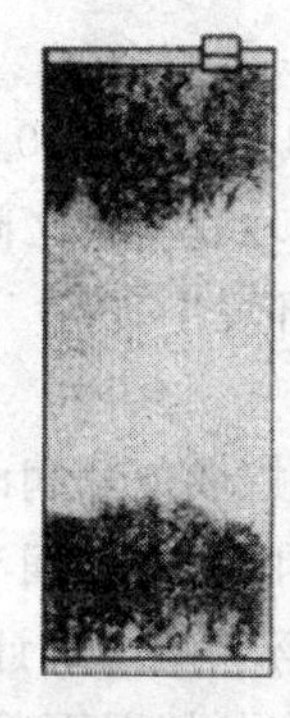
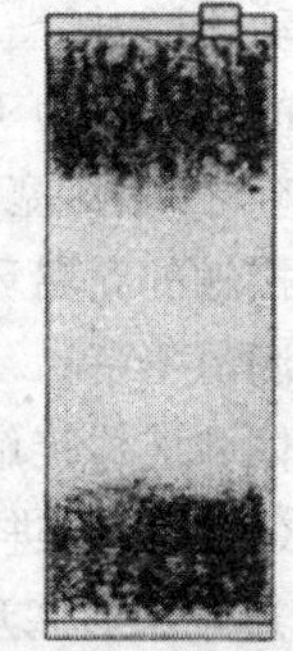
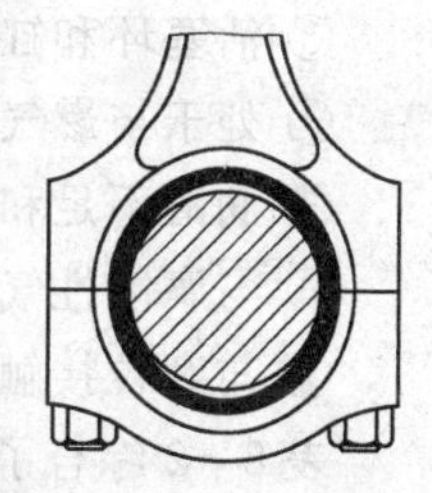

图 8-26　两端严重磨损

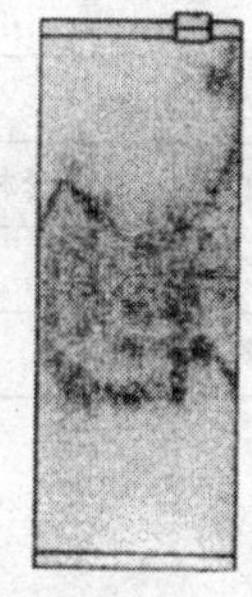
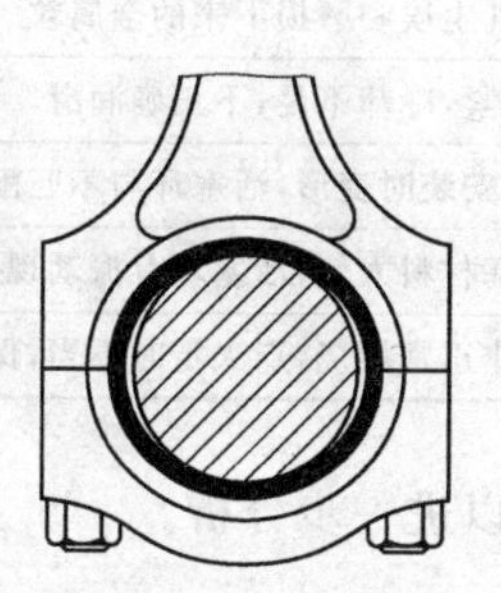

图 8-27　承载面大面积磨损

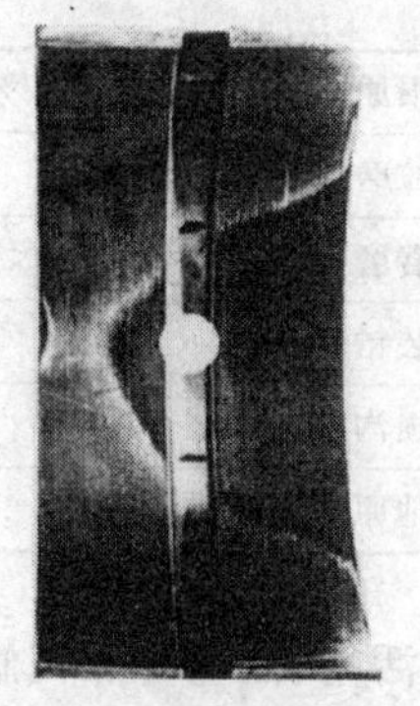

轴承与轴颈不对中；
轴颈外圆柱表面有几何形状误差

图 8-28　轴瓦表面呈三角形磨损

8.3.2 活塞、活塞环和气缸的磨损

活塞、活塞环和气缸是内燃机上最主要的磨损件，其主要磨损部位如下：

① 活塞环的外圆面和上下表面；

② 活塞环槽的上下表面；

③ 活塞裙部；

④ 活塞行程范围内的气缸壁；

⑤ 活塞销座中的活塞销。

它们的工作条件十分严酷：

① 高的平均滑动速度，10～15 m/s；

② 活塞加速度的最大值为 1 200～1 500 g(有时高达 3 000 g)；

③ 活塞环和缸套之间、活塞环和环槽之间的高的比压力；

④ 处于与燃气接触的高温环境中；

⑤ 润滑不足和润滑不良；

⑥ 与腐蚀性气体和液体接触(燃油和润滑油的燃烧产物)；

⑦ 与磨粒接触(主要由吸进的空气和润滑油带入)。

表 8-2 综合了近年来活塞环损坏的统计结果，给出了内燃机活塞环损坏的方式、百分率及原因。考虑到腐蚀磨损在所有的情况下都存在，但它的影响是渐进的，不会造成突然的破坏，所以没有把它作为一项原因进行统计。

表 8-2 活塞环损坏分析

磨损原因	损坏率/%	观察结果
磨粒磨损	29	磨粒，包括大气尘埃和磨损下来的金属粒
粘着磨损	36	发动机装配过紧，冷却不足，不正确润滑
安装错误	4	活塞环装倒或安装时变形，活塞环与不匹配的活塞或缸套相配
磨损沟槽	17	侧隙过大，活塞材料太软，活塞环有振动现象
其他原因	14	冷却系失效，非正常燃烧，点火定时不当，保养不良等

下面就活塞、活塞环和气缸的各种磨损予以进一步分析。

1. 活塞环、气缸、活塞组的粘着磨损

粘着磨损主要出现在高速和高负荷工作时。由于润滑条件苛刻，活塞、气缸、活塞环区域是内燃机中最难建立有效润滑的地方之一。润滑油量被活塞环，特别是油环限制到最少的程度，理想的液体动力润滑是很难实现的，加之在上、下止点的速度方向改变，所以粘着磨损主要

出现在上、下止点处。即使在没有腐蚀或磨蚀的情况下，在上止点的第一环高度处，缸套很快就被磨出一圈沟槽。同时，第一环的磨损常常比其他几环的磨损大得多，如果环的设计相似(尺寸、材料)，则磨损可比其他环大 5～10 倍。这种不一致主要是因为各环的表面摩擦压力和温度有很大差别。在上止点，第一环承受最大的压缩压力和随之而来的燃烧压力，而第二环只承受泄漏的气体压力(只为第一环气体压力的 1/10～1/15)。此外，急剧上升的燃烧压力对第一环产生冲击并使其变形，这就减小了它的有效支承面积并由此增加了比负荷。同时，气缸顶部和下部温度差的平均值从几十摄氏度到近百摄氏度，而其瞬时值则更大，从而影响表面润滑条件和机械强度(硬度和剪切强度)气缸不均匀的热膨胀也会破坏气缸套、活塞和活塞环的形状。

(1) 使用条件对粘着磨损的影响

① 发动机扭矩即平均有效压力的增加，往往会因温度增高而使磨损增加。

② 不正常燃烧(爆震、早燃、低频不稳定燃烧)提高了循环温度以及活塞、活塞环和气缸壁的温度，恶化了边界润滑条件，增加了粘着磨损。

③ 压缩比的增加引起燃烧压力增加，从而也加剧了粘着磨损。

④ 温度是粘着磨损最重要的因素。活塞环区域温度的升高减小了润滑油的粘度，从而减小了油膜厚度，增加了粘着可能性和减小了金属的剪切强度和表面硬度，这样易产生粘着接触，增加了活塞卡死的危险。

⑤ 增加转速，即活塞速度增加，从流体动力润滑的角度看有利于润滑，但转速增加也同时增大了内燃机的温度和燃气压力升高率，高速运转对磨损的有害作用(温度升高、压力升高率增大)超过了有益作用(流体动力润滑)，磨损随转速而增加。如对一台车用汽油机的试验表明，在高速时(120 km/h)的缸套磨损为低速时(75～80 km/h)缸套磨损的 2 倍。

⑥ 混合气浓度。汽油机的浓混合气会造成润滑油大量稀释和粘度的下降，从而减小流体动力润滑的范围。例如，节气门使用不当会显著增加粘着磨损。而稀混合气会产生过多的氧，特别是在柴油机中，这会促使与燃气接触的零件表面氧化，还会促使造成腐蚀磨损的酸性燃烧产物的形成。

⑦ 内燃机在启动时(尤其是长期不用后启动时)油膜显然不存在(尤其是上下止点以外的行程区域)，这就不能保持完善的流体动力润滑。此时，活塞环和活塞对缸套的摩擦几乎是干摩擦，以致造成相当大的粘着磨损。由于高温时机油粘度很低，停机后润滑油很快流回曲轴箱或被烘烤挥发，这一现象有时成为热启动困难的原因。因此，启动磨损必须与稳定运转磨损分开考虑，而且前者大于后者。可以说，粘着磨损主要取决于停机期间缸套上油膜的保持程度，以及启动后迅速形成油膜的多少。实验表明，在试验台上连续、满负荷工作达 1 000 h 的一台发动机的平均磨损，与一台运行了 250 h 且频繁启动的同型号柴油机相比，其磨损量只有后者的一半左右。

⑧ 废气再循环。在内燃机中一个工作循环后再次进入气缸的废气，对内燃机的磨损有着

良好的影响。这是因为它控制了燃烧温度,因而也控制了燃烧压力,并大大减少了氮化物。实验表明,第一环的磨损量与形成的氮氧化物量之间有紧密联系。废气再循环占总进气量的百分比数越大,氮氧化物(NO_x)形成越少,磨损越小。

(2) 润滑油的影响

① 粘度　冷启动磨损受润滑油粘度的影响很大。提高粘度有助于在停车时保持气缸壁上的油膜,可是粘度高的润滑油"可泵性"差,在启动时要重新建立油膜又较困难,所以要选择最佳粘度以兼顾各种工作情况。

② 润滑油的使用期限　更换润滑油的频繁程度,取决于润滑油中所含污染物质的数量及添加剂消耗后润滑性能下降的程度。现代润滑油中添加的强力分散剂足以使杂质悬浮起来而予以过滤,但仍有许多细小颗粒能完全通过 10～15 μm 的微孔滤清器,而这些细小颗粒对内燃机磨损影响仍较大,应严格按内燃机出厂时的规定期限换油。

2. 活塞环、气缸、活塞组的粘着磨损形貌及分析

尽管影响粘着磨损的因素很多,但是一般情况下活塞环、气缸、活塞组的粘着磨损的宏观失效表现主要是多种原因造成的间隙过小问题和润滑失效问题。

发动机在工作中,由于活塞和气缸尺寸加工不精确,在气缸变形或者热负荷过大时,它们之间的间隙可能小于允许的最小值甚至完全消失。另外,在发动机工作中,因为活塞温度比气缸温度高得多,所以活塞热膨胀量远大于与之嵌套的气缸热膨胀量。此外,铝材料的膨胀系数几乎为灰铸铁材料的 2 倍,这些都需要在设计阶段加以重视。

随着活塞与气缸间隙减小,膨胀的活塞破坏了气缸壁上的油膜,出现混合摩擦。首先,活塞裙部的承压表面由于摩擦而被抛光。其次,由于混合摩擦生热,部件的温度进一步升高,在这个过程中,活塞与气缸壁挤压,油膜完全失去作用。最后,活塞开始在气缸中干摩擦运行,导致抛光的表面出现磨损,并且伴有黑色的污点产生。

总之,由于间隙不足造成的磨损有如下特点:由于摩擦的影响,高抛光压力点逐渐变为带黑色污点的区域。在由于间隙不足造成磨损的例子中,在受压侧和施压侧都有磨损点。

(1) 间隙过小造成活塞磨损

图 8-29 所示为间隙过小造成活塞裙部磨损的图片。

图 8-29　由于间隙过小造成活塞裙部磨损

失效的形貌特点:在活塞与缸套间隙过小的区域(如裙部、顶部),有很多相同性质的粘结点。这些粘结点在主推力面和副推力面都可能出现。粘

结点的表面由于磨擦通常从抛光受压区变成磨损的黑色污点区。

产生间隙过小造成活塞裙部磨损的主要原因包括：

① 气缸直径过小；

② 气缸盖拧紧力矩过大或不均匀(气缸盖扭曲变形)；

③ 气缸或气缸盖的密封表面不平整；

④ 在螺纹孔或气缸盖螺钉处不清洁或螺纹扭曲；

⑤ 螺钉头部接触表面产生了磨损或不当的润滑；

⑥ 使用不正确的或不合适的缸盖垫圈；

⑦ 由于堆积物、污垢或其他冷却系统问题导致不均衡加热造成气缸盖扭曲。

而活塞头部磨损最主要是由于热负荷过高、出现异常燃烧、积炭严重等造成的头部温度过高、热膨胀过大。这些问题已经在热负荷失效中有所论述。

(2) 活塞销孔配合间隙过小造成四点磨损(45°方向磨损)

图 8-30 所示为活塞销孔配合间隙过小造成四点磨损的损伤图片。

图 8-30　活塞销孔配合间隙过小造成四点磨损的损伤图片

失效的形貌特点：粘结点在约偏离活塞销轴 45°的位置，在主副推力面都有相同类型特征的损伤。粘结表面通常因为摩擦从抛光受压区转变为平滑黑色污点区。活塞销呈现蓝色回火颜色，这意味着在这种情况下，活塞销座由于间隙不足或缺少润滑油而变热，造成销孔附近热膨胀过大，间隙减小，引起磨损。

当活塞销附近区域过热时，损伤就会发生。由于这个区域刚度大，会引起这个区域热变形量的增加，同时活塞和气缸运转表面间隙达到限制值。活塞裙部相对壁薄，因此有一定的弹性能够补偿增加的热膨胀。但是，对于刚度更大的活塞销孔处的材料会给气缸壁施加更大的压力，这个力将破坏油膜，造成活塞与气缸摩擦。

造成活塞销孔配合间隙过小或摩擦升热过大的主要原因包括：

① 在未达到工作温度时发动机超载。活塞达到它的运行温度需要 20 s，然而冷的气缸需要更长的时间。因此，两个零件材料热膨胀不同，活塞的膨胀速度比气缸快，而且膨胀量大。活塞间隙明显减小，就发生了以上的损伤。

② 连杆小头与活塞销配合间隙过小(热压配合连杆)。由于连杆小头处壁厚不同，连杆小头与活塞销配合间隙过小会引起连杆小头甚至活塞销失圆。连杆大头使用材料更多而且壁厚很厚，连杆小头的壁厚比其薄很多。如果活塞销变形，活塞销和活塞销孔之间配合间隙变小，摩擦热增加，导致在相关区域热膨胀增加。

③ 发动机开始运转时由于润滑不足造成连杆小头磨损。在发动机装配时，活塞销或是润滑不足或是没有润滑。在润滑油到达轴承之前发动机就开始运转，润滑不足，所以活塞销孔表面磨损，导致在运转过程中产生了额外的热量。

④ 在活塞销热压过程中不正确的装配(热压配合连杆)。在热压活塞销进入连杆小头端孔的过程中，除活塞销润滑十分重要外，活塞销与活塞销孔间的自由间隙也不是在安装后立刻检查。冷的活塞销插入热的连杆后，两个零件的温度立刻趋于一致。活塞销因变热而膨胀，与冷的活塞销孔间隙更小。如果在这种情况下两个零件继续移动，将出现最初摩擦或磨损，这种摩擦或磨损将导致运转中轴承的变硬(增加了摩擦和热量的产生)。因此，组合装配应该在冷却之后再检查轴承是否能自由转动。

尽管气缸和活塞之间有足够的间隙，但由于润滑不足造成的磨损还是经常发生。因为高温或燃油内窜造成油膜(局部)破坏，会使得活塞表面、活塞环表面和气缸运转表面产生无润滑的运转，在短时间就使表面严重破损，导致磨损。特别是在活塞和气缸之间缺少润滑油膜的时候就会出现这种情况。由于缺少润滑造成的磨损有如下特点：

① 油膜全部损坏。带有粘结点的区域主要在活塞裙部，表面有严重的磨损并带有黑色污点。开始时，活塞另一侧没有相应的粘结点。

② 缺少润滑油。除了表面污点，其他与上述缺少润滑造成的粘结点相同。粘结区是纯金属抛光面，但没有黑色污点。整个气缸表面由于缺少润滑油，甚至可能在开始时主推力面和副推力面就有粘结点。

(3) 缺少润滑油引起的活塞裙部磨损

磨损区域位于活塞裙部一侧，表面严重磨损且呈现暗黑色。如果活塞温度过高，在活塞裙部磨损区域，会出现大面积的表面材料脱落。与磨损区域高度相同的活塞销磨损边界上，这一现象比较明显。这种情况下，与磨损区域相对的另一侧活塞裙部可能完全没有损伤，同时活塞环早期也没有磨损。

图 8-31 所示为缺少润滑油引起的活塞裙部磨损的损伤图片。

图 8-31　缺少润滑油引起的活塞裙部磨损的损伤图片

造成活塞裙部类似磨损的主要原因包括：

① 由于缺少冷却液、气泡、污垢沉淀物等原因，引起的局部冷却系统故障；

② 对风冷发动机，气缸表面的污垢沉淀物能够引起气缸局部过热，由此导致润滑油膜破坏；

③ 风冷发动机中存在的缺陷、故障或空气导流板的不正确安装；

④ 若发动机中设计了在大负荷情况下，通过连杆上的油雾喷射器将油雾喷射到气缸主推力面，则这类损伤的原因也可以是油雾喷射器堵塞或喷射油压不足；

⑤ 油的稀释或是油的牌号选择不正确，将导致大负荷下气缸主推力侧缺少润滑油。

(4) 机油被燃油稀释导致活塞、活塞环和气缸内壁面磨损

损伤的特征：活塞顶岸和裙部有磨损的痕迹。活塞裙部可见的摩擦痕迹显示出机油被燃油稀释导致的干摩擦；活塞环显示严重的径向磨损。油环的两个刮油环边缘被磨光，如图 8-32 所示。

由于非正常燃烧、喷油导致的机油被燃油稀释常常会破坏油膜。这种情况最初是引起较多的混合摩擦，进而增加活塞环区域的摩擦。

造成这类磨损的主要原因包括：

① 混合气形成不好，燃烧差，大量未燃燃油稀释了机油(汽油机、柴油机)。

② 点火系统出现故障(汽油机)。

③ 压缩压力不足，冷启动困难。

④ 柴油机出现后喷滴油等异常喷射问题。

⑤ 活塞凸起或重叠不正确。发动机运行中活

图 8-32　机油被燃油稀释导致磨损的图片

塞与缸盖相接触;在直喷式柴油机中,冲击及由此引起的振动导致喷油器的燃油喷射难以控制,引起不正常喷射,从而使得燃油积聚到缸内,稀释了机油。

(5) 气缸套磨损

气缸套的磨损和活塞、活塞环是相对应的,大多数影响因素也相似,不再重述。

图 8-33 所示为气缸变形造成的不均匀磨损。损伤的特征是:气缸内腔具有不均匀的摩擦光亮区,在活塞上没有明显的磨损痕迹。

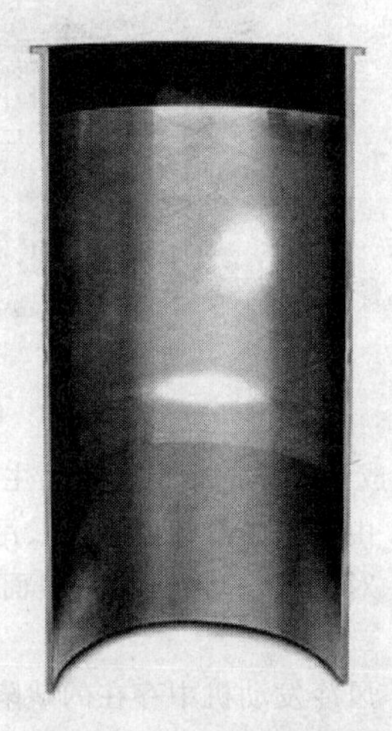

图 8-33 由于气缸变形造成的不均匀磨损

气缸内运动表面上有高度磨光的不规则的区域,通常意味着气缸被扭曲。干缸套或湿缸套安装以后就被扭曲了。如果气缸扭曲,活塞环不能给机油或燃气提供很好的密封,机油经过活塞环进入燃烧室并燃烧,从活塞外泄的燃气将增加曲轴箱的压力,过高的压力引起机油在发动机大量的密封不严处泄漏。

造成该类磨损的主要原因包括:

① 气缸盖螺栓拧紧力不匀或不准。

② 缸体和缸盖的接触面不平。

③ 气缸盖螺栓的螺纹弄脏或扭曲。

④ 不合适或不准确的缸盖衬垫。

⑤ 组装时不合适的凸缘接触,不准确的缸套凸起、扭曲和较低的导槽。

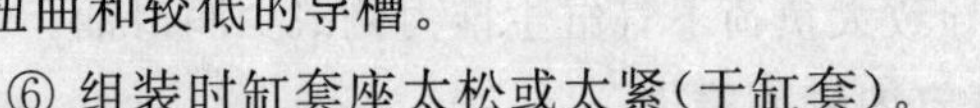

⑥ 组装时缸套座太松或太紧(干缸套)。

⑦ 带肋片的气缸必须与曲轴箱和缸盖保持平行。如果一些气缸共用一个缸盖,必须保证带肋片的气缸有同样的高度。空气扰流板的布置在整个发动机布局中是相当重要的,会影响气缸的温度分布和变形。

对于干缸套,最重要的不均匀磨损是由运行时内腔接触面的磨损产生的。在这种情况下,气缸沉孔应该仔细清理。缸套壁厚很薄,保证在长度和宽度方向上都有很好的接触。否则,缸套在安装和运行过程中将扭曲。

对干缸套而言,滑动配合和压力配合的形式是有区别的。压力配合的缸套压入缸体,压入后仍然需要镗孔和珩磨。滑动配合的缸套已经加工好,并且只需要滑动到沉孔。由于在滑动配合缸套中,留有缸套和气缸沉孔的配合间隙,这种缸套将比压力配合的缸套更容易扭曲和磨损。

没有缸套的气缸体上的气缸孔发生扭曲。这种发动机在安装缸盖的时候有扭曲的趋势。如果发动机按正常方式搪磨,扭曲的问题将发生在随后的发动机工作过程中。

3. 活塞环、活塞和气缸的腐蚀磨损

活塞环等的腐蚀磨损主要与某些燃烧副产物的腐蚀性质有关，主要影响因素是燃烧过程和燃油性质。因此，柴油机和汽油机的腐蚀磨损情况有所不同。

(1) 柴油机

柴油中的硫是造成腐蚀磨损的主要原因。磨损率随燃油含硫量增多而加大。由硫引起的磨损与水蒸气的凝结及燃烧生成的硫化物有关，因而它与缸壁、活塞环的温度有关，也与冷却介质的温度有关。

1）稳定运转条件下的磨损

柴油机燃气燃烧后产生的 SO_2，绝大部分由排气带走，而到达气缸壁的一小部分 SO_2 可能留在缸壁的金属表面上，也可能碰到油膜覆盖着的缸壁表面上。在前一种情况，在下止点时与第一环相对应的缸壁处，由于氧化表面的触媒作用和缸壁温度相对较低（由于冷却），可能使 SO_2 氧化成 SO_3，并产生 H_2SO_4，其腐蚀性很大。但由于促使 SO_2 转变成 SO_3 的催化氧化作用的缸壁表面积不大，所以上述反应是有限的，其余的 SO_2 与油膜接触，这种接触溶解了 2% 的 SO_2。当缸壁温度降低，燃油含硫量增加时，SO_2 的浓度就较大；同时，燃烧生成的水蒸气可能会在冷缸壁上凝结，也可与润滑油一起生成乳状液，从而与 SO_2 一起腐蚀缸壁。

锈膜形成的钝化达到一定程度之前，腐蚀将会继续下去。当 SO_2 和 H_2O 的浓度增大时，锈膜的厚度就会增加，而腐蚀率也将因此增加。然而，活塞环与缸套的摩擦使缸套表面的松软膜层及时刮除，所以钝化很难形成，当摩擦较严重时，这种刮削作用也增大，尤其是对上止点时第一环所对应的缸壁处作用更大。

2）启动条件下的磨损机理

启动一次所引起的磨损相当于稳定运转几小时所引起的磨损。启动磨损与启动运转前几分钟内的缸壁低温、活塞环和缸壁内润滑油不足有关。因在启动时缸壁温度低，由燃烧产生的水蒸气易冷凝，而气缸表面又缺乏油膜保护，因而引起严重腐蚀。

当发动机停车时，润滑油中的 SO_2 有充裕的时间变成 SO_3，然后再与缸内水蒸气反应生成 H_2SO_4。但这时由于水蒸气的量很少，因此 SO_2 转换成 H_2SO_4 的量是有限的，但反应极为迅速（几分钟的时间）。这也解释了停车后一段时间（超过几分钟）对启动磨损没有影响的原因就是，滞留在油膜中的 SO_2 和 SO_3 找不到水蒸气与它们反应。因此，仍有 SO_2 和 SO_3 滞留在油膜中。

(2) 汽油机

汽油机中含硫很少（最多 0.1%(w)，通常仅有 0.01%～0.02%(w)），但是腐蚀磨损在汽油机中是存在的，特别是在活塞环和气缸套上。

引起汽油机腐蚀磨损的主要物质有：

① 由燃烧生成的二氧化碳 CO_2；

② 由一氧化氮 NO 氧化，或由 N_2O_3 和 N_2O_4 分解而产生二氧化氮 NO_2；

③ 虽然汽油中含硫很少，但仍有硫的衍生物 SO_2 和 SO_3；

④ 由净化剂（乙烯、二氯化物、二溴化物）分解而来的氯化物衍生物。净化剂中伴有四乙基铅或四甲基铅。这些物质的目的是帮助排除燃烧室中铅的沉积物，通过燃烧，它们或多或少地会生成各种腐蚀性衍生物。

与柴油机一样，汽油机的工作温度升高时，腐蚀磨损就减少。低温时，燃烧产生的水被凝聚，并呈液态保持在缸壁上。缸壁上的水聚集腐蚀物质，引起较大程度的腐蚀磨损。在中等温度时，缸壁上水分较少，因而磨损是中度的。在高温时，没有早期凝聚，缸壁和曲轴箱保持干燥，因而很少或没有腐蚀磨损。为了减少腐蚀磨损，在冷却系中装有节温器，以保证在冷启动时缩短温升时间，暖车时间约可缩短 4/5，并可使内燃机的温度保持在相当稳定的程度，而不受环境温度的影响。

还有一种方法就是采用温控风扇，它不是由曲轴直接驱动，当温度达到规定值以上时（如用水作冷却介质时通常为 80～100 ℃），才使风扇开始工作。

在内燃机现有技术条件下，要防止在燃烧室中生成二氧化碳和氧化氮是很困难的。但是，这二者所引起的腐蚀，比起硫化物、溴化物，特别是氯化物所引起的腐蚀要小得多，甚至比润滑油变质产生的挥发性酸的腐蚀都小。目前所用的汽油的含硫量约为 0.01%，要进一步降低汽油中的含硫量来减少腐蚀磨损是不可能的。

但是要把与二溴化物、二氯化物化合的铅的含量严加控制，因为卤化物比硫化物有更大的腐蚀性。

以下是一些更容易发生的腐蚀现象。图 8－34 所示为车辆或发动机当机油品质差，并长期放置以后在活塞头部、裙部形成的腐蚀。

图 8－35 所示为与冷却液接触的缸套外表面产生的腐蚀。

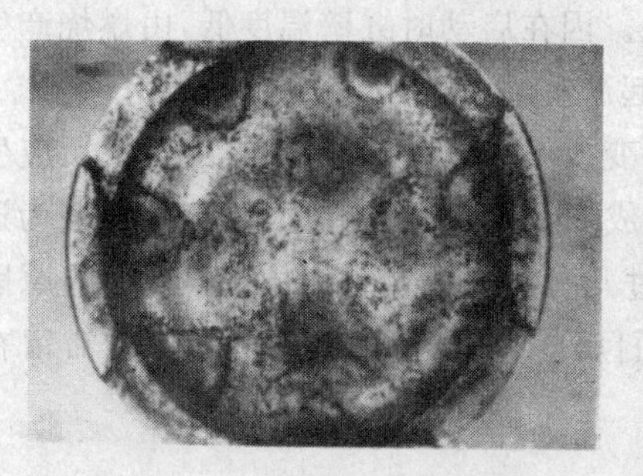

车辆（发动机）长期放置、机油品质差等

图 8－34 活塞头部、裙部腐蚀

图 8－35 缸套外侧腐蚀

腐蚀的主要原因包括：

① 冷却液没有处理，矿物质和化学物质含量高；

② 内燃机长期不用没放干冷却液；

③ 不适当的防腐处理。

4. 活塞环、活塞和气缸的磨粒磨损

活塞环、活塞和气缸的磨粒磨损与润滑油以及空气和燃油携带的磨粒杂质有关，还与内燃机的滤清（包括空气滤和油滤）有关。磨粒磨损由下列两类因素引起：

① 硬表面对软表面的犁沟作用，它主要与两表面上存在的尖点有关，因而与表面的粗糙度有关。这种犁沟主要发生在内燃机磨合期间。

② 由内燃机其他各种形式的磨损产生的颗粒以及存在于空气和润滑油中的颗粒所造成的磨损。

所有这些磨粒杂质的磨损状况，取决于它们与摩擦表面的相对硬度，表面嵌入这些颗粒的能力，以及两摩擦表面的工作间隙。

(1) 影响磨粒磨损的一些因素

1）尘粒的大小对磨粒磨损的影响

多次实验证明，颗粒过小或过大，对磨损的作用不大，因为过细的颗粒分散在油膜中，形不成大的擦伤力，过大的颗粒又无法进入两摩擦表面的间隙。破坏性最大的是 5～20 μm 的颗粒。而其中 5～10 μm 的颗粒对气缸和活塞环的影响最大，10～20 μm 的颗粒对轴承的影响最大。

2）磨粒的性质对磨粒磨损的影响

既然磨粒磨损的严重程度取决于磨粒和摩擦表面间的相对硬度，那么，磨粒磨损一定随磨粒的形状和组成而变化。总的说来，磨粒的棱角多则磨损严重，磨粒的硬度高则磨损严重，如金刚石颗粒比一般道路灰尘的颗粒磨损作用大得多，而且金刚石粉的有害作用持续时间很长，不像道路灰尘那样，刚进入内燃机时危害大，而后就很小，就像没有灰尘存在一样。

3）润滑剂的性质对磨粒磨损的影响

以前认为，润滑剂对防止磨损没有太大的作用。最近研究指出，润滑剂的化学成分影响着磨粒磨损。有些极性添加剂加入润滑剂后，大大降低了磨粒磨损，在某些情况下可以完全消除磨粒磨损。对这种现象的机理有人作了如下解释：这些极性添加物在润滑表面上构成了保护层，挡住了磨粒吸附在两接触表面上，防止了它们对表面的犁沟作用。由于这样的润滑方式，细小磨粒只在两层表面中作翻滚运动而起不了磨损作用。

4）工艺参数和冶金参数对磨粒磨损的影响

① 当活塞环镀铬后，只要摩擦表面间的接触压力在 1～5 MPa 范围内，其接触压力对环和缸套的磨粒磨损几乎没有影响。而用普通珠光体铸铁时，磨粒磨损随接触压力近似线性增加。

② 使用铸铁活塞环时，缸套粗糙度的增加会使磨粒磨损显著增加，而采用镀铬活塞环时磨损增加就不那么敏感。

③ 铸铁缸套的组织也很重要。使用标准铸铁活塞环时，其最好的缸套组织是含磷铸铁，

而用镀铬活塞环时，回火铸铁缸套的性能最好。摩擦副表面组织的最佳配对往往取决于经验和大量的实验。

(2) 一些活塞、缸套磨粒磨损的例子及其分析

1) 活塞磨粒磨损

损伤特征：如图 8－36 所示，活塞裙部有乳白—灰色（磨光）的磨损，并且在活塞顶岸和裙部有细小的、沿活塞轴线方向的划痕。加工活塞时裙部留下的刀痕完全被磨光。活塞环的轴向高度也由于磨损而减小，同时切向也被减小了。气环边缘（特别是第一道气环）以及环槽边缘被磨损。用于刮油的、锋利的活塞环边缘被磨损，导致形成毛边。在显微放大图中，能够清楚地看到活塞环边缘被滚压的划痕。气缸内径也被磨大了，最大直径出现在与活塞环接触的区域中部。

图 8－36　杂质进入导致活塞环、活塞和气缸内壁磨损

造成这类磨损的主要原因如下：

① 由于滤清质量差，杂质颗粒通过进气道进入发动机成为研磨剂：滤清器缺失或者质量差，或者变形，或者缺乏维护；进气系统漏气，例如边缘变形、垫片缺失、损坏或有孔洞。

② 修理中杂质颗粒没有清理干净。修理中，为了清除零件表面的沉积物或燃烧残余物，经常会使零部件上粘沙子或玻璃珠。如果这些颗粒沉积到表面而没有被清理干净，就会导致磨料磨损。

③ 如果第一次机油换得太晚，发动机运转时产生的磨损颗粒会通过油路散布到其他运动件中导致更多的破坏。活塞环刮油的边缘更容易损坏。

2) 严重积炭造成的磨损

损伤特征：在缸套上部与活塞接触的部位，缸套的珩磨网纹被严重磨光，而活塞的相关部位却没有明显的磨损痕迹。出现这种损伤的发动机机油油耗大幅增加。

由于工作过程中，机油的燃烧以及燃烧残余物的沉积，在活塞顶岸表面形成了硬度较高的积炭层，如图 8－37 所示的活塞图，导致了这种损伤形式的产生。在往复运动和活塞承力面的变化过程中，这层积炭相当于研磨剂，导致了缸套上部的磨损加剧。

机油耗的增加并不是磨光的表面导致的，因为这些磨光的部分并没有显著影响缸套的圆度，而正常工作状况下活塞环也还能够起到密封的作用；尽管磨光的部分没有了珩磨网纹，但仍能够在其表面的石墨纹理中储存足够的机油，因此缸套的润滑也没有受到影响。往往是机油油耗大导致积炭严重，而严重积炭造成磨损。

造成这类磨损的主要原因如下：

① 由于增压器缺陷、呼吸器的油气分离效果不好以及气门杆密封缺陷等导致过多的机油进到燃烧室；

图 8-37　积炭造成的磨损

② 活塞和缸套间的窜气量增加、曲轴箱呼吸器阀损坏等导致曲轴箱压力过高；
③ 气缸的检修不充分，导致进入燃烧室的机油增加；
④ 使用非标准机油或者机油质量差。

8.3.3　凸轮和挺柱的磨损

凸轮和挺柱摩擦副在很高的接触压力下工作，接触的形式通常是赫兹式的。按赫兹公式计算一般达到 1 200～1 700 MPa，滑动速度一般在 2～7 m/s 范围内。它们的磨损通常是粘着磨损（划伤）和疲劳磨损（点蚀和剥落），另外还有一种介于粘着和腐蚀磨损的边缘情况，称为抛光磨损。下面分别加以介绍。

1. 粘着磨损

凸轮和挺柱摩擦副的粘着磨损通常由“瞬时高温”引起。在整个挺柱升起的过程中，两表面的温度并不是一成不变的，相反，温度变化幅度很大。目前，虽然还没有人精确地测量到整个升程的温度变化，但是，根据负荷、凸轮升程、挺柱加速度、相对表面速度、摩擦因数和材料的导热系数等数据，有人进行了详尽的计算，算出在最高转速时，接触温度可能大于 350 ℃，这个温度足以引起一般材料的粘着磨损。

2. 疲劳磨损

凸轮与挺柱的触点润滑是弹性流体动压润滑，但掺杂有金属间的直接接触。压力分布相似于赫兹压力分布。疲劳破坏出现在压应力最大的区域，即出现在表面上。疲劳破坏向内扩展，形成松散的磷屑并形成凹坑（点蚀）。试验表明：金属中裂纹的扩展方向与凸轮旋转方向相反，即与滑动速度相反。

图 8－38 所示为凸轮表面的点蚀，是由于过大的接触应力反复作用引起的。

图 8－38 凸轮表面点蚀

疲劳裂纹的发生过程有以下三个连续阶段：

① 在运转的最初阶段，划痕开始出现，进一步运转后，划痕可能引起细微裂纹。

② 划痕扩展。在交替的机械应力作用下，划痕或细微裂纹扩展成裂纹。

③ 断裂。当几条裂纹汇集到一起，即当裂纹发展到一定程度时，由于受载横断面收缩超过了受载材料的断裂极限时，断裂就发生了。

润滑油对裂纹的形成起了推波助浪的作用。从机械机理上说，接触表面的油压通过裂纹中的存油传到裂纹底部，使裂纹得以向纵深发展，同时，油的存在阻止了裂纹在重压下重新靠拢的趋势。从化学机理上说，润滑油的分子吸附作用，以及某些添加剂的腐蚀作用，都对微观划痕阶段形成的新表面以及已经形成的裂纹的底部表面产生作用，阻止了裂纹两边在高的接触应力下重新熔接在一起。

在铁谱分析仪上看见的大块透明凝胶结构中总是镶嵌着金属磨损微粒。这种大块透明体就是油分子在过高的应力作用下发生聚合反应而生成的凝胶结构，裂纹中的金属微粒对这种聚合反应起了必要的催化作用。这种以油为主体的聚合物硬度高、抗热裂解性和抗熔蚀性都极好，在润滑系中一旦形成很难消失，对裂纹的弥合乃至整个润滑系极为不利。

3. 抛光磨损

抛光磨损以粘着磨损为源，加上润滑油或其他污染介质的腐蚀作用而形成。它不像划伤那样突然出现，而是逐渐产生并出现有抛光特征的表面。

第 9 章　内燃机磨损失效评估理论与方法

9.1　赫兹接触理论

1. 表面形貌(表面粗糙度)

表面间的接触应力及磨损情况与表面形貌(表面粗糙度)直接相关,表面形貌的主要特征参数如下:

① 轮廓算术平均偏差 R_a(中线平均值)。R_a是测量长度范围内被测轮廓上各点到轮廓中线 m 的距离总和的平均值,即

$$R_a = \frac{1}{n} \cdot \sum |Z_i| \tag{9-1}$$

式中:Z_i为廓形高度;n 为测量次数。

② 均方根偏差 R_q

$$R_q = \left[\frac{1}{n} \cdot \sum (Z_i)^2\right]^{1/2}$$

③ 不平度平均高度 R_z。R_z是测量长度范围内,以平行于轮廓中线 m 的任意一条线为基准,在被测轮廓上的 5 个最高点 h_{pi}和 5 个最低点 h_{vi}之间的平均距离,即

$$R_z = \frac{\sum_{i=1}^{5} h_{pi} - \sum_{i=1}^{5} h_{vi}}{5} \tag{9-2}$$

④ 微观不平度的最大高度 R_y。它是表面上频繁出现的不平度的最大高度值与不平度的谷值之差。这些频繁出现的高度点是表面间接触的主要支撑点,对摩擦和磨损有着重要意义。

⑤ 实际接触面积 A_p与名义接触面积 A 之比 t_p。根据研究,该比值可以用艾伯特(Abbott)曲线来描述,即

$$t_p = \frac{A_p}{A} = b\left(\frac{a}{R_y}\right)^v \tag{9-3}$$

式中:a 为表面形貌顶点至对应接触面积 A_p处的距离,b、v 为常数。

2. 赫兹接触理论

两个相互接触的表面多数情况下可以简化为球面与球面间的接触,例如内燃机中活塞环与缸套表面间、滚动轴承、齿轮的齿面接触及凸轮与挺杆的接触。赫兹接触理论表述了球体弹性接触面上的应力分布。摩擦面之间微凸体的接触,也可借用赫兹接触理论来描述,但必要时

要考虑塑性的影响。

赫兹接触理论为曲面接触问题提供了理论根据。这一理论把弹性物体的接触问题按照静态弹性接触问题处理，其假设如下：

① 互相接触物体是光滑和均质的。

② 在接触区域仅有弹性变形发生。

③ 接触力垂直于接合面。

如图 9-1 所示，微凸体间的接触可以近似看做微观上的球与球的接触，即名义点接触假设。应力呈椭球分布，长轴为 σ_{Hmax}，短轴为 a。

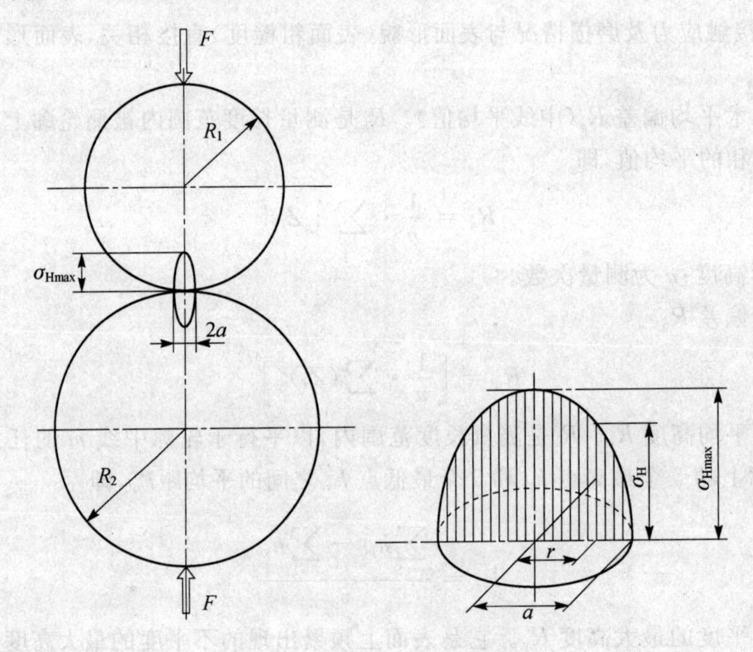

图 9-1 赫兹接触物理模型

椭圆方程为

$$\frac{\sigma_H^2}{\sigma_{Hmax}^2}+\frac{r^2}{a^2}=1$$

即

$$\sigma_H=\sigma_{Hmax}\cdot\left(1-\frac{r^2}{a^2}\right)^{1/2}$$

椭圆体积为

$$V=\frac{2}{3}\cdot(\pi a^2)\cdot\sigma_{Hmax}$$

根据总应力与外力平衡可得

$$F = \frac{2}{3} \cdot (\pi a^2) \cdot \sigma_{\mathrm{Hmax}}$$

即

$$\sigma_{\mathrm{Hmax}} = \frac{3}{2} \cdot \frac{F}{\pi a^2} \tag{9-4}$$

令平均应力为

$$\sigma_{\mathrm{Hm}} = \frac{F}{\pi a^2} \tag{9-5}$$

则

$$\sigma_{\mathrm{Hmax}} = \frac{3}{2} \cdot \sigma_{\mathrm{Hm}} \tag{9-6}$$

不同接触形式的接触半径可查阅有关手册。对于两个球接触，由赫兹公式得

$$a = \sqrt[3]{\frac{3F}{4} \cdot \frac{\left(\frac{1-\mu_1^2}{E_1} + \frac{1-\mu_2^2}{E_2}\right)}{\left(\frac{1}{R_1} + \frac{1}{R_2}\right)}}$$

令球与平面接触的弹性模量为当量弹性模量 E'

$$\frac{1}{E'} = \frac{1}{2} \cdot \left(\frac{1-\mu_1^2}{E_1} + \frac{1-\mu_2^2}{E_2}\right)$$

令当量曲率 R 为

$$\frac{1}{R} = \frac{1}{R_1} + \frac{1}{R_2}$$

则有

$$a = \sqrt[3]{\frac{3FR}{2E'}} \tag{9-7}$$

将式(9-7)代入式(9-4)，可得

$$\sigma_{\mathrm{Hmax}} = \frac{3}{2} \cdot \frac{F}{\pi a^2} = \frac{3}{2} \cdot \frac{F}{\pi} \cdot \sqrt[3]{\left(\frac{2E'}{3FR}\right)^2} = \sqrt[3]{\left(\frac{2}{3} \cdot \frac{E'}{FR}\right)^2 \times \left(\frac{3}{2} \cdot \frac{F}{\pi}\right)^3} =$$

$$\sqrt[3]{\frac{3}{2} \cdot \frac{1}{\pi^3} \cdot \left(\frac{E'}{R}\right)^2 \cdot F} = 0.58 \sqrt[3]{F \cdot \left(\frac{E'}{2R}\right)^2}$$

3. 接触变形

接触变形如图 9-2 所示，其中

$$\begin{cases} \delta_1 = a \cdot \sin\theta_1 \\ \delta_2 = a \cdot \sin\theta_2 \\ \sin\theta_i \approx \dfrac{a}{2R_i} \end{cases}$$

故两球弹性接触时的总趋近量为

$$\delta = \delta_1 + \delta_2 = a\sin\theta_1 + a\sin\theta_2 =$$

$$a \times \left(\frac{a}{2R_1} + \frac{a}{2R_2}\right) = \frac{a^2}{2} \times \left(\frac{1}{R_1} + \frac{1}{R_2}\right) = \frac{a^2}{2R} \tag{9-8}$$

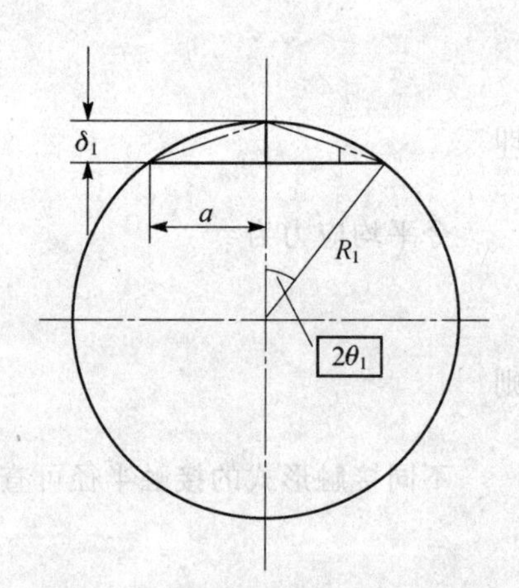

图 9-2　接触变形计算示意图

在弹性接触下的实际接触面积为

$$A_r = \pi a^2 = 2\pi R\delta$$

联立式(9-5)和式(9-7),可得:

$$\sigma_{Hm} = \left(\frac{2E'}{3\pi}\right)\cdot\frac{a}{R} = \left(\frac{2E'}{3\pi}\right)\cdot\sqrt{\frac{2\delta}{R}}$$

即

$$\sigma_{Hm} = \frac{2\sqrt{2}E'}{3\pi}\cdot\sqrt{\frac{\delta}{R}} \tag{9-9}$$

令综合弹性模量 $E = E'/2$,则

$$\frac{1}{E} = \left(\frac{1-\mu_1^2}{E_1} + \frac{1-\mu_2^2}{E_2}\right)$$

可得到

$$\sigma_{Hm} = \frac{4\sqrt{2}E}{3\pi}\cdot\sqrt{\frac{\delta}{R}} \tag{9-10}$$

一般认为,当 $\sigma_{Hm} \approx HB/3$ 时开始塑性变形。HB 为钢的布氏硬度,以下简写为 H。

临界压力条件为

$$\sigma_{Hm} = \frac{HB}{3} = \frac{H}{3} = \frac{4\sqrt{2}E}{3\pi}\cdot\sqrt{\frac{\delta}{R}}$$

则

$$\sqrt{\delta} = \frac{\pi}{4\sqrt{2}}\cdot\frac{H}{E}\cdot\sqrt{R} \approx 0.555\frac{H}{E}\cdot\sqrt{R}$$

上式为开始塑性变形条件。

考虑到从弹性变形到完全塑性变形有一个过程,故修正如下:

临界塑性变形条件为

$$[\sqrt{\delta}] = \frac{H}{E}\cdot\sqrt{R} \tag{9-11}$$

将式(9-11)两边同除以 $\sqrt{R_q}$ 得

$$\left[\sqrt{\frac{\delta}{R_q}}\right] = \frac{H}{E}\cdot\sqrt{\frac{R}{R_q}}$$

令 $\Psi = \sqrt{\frac{R_q}{\delta}}$ 为塑性指数,则有塑性判别式为

$$\Psi = \frac{E}{\mathrm{H}} \cdot \sqrt{\frac{R_q}{R}}$$

塑性指数为无量纲参数，它综合反映了表面的物理、机械性能及表面凸起变形等情况。Ψ值越大，接触部分越容易过渡到塑性变形。英国格林武德(Greenwood)等人推导出：

① 当$\Psi<0.6$时，接触体为完全弹性接触；

② 当$0.6\leqslant\Psi\leqslant1$时，接触体为弹塑性接触；

③ 当$\Psi>1$时，接触体为完全塑性接触。

9.2 固体磨损计算

1. 磨损的评定方法

一般有以下两类评定磨损的方法或参数：

(1) 磨损量及磨损率

磨损量是由磨损引起的材料损失的量。根据情况，磨损量可以是：

① 长度磨损量Q_l；

② 体积磨损量Q_V；

③ 质量磨损量Q_W。

磨损率(I)是指单位行程(时间)的磨损量。其表达式为

$$I = \mathrm{d}Q/\mathrm{d}l \quad 或 \quad I = \mathrm{d}Q/\mathrm{d}t \tag{9-12}$$

(2) 耐磨性

耐磨性是指在一定工作条件下，材料抗磨损的能力。耐磨性是与很多因素有关的系统特性，并非材料的固有性质。它分为相对耐磨性和绝对耐磨性。

① 相对耐磨性

$$\varepsilon = Q_A/Q_B$$

② 绝对耐磨性

$$W^{-1} = 1/Q_B$$

$$\varepsilon = Q_A \times W^{-1}$$

式中：Q_A为基准件的磨损量；Q_B为试件的磨损量。

2. 粘着磨损计算

(1) 粘着磨损机理

由于摩擦副之间真正的接触只发生在微凸体的微观接触面上，所有微观接触面的总和构成的真实接触面积只是名义接触面积的一个很小部分，因此在真实接触面积内具有很大的接触应力。这些应力由于切向的相对运动还会强化，以致使受到负荷作用的微凸体发生弹性或

塑性变形。若摩擦表面上的吸附层和反应层遭到破坏，使暴露在表面的原子键联结(强短程表面力的作用)得到加强。当摩擦副间发生相对运动时，由于原子键联结并不一定都在原始微观接触处断开，而有可能在摩擦副中较弱方的表面层附近断开，结果使材料从摩擦副一方转移到另一方，经常形成松脱的磨屑，这就是粘着磨损。

粘着磨损使摩擦副表面的几何形状发生变化，从光学显微镜下可以看到表面擦伤、划伤、材料转移、咬死焊点和疲劳点蚀等磨损形态。

粘着磨损与其他磨损形式的很大不同在于，其他磨损形式一般都需要一些时间来扩展或达到临界破坏值，而粘着磨损则发生得非常突然；这主要发生在滑动副或滚动副之间没有润滑剂时，或期间油膜受到过大负荷或过高温度而破坏时。严重时，机械系统中运动零件的"咬死"将导致灾难性失效，如轴承抱死、剧烈磨损等。

由于实际接触面积很小，接触峰点压力很高，导致洁净表面间产生物理键或化学键，形成焊点，且伴有加工硬化现象，使其脆性增加，高压下极易断裂，在随后的滑动时被剪切，并循环粘着—剪切—再粘着的过程。

(2) 微凸体粘着磨损计算

阿恰德(Archard)方程——该模型由美国学者 Archard 于 1953 年首次提出。

假设：如图 9-3 所示。

① 零件 1(见图 9-3 中下面的零件)无加工硬化且较软，零件 2(见图 9-3 中上面的零件)相对无限硬；

② 磨损完全发生于零件 1 上，且磨屑为半球体。

两物体在接触载荷 F 作用下相互压紧，表面上的微凸体相互接触，且发生塑性变形。假设接触点产生完全塑性变形时(屈服应力 σ_s)，形成半径为 a 的接触圆，此时有：

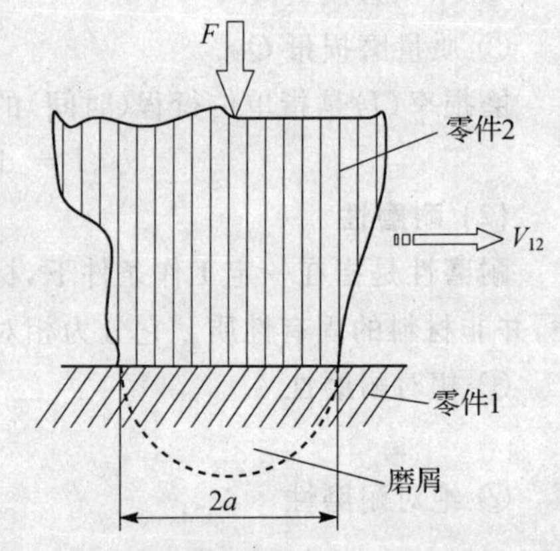

图 9-3 粘着磨损模型示意图

$$\delta\sigma_{\mathrm{Hm}} = \sigma_s \quad \text{或} \quad \delta\sigma_{\mathrm{Hm}} = \mathrm{H}$$

对微元体，有：

$$\delta\sigma_{\mathrm{H}i} = \frac{\delta F_i}{\pi a^2}$$

$$\pi a^2 = \frac{\delta F_i}{\delta\sigma_{\mathrm{H}i}} = \frac{\delta F_i}{\mathrm{H}} \qquad (9-13)$$

移动($2a$)后产生磨损，磨屑是半径为 a 的半球体，其体积为

$$\delta V_i = \frac{1}{2}\left(\frac{4}{3}\pi a^2\right) = \frac{2}{3}\pi a^3$$

此即其体积磨损量 Q_V。

每产生一个磨屑需移动

$$\delta S = 2a$$

故单结点的磨损率为

$$\delta I_{Vi}=\frac{\delta V_i}{\delta S}=\frac{1}{3}\pi a^2$$

将式(9-13)代入得

$$\delta I_{Vi}=\frac{1}{3}\cdot\frac{\delta F_i}{\mathrm{H}} \tag{9-14}$$

故总磨损率为

$$I_V=\sum\delta I_{Vi}=\frac{1}{3}\cdot\frac{\sum\delta F_i}{\mathrm{H}}=\left(\frac{1}{3}\cdot K_1\right)\frac{F}{\mathrm{H}}$$

式中:K_1 为考虑到并非所有的微凸体接触时均产生磨屑而引入的概率系数。并令粘着磨损系数为

$$K=K_1/3$$

则有总磨损率公式(Archard 方程)为

$$I_V=K\cdot\frac{F}{\mathrm{H}} \tag{9-15}$$

实验证明,当压力不超过 H/3 时,钢-钢摩擦副的 K 值接近常量,因而磨损率与载荷成正比;而超过此压力后 K 值急剧增大,因而磨损率也急剧增大,即:在超过 H/3 的临界载荷时就会发生大面积的严重粘着。因此,设计中选择许用应力必须低于材料硬度的 1/3,才有可能减轻或不发生粘着磨损。

Rowe 考虑了表面膜的影响,对 Archard 方程作了进一步的修正,得 Rowe 磨损率方程为

$$I_V=\beta mK\cdot\frac{F}{\mathrm{H}} \tag{9-16}$$

式中:m 为与金属材料有关的特性系数;β 为润滑剂特性系数,代表了润滑膜的破损量,润滑条件好时,该值较小。在润滑油中加入极压添加剂,提高油膜强度和吸附能力,可以有效地提高抗粘着磨损能力。

(3) 胶合磨损计算

胶合磨损属于较为严重的粘着磨损,可以分为冷胶合和热胶合。

① 冷胶合。一般发生在低速重载机构中,过大的载荷将表面油膜破坏,使得接触表面间材料发生塑性变形后粘焊(冷焊现象)。影响冷胶合的因素主要有:材料表面的耐磨性、塑性、粘焊倾向性及冷作硬化程度、保护膜强度等。

② 热胶合。一般发生在高速重载机构中,巨大的摩擦功在接触表面间产生瞬时高温。将表面油膜破坏,使得接触表面间材料微观熔化后粘焊(热焊现象)。影响热胶合的重要工作变量是载荷、滑动速度。而载荷和滑动速度又直接影响温度。随着表面温度的升高,金属变得较软,表面膜部分破裂,实际接触面积增加,结果胶合的倾向性急剧增加。

抗胶合能力取决于机械的、热的和化学的过程,该过程的发展与强烈程度不仅取决于工作

变量和环境性质，还取决于摩擦副材料和润滑剂的物理化学性质、机械性质以及表面保护膜的生成条件与破坏速率。

胶合的计算和判别的方法很多。对冷胶合可以从油膜厚度和油膜承载能力等方面，而热胶合可以从接触表面温度等方面，进行胶合判别。

① 冷胶合的油膜厚度法：此法最早由 Martin（马丁）于 1916 年按照弹流理论提出，1967 年由 Dowson（道森）修改完善。判别条件是：最小油膜厚度 $h_{\min}$ 大于或等于胶合极限油膜厚度 $h_{\lim}$。

在线接触弹流膜厚计算式中，常用的是道森与希金森 1961 年提出第一个全数值解膜厚公式，1967 年提出了修正公式：

$$\frac{h_{\min}}{R} = 2.65(G^*)^{0.54}(U^*)^{0.7}(W^*)^{-0.13} \tag{9-17}$$

式中：W 为线载荷，$W=P/L$，P 为载荷，L 为接触长度；R 为当量曲率半径，$R=R_1R_2/(R_1 \pm R_2)$；G^* 为材料参数，$G^*=\alpha E'$，α 为油的压粘系数，E' 为当量弹性模量；U^* 为速度参数，$U^*=\eta_0 u/E'R$，u 为相对速度，η_0 为大气压下油的动力粘度；W^* 为载荷参数，$W^*=W/E'R$。

② 热胶合的瞬时总温法：认为金属间的胶合是由于接触点的总体温度 θ_B（单位℃）超过其临界胶合温度 θ_S 所引起的。判别条件是：

$$\theta_B = \theta_M + \theta_{fla} \leqslant \theta_S \tag{9-18}$$

式中：θ_M 为本体温度的总体温度；θ_{fla} 为表面瞬时温升，表达式为

$$\theta_{fla} = 0.7858 \cdot \frac{fW_b \mid \nu_{\rho1} - \nu_{\rho2} \mid}{(\sqrt{\gamma_1 c_1 \lambda_1 \nu_{\rho1}} + \sqrt{\gamma_2 c_2 \lambda_2 \nu_{\rho2}})} \cdot \frac{1}{\sqrt{b_1}} \tag{9-19}$$

3. 磨粒磨损计算

H_m/H_a 为材料与磨粒的硬度比（相对硬度）。那么，金属材料的磨损率可以根据相对硬度分为三个区域，以结构钢为例：

① 低磨损区：$H_m/H_a > 1.25 \sim 1.3$。

② 过渡磨损区：$0.8 < H_m/H_a < 1.25 \sim 1.3$。

③ 高磨损区 $H_m/H_a < 0.8$。

(1) 磨粒磨损模型

磨粒磨损模型是由拉比诺维茨（Rabinowicz）于 1965 年提出的，仅考虑了微观切削机理。该模型假设：磨粒为圆锥形，在外载荷作用下压入表面以下，使表面产生塑性变形，在相对运动中产生切屑，并且只考虑与压痕对应的塑性载荷，不考虑边缘的弹性应力，这显然有较大的简化。

(2) 磨粒磨损计算

如图 9-4 所示。压痕面积（圆）$(h \cdot \tan\theta)^2 \cdot \pi$，微观切削时只有锥体前半部分受力，故实际受载面积为 $(h \cdot \tan\theta)^2 \cdot \pi/2$，故有

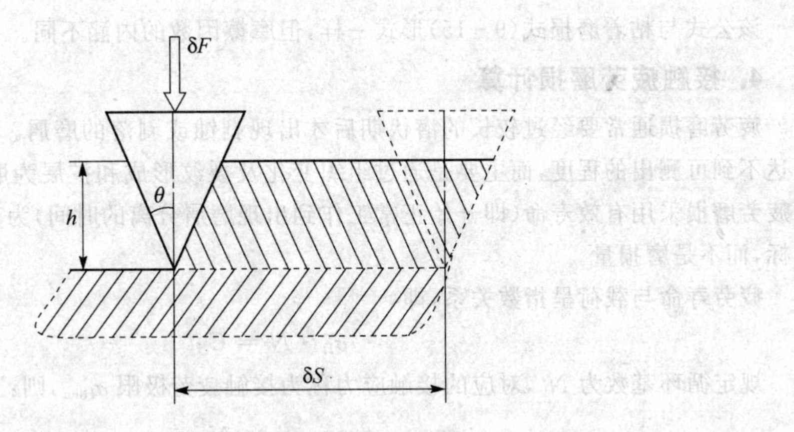

图 9－4　微观切削磨粒磨损模型示意图

$$\delta\sigma_{\mathrm{H}} = \frac{\delta F}{\frac{\pi}{2} \cdot (h \cdot \tan\theta)^2} \tag{9-20}$$

当接触应力 $\delta\sigma_{\mathrm{H}} = \mathrm{H}$ 时产生完全塑性变形，即

$$\delta F = \frac{\pi}{2} \cdot (h \cdot \tan\theta)^2 \cdot \mathrm{H} \tag{9-21}$$

磨粒前进一个 δS 时移除三棱柱的体积为

$$\delta V = \left[\frac{1}{2}(2h \cdot \tan\theta) \cdot h\right] \cdot \delta S = (h^2 \cdot \tan\theta) \cdot \delta S \tag{9-22}$$

故单结点的磨损率为

$$\delta I_{Vi} = \frac{\delta V_i}{\delta S} = h^2 \cdot \tan\theta \tag{9-23}$$

联立式(9－21)和式(9－23)可得

$$\delta I_{Vi} = \left(\frac{2\,\overline{\cot\theta}}{\pi}\right) \cdot \frac{\delta F_i}{\mathrm{H}} \tag{9-24}$$

那么，总磨损率(Rabinowicz 方程)为

$$I_V = \sum \delta I_{Vi} = \left(\frac{2\,\overline{\cot\theta}}{\pi}\right) \cdot K_1 \cdot \frac{F}{\mathrm{H}} \tag{9-25}$$

式中：$\overline{\cot\theta}$为磨粒的平均斜率；K_1为考虑并非所有磨粒均产生切屑而引入的概率系数。

令磨料磨损系数为

$$K = \left(\frac{2\,\overline{\cot\theta}}{\pi}\right) \cdot K_1 \tag{9-26}$$

则总磨损率公式为

$$I_V = K \cdot \frac{F}{\mathrm{H}} \tag{9-27}$$

该公式与粘着磨损式(9-15)形式一样,但摩擦因数的内涵不同。

4. 接触疲劳磨损计算

疲劳磨损通常要经过较长的潜伏期后才出现剥蚀或剥落的磨屑。通常,在潜伏期里磨损还达不到可测出的程度,而主要是通过组织变化及裂纹形成和扩展为磨屑的形成做准备。因而疲劳磨损采用有效寿命(即开始正常工作到出现磨屑分离的时间)为其主要衡量磨损程度的指标,而不是磨损量。

疲劳寿命与载荷呈指数关系,即

$$\sigma_{\mathrm{H}}^{m} \cdot N = C \tag{9-28}$$

规定循环基数为 N_0,对应的接触应力称为接触疲劳极限 σ_{Hlim},则:

$$\sigma_{\mathrm{H}} = \sigma_{\mathrm{Hlim}} \cdot \left(\frac{N_0}{N}\right)^{\frac{1}{m}} \tag{9-29}$$

$$N = N_0 \cdot \left(\frac{\sigma_{\mathrm{Hlim}}}{\sigma_{\mathrm{H}}}\right)^{m} \tag{9-30}$$

9.3 磨损寿命预测计算方法

由于磨损与通常的强度破坏有很大的差别,尤其是摩擦过程中表层材料性质和破坏特性不断变化,以及摩擦副材料与周围介质的相互作用很复杂,这就使得磨损计算至今还不能完全与实际需要相符。

1. 分析预测方法

该类方法基于不考虑磨损类型的经验性磨损方程。

(1) 低副接触

由 Archard 方程可得体积磨损率为

$$I_V = K \cdot \frac{F}{\mathrm{H}} = \frac{V}{S} \tag{9-31}$$

① 磨损体积:

$$V = I_V \cdot S = K \cdot F \cdot \frac{S}{\mathrm{H}} = K \cdot F \cdot v \cdot \frac{t}{\mathrm{H}} \tag{9-32}$$

② 磨损深度:

$$h = \frac{V}{A_{\mathrm{n}}} = K \cdot F \cdot \frac{S}{\mathrm{H} \cdot A_{\mathrm{m}}} = K \cdot p \cdot \frac{S}{\mathrm{H}} = K \cdot p \cdot v \cdot \frac{t}{\mathrm{H}} \tag{9-33}$$

以上三式中:v 为滑动速度;t 为滑动时间;H 为布氏硬度;p 为名义压强。

(2) 高副接触

基于线接触的 Fein 方程的推导过程如下:

① 滑动率 μ：

如图 9-5 所示，摩擦物体 1 运动 S_1 弧长时，摩擦物体 2 运动 S_2 弧长，而且 $S_2>S_1$，则滑动距离为

$$\Delta S = S_2 - S_1$$

令 $\mu_1=\Delta S/S_1$，$\mu_2=\Delta S/S_2$ 为滑动率（即单位弧长的滑动距离），且有：

$$\left.\begin{aligned}\mu_1 &= \frac{\Delta S}{S_1} = \frac{v_2 - v_1}{v_1} = \frac{v_S}{v_1}\\ \mu_2 &= \frac{\Delta S}{S_2} = \frac{v_2 - v_1}{v_2} = \frac{v_S}{v_2}\end{aligned}\right\} \quad (9-34)$$

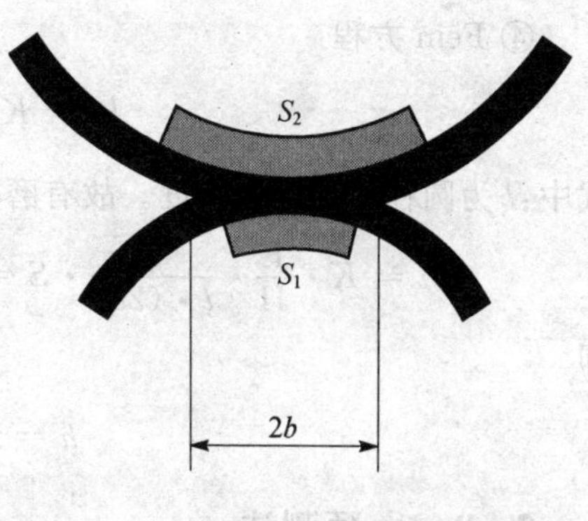

图 9-5 高副接触滑动摩擦示意图

② 接触一次的滑动量 ΔS：

$$\left.\begin{aligned}S_1 &= \frac{\Delta S}{\mu_1}\\ S_2 &= \frac{\Delta S}{\mu_2}\end{aligned}\right\} \Rightarrow S_1 + S_2 = \Delta S \cdot \left(\frac{1}{\mu_1} + \frac{1}{\mu_2}\right) = \Delta S \cdot \left(\frac{\mu_1 + \mu_2}{\mu_1 \mu_2}\right) \quad (9-35)$$

由于 $\Delta S=S_2-S_1$，$S_2=S_1+\Delta S$，两端配平后，有：

$$S_2 - \frac{\Delta S}{2} = S_1 + \frac{\Delta S}{2}$$

相当于弧长分别为 $(S_2-\Delta S/2)$ 和 $(S_1+\Delta S/2)$ 作纯滚动。

若使此两弧滚过 $(2b)$ 的接触区弹性变形宽度，则必有：

$$S_2 - \frac{\Delta S}{2} = S_1 + \frac{\Delta S}{2} = 2b$$

即

$$S_1 + S_2 = 4b \quad (9-36)$$

将式(9-35)代入式(9-36)得

$$\Delta S \cdot \left(\frac{\mu_1 + \mu_2}{\mu_1 \mu_2}\right) = 4b \Rightarrow \Delta S = 4b \cdot \left(\frac{\mu_1 \mu_2}{\mu_1 + \mu_2}\right)$$

由式(9-34)得

$$\Delta S = 4b \cdot \left(\frac{\mu_1 \mu_2}{\mu_1 + \mu_2}\right) = 4b \cdot \left(\frac{v_S}{v_1 + v_2}\right)$$

③ 接触 n 次的总滑动量 S：

$$S = n \cdot \Delta S = 4b \cdot \left(\frac{v_S}{v_1 + v_2}\right) \cdot n$$

令 $\frac{v_1+v_2}{2}=v$，v 称为平均速度（亦称为卷吸速度），$v_S=v_2-v_1=|v_1-v_2|$ 为速度差，则有：

$$S = 2b \cdot \frac{|v_1 - v_2|}{v} \cdot n$$

④ Fein 方程

$$I_V = K \cdot \frac{F}{\mathrm{H}} = \frac{V}{S} = \frac{h \cdot l \cdot (2b)}{S} \tag{9-37}$$

式中：l 为圆柱体的轴向长度。故有磨损深度 h 为

$$h = K \cdot \frac{F}{\mathrm{H}} \cdot \frac{1}{l \cdot (2b)} \cdot S = K \cdot \frac{F}{\mathrm{H} \cdot l} \cdot \frac{1}{(2b)} \cdot \left[(2b) \cdot \frac{|v_1 - v_2|}{v} \cdot n \right]$$

即

$$h = K \cdot \frac{F \cdot n}{\mathrm{H} \cdot l} \cdot \frac{|v_1 - v_2|}{v} \tag{9-38}$$

2. Bayer 预测法

1964 年，美国国际商用机器公司（IBM）实验室的贝伊尔（R. G. Bayer）等人通过实验取得数据以后，发表了设计机械零件时的磨损预测方法。

Bayer 将零件的磨损分为零磨损和可测磨损两类。零磨损是指磨损深度小于或等于接触表面原始粗糙峰高度的磨损，而可测磨损是指深度超过表面粗糙峰高度的磨损。磨损寿命用行程次数来表示，一个行程的滑动距离等于沿滑动方向摩擦副相接触的长度。

(1) 零磨损计算

Bayer 等人认为，要保证零磨损，需满足：

$$\tau_{\max} \leqslant \gamma \cdot \tau_s \tag{9-39}$$

式中：$\tau_{\max}$ 为表面最大剪应力；γ 为与润滑剂和材料有关的系数；τ_s 为材料剪切屈服极限。

以行程数作为单位寿命，并规定行程数 $N_0 = 2\,000$ 时的系数为 γ_0。实验得出，对于流体润滑状态 $\gamma_0 = 1$，边界润滑状态 $\gamma_0 = 0.2$，当润滑油中含活性添加剂时 $\gamma_0 = 0.54$，干摩擦状态 $\gamma_0 = 0.2$。

由材料疲劳方程：

$$\tau^m \cdot N = C, \quad m = \begin{cases} 6 \sim 10, & \text{一般零件} \\ 9 \sim 12, & \text{表面抛光} \\ 18 \sim 20, & \text{表面强化} \end{cases} \tag{9-40}$$

可知，对于一般零件有：

$$\tau^9 \cdot N = C$$

$$\tau_{\max}^9 \cdot N \leqslant (\gamma_0 \cdot \tau_y)^9 \cdot N_0$$

$$\tau_{\max} \leqslant \left(\frac{N_0}{N} \right)^{1/9} \cdot \gamma_0 \cdot \tau_s \tag{9-41}$$

公式（9-41）已由 Bayer 对 $N > 21\,600$ 的数值做了试验验证。该式给出了零磨损条件下零件所受最大剪应力 $\tau_{\max}$ 与行程次数 N 之间的关系。据此可以预测零磨损寿命。

(2) 可预测磨损计算

可测磨损分为以下两种类型：

① A 型磨损　每个行程的能耗始终保持不变。在重载荷或干摩擦条件下出现的严重材料转移和粘着磨损属于 A 型磨损。

② B 型磨损　每个行程中磨损消耗的能量随行程的变化而变化的磨损。良好润滑条件下的疲劳型磨损属于 B 型磨损。

模型假设:磨损量为一个行程(零件接触面积沿滑动方向上的尺寸)内磨损能耗 E 和行程数 N 两个变量的函数,即

$$Q = Q(E,N)$$

$$dQ = \left(\frac{\partial Q}{\partial E}\right)\cdot dE + \left(\frac{\partial Q}{\partial N}\right)\cdot dN \tag{9-42}$$

① A 型磨损时,E=常数,则有

$$\left.\begin{aligned} dE &= 0 \\ dQ &= \left(\frac{\partial Q}{\partial N}\right)\cdot dN = C\cdot dN \\ Q &= C\cdot N \end{aligned}\right\} \tag{9-43}$$

式中:C 为该磨损系统的常数,通过实验测定。

② B 型磨损时,每个行程被磨去的体积改变率可用下式表示:

$$dQ/dN = C\cdot(\tau_{\max}\cdot S)^{\frac{9}{2}}$$

即

$$d\left[\frac{Q}{(\tau_{\max}\cdot S)^{\frac{9}{2}}}\right] = C\cdot dN \tag{9-44}$$

式中:常数 C 通过实验测定。将式(9-44)加以积分,可以求得磨损量与滑动距离的关系。该方法用于工程摩擦磨损计算相当成功。

3. 磨损的能量理论

磨损的能量理论是由德国人弗莱舍尔在 1973 年提出的。他认为,由于摩擦所作的功有一部分以势能的形式在材料内积蓄起来,当内能积累到一临界值时,便使材料从表面上脱离而形成磨屑。这就是说,磨损是摩擦的结果,也是能量转化和消耗的过程。

弗莱舍尔首先提出发生磨损时摩擦能量密度的概念,它是指磨去单位体积所需的摩擦功,用 e_R 表示为

$$e_R = \frac{W_R}{V}$$

式中:W_R 为摩擦功,V 为磨损体积。因摩擦功 W_R 是摩擦力 F 和滑动距离 S 的乘积,磨损体积 V 是名义摩擦表面积 A_a 和磨损深度 h 的乘积,故:

$$e_R = F\cdot\frac{L}{A_a\cdot h} = \tau\cdot\frac{L}{h}$$

式中:$\frac{h}{L}$ 为单位滑动距离的磨损深度,即线磨损率,用 Q_h 表示,则由上式可得线磨损率为

$$Q_h = \frac{\tau}{e_{\mathrm{R}}}$$

式中：e_{R}值可用实验测得。

如果把摩擦一次给材料单位体积的摩擦功称为单元能量密度，用e_{Re}表示，则由于磨屑要经过摩擦力N次作用才能形成，故：

$$e_{\mathrm{R}} = N \cdot e_{\mathrm{Re}}$$

考虑到被磨去的体积要比材料吸收能量的体积小，用r表示这两个体积之比($r<1$)，则：

$$e_{\mathrm{R}} = N \cdot \frac{e_{\mathrm{Re}}}{r}$$

$$Q_h = \frac{\tau}{e_R} = \tau \cdot \frac{r}{N \cdot e_{\mathrm{Re}}}$$

考虑到积蓄在材料内的能量只是全部摩擦功的一小部分(约10%)，而大部分都变成摩擦热而逸散。若用ξ表示能量积贮系数，则磨去单位体积实际积累的能量W_{RK}和摩擦一次材料单位体积实际所吸收的能量e_{RK}分别为

$$W_{\mathrm{RK}} = \xi \cdot W_{\mathrm{R}}$$

$$e_{\mathrm{RK}} = \xi \cdot e_{\mathrm{Re}}$$

在产生磨屑的N次摩擦过程中，前$(N-1)$次摩擦中转化为磨损的能量为$(N-1)e_{\mathrm{RK}}$；最后一次摩擦所吸收的能量e_{Re}则全部消耗在使磨屑脱离表面的过程中。故形成磨屑所需全部平均能量密度可表示为

$$\bar{e}_{\mathrm{B}} = e_{\mathrm{RK}}(N-1) + e_{\mathrm{Re}} = e_{\mathrm{Re}}[\xi(N-1)+1]$$

上式是按每次摩擦吸收的能量相同的条件下得出的，而实际上各次摩擦材料吸收的能量并不相同。根据研究，实际断裂能量密度为平均能量密度的K倍($K>1$)，故：

$$\bar{e}_{\mathrm{B}} = K e_{\mathrm{Re}}[\xi(N-1)+1]$$

或

$$e_{\mathrm{Re}} = \frac{\bar{e}_{\mathrm{B}}}{K[\xi(N-1)+1]}$$

因此有：

$$e_{\mathrm{R}} = \frac{N e_{\mathrm{Re}}}{r} = \frac{N\bar{e}_{\mathrm{B}}}{K[\xi(N-1)+1]r}$$

因$N \gg 1$，故上式可写成：

$$\frac{e_{\mathrm{R}}}{\bar{e}_{\mathrm{B}}} = \frac{N}{K(\xi N+1)r}$$

上式表示摩擦能量密度e_{R}和磨损时实际能量密度$\bar{e}_{\mathrm{B}}$的比值与摩擦循环次数等参数的关系。式中K、ξ、r等参数都与材料的性能有关；发生破坏的摩擦次数N与载荷大小、材料吸收储存能量的能力有关，而材料吸收储存能量的能力又与表面微凸体的几何特性有关。但是，磨损的能量理论中许多系数或关系并不确定，往往与材料、磨损形式等相关，难以找到通用的参数，也

难以在实际工程中应用。

9.4 内燃机磨损失效评估实例

1. 内燃机曲轴轴承磨损失效评估方法

在内燃机正常工作状况下，曲轴轴径与轴承（瓦）间可以保证液体润滑。由于是低副接触，润滑条件良好，油膜厚度厚，使润滑油内即便存在微小的颗粒也不易出现磨粒磨损。因此，尽管轴承摩擦表面硬度较低，依然能够保证很低的磨损率。对于非高强化柴油机，应该更加关注非正常工况下（启动工况、低温怠速工况等）轴承的磨损问题，以及一些特殊的磨损，例如由于进气滤清变差、机油不清洁、存在过大颗粒等造成的磨损。但是，从设计角度来讲，计算分析正常情况下轴承的磨损是设计评估的基础。下面仅介绍内燃机正常工作状况下曲轴轴承磨损寿命的计算分析方法，实际寿命则要考虑众多非正常因素，并进行广泛修正。

（1）基本方程

对于曲轴轴径与轴承间润滑良好的低副接触磨损，可以利用 Archard 方程进行计算，其中磨损深度如式(9－33)所示为

$$h=\frac{V}{A_{\mathrm{n}}}=K\cdot F\cdot\frac{S}{\mathrm{H}\cdot A_{\mathrm{m}}}=K\cdot p\cdot\frac{S}{\mathrm{H}}=K\cdot p\cdot v\cdot\frac{t}{\mathrm{H}}$$

（2）压强 p

对某一稳定工况下工作的内燃机曲轴轴承来说，如果不考虑振动、各缸载荷的不均匀性等因素，只考虑气体爆发压力及各种惯性力和力矩，则轴承载荷（压强与压力分布）为周期函数，对四冲程内燃机来说周期为 720° CA（即 4π）。

利用与曲轴轴心轨迹计算同样的方法，可以计算出某一曲轴转角 φ 时轴承在周向的压强分布 $p(\varphi,\alpha)$，其中 α 为压强分布周向角，$\alpha=[0,2\pi]$。

（3）轴承上某点 α_i 磨损深度计算

$$h(\alpha_i)=\int_0^{4\pi}\left[K\cdot p(\varphi,\alpha_i)4\pi\cdot R\cdot\frac{n}{2\mathrm{H}}\right]\mathrm{d}\varphi=\frac{2\pi KRn}{\mathrm{H}}\cdot\int_0^{4\pi}p(\varphi,\alpha_i)\mathrm{d}\varphi$$

（4）不同工况下的总磨损深度计算

假设在第 i 种工况下，内燃机运转了 n_i 转，产生的磨损深度为 h_i，在该工况下的压强分布为 $p_i(\varphi,\alpha)$，对于轴承上任何一个固定的位置 α，则总磨损深度为

$$h(\alpha)=\frac{2\pi RK}{\mathrm{H}}\cdot\sum_i\int_0^{4\pi}p_i(\varphi,\alpha)\cdot n_i\mathrm{d}\varphi$$

（5）判别准则

$h_{\max}=\max(h(\alpha),\alpha=0°\sim360°)>\delta$（轴瓦表面层厚度）。对三层轴瓦，$\delta$ 为第三层合金层厚度。由此可以确定内燃机运转的寿命。对于实际问题需要考虑异常工况及模型简化误差，需

增加一安全系数。

2. 内燃机配气机构磨损失效评估方法

对于配气机构的各个摩擦副，如凸轮与挺柱、挺杆与摇臂、摇臂与气门等多数为高副接触，磨损计算评估的方法类似。下面以凸轮与挺柱为例介绍该类摩擦副磨损失效的一种计算评估方法。

(1) 基本方程

可以假设内燃机在稳定工况下，凸轮轴的转速为恒定值，但是凸轮与挺住之间的接触压力 p、相对速度 v 在一个工作循环中是变化的，并可以由配气机构运动学、动力学计算分析得到。对这种情况，可以用基于 Archard 方程的式(9－33)的微分形式表示：

$$\frac{\mathrm{d}h}{\mathrm{d}t}=Kpv \tag{9-45}$$

(2) 表面粗糙度的影响

在磨损的初期，由于表面粗糙，磨损速度较高。粗糙的表面使实际接触面积 A_{p} 不再等于名义接触面积 A。考虑表面形貌后式(9－45)可修正为

$$\frac{\mathrm{d}h}{\mathrm{d}t}=Kpv\,\frac{A}{A_{\mathrm{p}}}$$

根据式(9－3)可得考虑表面粗糙问题的磨损模型：

$$\frac{\mathrm{d}h}{\mathrm{d}t}=\begin{cases}Cpv\cdot\left(\dfrac{h_0}{h}\right)^{a} & (h<h_0)\\ Cpv & (h\geqslant h_0)\end{cases} \tag{9-46}$$

式中：$h<h_0$，工程上 h_0 可取为微观不平度的最大高度 R_y；常数 $C=b\cdot K$，由试验确定。

(3) 磨损深度计算

$$h=\begin{cases}\sqrt[a+1]{(a+1)\cdot h_0^a\cdot\int_0^t(Cpv)\mathrm{d}t} & (h<h_0)\\ h_0+\int_{t_0}^{t}(Cpv)\mathrm{d}t & (h\geqslant h_0)\end{cases} \tag{9-47}$$

式中：t_0 为磨损到 h_0 的时间。

(4) 模型参数试验确定

不同的材料、表面处理、润滑等状况均可引起模型参数 C 的变化。下面为对凸轮、挺柱磨损试验的测量结果及参数 C 计算实例。

凸轮：材质为 GCr15 钢经中频感应淬火，硬度为 HRC58～62。

挺柱：选用与上述凸轮配对的球面挺柱。挺柱本体材料为 20 号钢，端面由镍铬钼合金铸铁焊条经堆焊处理，表面进行了磷化处理。挺柱端面硬度为 HRC57～64。

凸轮、挺柱的表面粗糙度 R_y 值分别为 2.4～3.2 μm 和 1.2～2.0 μm。

所用的磨损试验机的主要技术参数为，试验凸轮转速为 500～4 400 r/min，负荷小于或等

于 3430 N，润滑油温小于或等于 120 ℃，润滑油量为 0～1 L/min，最大挺柱直径为 35 mm。试验中每隔 10 h 对凸轮不同升程上的磨损量进行 1 次测量，其测量结果如表 9－1 所列。

表 9－1　凸轮不同升程上的磨损量测量结果　mm

序　号	升程值	磨损时间/h			
		0～10	10～20	20～30	30～40
1	0.100	0.000	0.005	0.003	0.003
2	0.130	0.006	0.005	0.004	0.002
3	0.425	0.015	0.005	0.003	0.002
4	1.365	0.033	0.012	0.006	0.008
5	3.380	0.031	0.018	0.011	0.012
6	6.951	0.057	0.043	0.030	0.020
7	7.530	0.055	0.048	0.035	0.028
8	6.328	0.048	0.035	0.024	0.015
9	4.463	0.034	0.018	0.014	0.012
10	2.976	0.022	0.015	0.008	0.006
11	1.132	0.015	0.010	0.008	0.007
12	0.346	0.012	0.008	0.005	0.004
13	0.116	0.004	0.002	0.003	0.003
14	0.000	0.001	0.001	0.002	0.001
15	0.000	0.002	0.001	0.001	0.001

从工程应用精度出发，可以取模型指数 $a=1$，$h_0 \sim R_y$ 取值为 $h_0=3.2\ \mu m$，h_0 可以根据表面粗糙度的精确测量或者根据磨损规律的精确测量获得（在 h_0 前后磨损规律发生变化）。

通过机构运动学与动力学计算确定接触点及相对速度，由接触计算或有限元计算确定接触载荷。将这些数据代入模型式（9－47），并与试验结果对比即可确定模型参数 C。

对本例得到的平均模型参数 $C \approx 1.25 \times 10^{-9}$。

(5) 寿命判别准则

随着磨损量的增加，寿命限制条件主要应考虑驱动精度的要求，同时要兼顾表面硬化层厚度、大修期（气门间隙调整周期）、振动和噪声等问题。

3. 内燃机活塞环与缸套间的磨粒磨损失效评估

如第 8 章所讲，内燃机活塞环与缸套之间有多种磨损形式，粘着磨损、磨粒磨损、腐蚀磨损等。内燃机活塞环与缸套这对摩擦副有规律地在边界—混合—流体三种润滑状态之间变化。活塞在上止点附近时，活塞环与缸套间的油膜厚度不足 1 μm，处于边界润滑状态，过小的油膜厚度使活塞环与缸套间的磨粒磨损不可避免，磨粒可能来自进气中的灰尘、润滑油中的磨屑，甚至炭烟等固体物质。下面介绍内燃机活塞环与缸套间磨粒磨损失效的计算方法。

(1) 基本方程

从颗粒磨损的角度讲，影响活塞环与缸套间磨粒磨损的因素主要包括：磨粒半径 r、油膜厚度 δ_0、润滑油中磨粒的质量分数 w_a、流过活塞环与缸套之间的润滑油流量 w_0、表面粗糙度(如 R_y、实际接触面积及其变化规律)、摩擦表面硬度 H、磨粒硬度 H_a、法向压力 p、摩擦面相对速度 v(用活塞平均速度 v_m 表示)、产生磨粒磨损的数量百分比(与颗粒形状、表面粗糙度等因素有关)、滑动距离 S。

原则上，只有 $r-\frac{\delta_0}{2}>0$ 才可能产生磨粒磨损。

上述参数或其比值对磨损率的影响往往呈指数关系，即

$$I_{VS}=\frac{V}{AS}=C\cdot\left(r-\frac{\delta_0}{2}\right)^{\alpha_1}w_a^{\alpha_2}\left(\frac{H}{H_a}\right)^{\alpha_3}p^{\alpha_4}$$

式中：V 为工作寿命期内的磨损体积；S 为两摩擦面在工作寿命期内的总滑动距离(根据发动机冲程、转速与工作时间计算)；A 为两表面的名义接触面积；I_{VS} 为工作寿命期内在深度方向上的平均磨损率。

对活塞环来说，平均磨损率为

$$I_{VS}=\frac{V}{AS}=\frac{\Delta r}{S}=\frac{\Delta L/2\pi}{S}$$

式中：ΔL 为磨损后活塞环开口间隙的增加量。

(2) 实验研究实例

该试验是在一台电动拖动的双缸柴油机活塞环—缸套试验台上进行的。主要参数为：$n=750$ r/min，N46 机械油润滑，时间 4 h，油中加入不同质量分数($w_a=0.2‰, 0.6‰, 2‰$)及不同颗粒半径($r=7\ \mu m, 10\ \mu m, 20\ \mu m, 28\ \mu m$)的 Al_2O_3 颗粒。实验结束时，测量活塞环开口间隙及缸径增大值，取平均值并换算为径向线性磨损率。其结果如表 9-2 所列。

表 9-2 台架磨损试验结果(磨损率) $\times10^{-7}$ mm/m

磨损对象		活塞环	缸套	活塞环	缸套	活塞环	缸套	活塞环	缸套
磨粒半径 $r/\mu m$		7		10		20		28	
磨粒质量分数 w_a/‰	0.2	10.9	1.52	15.1	2.08	22.3	3.47	28.3	4.15
	0.6	22.3	3.10	30.5	4.23	47.0	6.82	61.0	8.35
	2	41.5	6.67	53.1	8.95	87.2	14.6	109	18.1

基于试验结果，可以拟合出活塞环及缸套的磨损率。

活塞环：

$$I_{VS} = 6.25 \times 10^{-3} w_a^{0.60} r^{0.72}$$

缸套：

$$I_{VS} = 1.13 \times 10^{-3} w_a^{0.63} r^{0.70}$$

(3) 寿命判别准则

计算磨损寿命(m)＝最大允许磨损值(mm)/计算或试验所得磨损率(mm/m)

活塞环最大允许磨损值可以由活塞环最大允许开口间隙增大量计算。根据磨损滑动距离寿命，再由活塞转速、冲程可转换成时间寿命。

(4) 模型修正

基于单颗粒磨损机理、多颗粒概率作用推导的磨损率计算模型可参考相关文献。

由于理论模型在推导过程中的简化假设，以及实际存在的大量非关键因素的共同作用，例如：膜粒的冲击效应、颗粒的特性差别、其他失效机理等，因此好的理论模型往往也只能体现变化规律，其中系数需要通过实验研究确定或对理论公式进行修正。

计算磨损寿命＝最大允许磨损值/(修正系数×计算磨损率)

同样，对于模拟试验得到的磨损率，由于环境温度状况、载荷状况以及油膜厚度与实机不同，也应该进行一定的修正或等效修正计算。

参考文献

[1] 鲍登 F P,泰伯 D. 固体的摩擦与润滑[M]. 陈绍澧,等译. 北京:机械工业出版社,1982.

[2] Priit Pōdra,Sören Andersson. Finite element analysis wear simulation of a conical spinning contact considering surface topography[J]. Wear,1999,224:13-21.

[3] 左玉梅,马力,等. 内燃机凸轮挺柱磨损数值计算方法的研究[J]. 武汉理工大学学报,2001(3):40-43.

[4] 桂长林,宋汝鸿. 内燃机活塞环——缸套三体磨粒磨损设计计算方法的研究[J]. 内燃机学报,1993(4):328-337.

[5] [美]Charlie R. Brooks,Ashok Choudhury. 工程材料的失效分析[M]. 谢斐娟,孙家骧,译. 北京:机械工业出版社,2003.

[6] 陈传尧. 疲劳与断裂[M]. 武汉:华中科技大学出版社,2002.

[7] 崔约贤,王长利. 金属断口分析[M]. 哈尔滨:哈尔滨工业大学出版社,1998.

[8] 陈光辉,原彦鹏,张卫正,刁海. 变高温塑性条件下材料的松弛特性[J]. 天津大学学报,2005(6):51-53.

[9] 柴伊诺夫 H D,张卫正,等. 数学模型在高速高强化柴油机活塞结构设计中的作用[J]. 莫斯科鲍曼国立技术大学学报,2000(2):53-61.

[10] 第二汽车制造厂,中国汽车技术研究中心. 汽车零部件失效分析及改进[M]. 长春:吉林科学技术出版社,1990.

[11] 戴素江,周佑君,张卫正,原彦鹏. 收口型燃烧室边缘热裂纹缓解措施的研究[J]. 农业机械学报,2006,4(4):42-44.

[12] 葛中民,侯虞铿,温诗铸. 耐磨损设计[M]. 北京:机械工业出版社,1991.

[13] 克拉盖尔斯基 И В,等. 摩擦磨损计算原理[M]. 汪一麟,译. 北京:机械工业出版社,1982.

[14] 刘达利,齐丕骧. 新型铝活塞[M]. 北京:国防工业出版社,1999.

[15] 刘金祥,魏春源,张卫正,郭良平. Multipoint Infrared Telemetry System for Measuring ICE Piston Temperature[J]. 北京理工大学学报(英文版),2002(4):346-349.

[16] 刘金祥,张卫正. 铝合金活塞红外加热热疲劳试验台架研究[J]. 陕西汽车,2000(2):23-25.

[17] 刘民治,钟明勋. 失效分析的思路与诊断[M]. 北京:机械工业出版社,1993.

[18] [美]NAM P. SUH. 固体材料的摩擦与磨损[M]. 陈贵耕,陈听梁,等译. 北京:国防工业出版社,1992.

[19] 皮萨林科 Г С,列别捷夫 A A. 复杂应力状态下的材料变形与强度[M]. 北京:科学出版社,1983.

[20] 全永昕,施高义. 摩擦磨损原理[M]. 杭州:浙江大学出版社,1992.

[21] 孙家枢. 金属的磨损[M]. 北京:冶金工业出版社,1992.

[22] 魏春源,曲振玲,张卫正. 发动机零件损伤图谱[M]. 北京:北京理工大学出版社,2001.

[23] 魏春源,张卫正,葛蕴珊. 高等内燃机学[M]. 北京:北京理工大学出版社,2001.

[24] 宋兆泓主编. 发动机寿命研究[M]. 北京:航空工业出版社,1987.

[25] 向长虎,张卫正,原彦鹏. 活塞热负荷的材料非线性仿真分析[J]. 车辆与动力技术,2006[增刊]:6-9.

[26]徐国灵. 发动机轴瓦的损坏及防止措施[J]. 车用发动机,1992(2):59-62.

[27] 12150L 柴油机编写组. 12150L 柴油机[M]. 北京:国防工业出版社,1974.

[28] 杨卫.宏微观断裂力学[M].北京:国防工业出版社,1995.

[29] 原彦鹏,张卫正,程晓果,郭良平.高强化内燃机活塞瞬态温度场分布规律研究[J].内燃机工程,2005(4):35-38.

[30] 原彦鹏,张卫正,向长虎,刘晓.缸盖热疲劳裂纹扩展特点的模拟试验分析[J].内燃机学报,2006,3(2):184-187.

[31] 张卫正,郭良平,等.发动机受热件热疲劳试验损伤模型研究[J].内燃机学报,2002(1):92-94.

[32] 张卫正,郭良平,等.铸铁缸盖热疲劳寿命试验及高温蠕变修正[J].内燃机工程,2002(6):67-69.

[33] 张卫正,刘金祥,等.热应力产生的根源、降低措施与应用研究[J].内燃机工程,2002(3):5-8.

[34] 左玉梅,马力,等.内燃机凸轮挺柱磨损数值计算方法的研究[J].武汉理工大学学报,2001(3):40-43.

[35] 赵少遍,王忠保.抗疲劳设计——方法与数据[M].北京:机械工业出版社,1997.

[36] 张卫正,魏春源,陈光辉.柴油机活塞铝合金材料低频蠕变规律研究[J].内燃机学报,2000(1):92-95.

[37] 张卫正,魏春源,等.基于弹性计算的铝合金低循环疲劳寿命预测[J].北京理工大学学报,2000(2):179-183.

[38] 张卫正,魏春源,等.发动机受热件热疲劳台架的感应加热特征研究[J].北京理工大学学报,2001(3):314-317.

[39] 张卫正,魏春源,郭良平,刘金祥,向建华.发动机缸盖试验寿命趋势预测与分布规律研究[J].中国机械工程,2003(5):439-442.

[40] 张卫正,魏春源,苏志国,刘建,向建华.内燃机铝合金活塞疲劳寿命预测研究[J].中国机械工程,2003(10):865-867.

[41] 张卫正,薛剑青,等.高升功率柴油机铸铁活塞的设计与计算分析[J].内燃机学报,1999(3):228-232.

[42] 张卫正,薛剑青,吴思进,魏春源,蔡正卿.加速热疲劳试验条件下内燃机受热件寿命的修正计算[J].内燃机学报,1998(2):184-190.

[43] 张栋,钟培道,等.失效分析[M].北京:国防工业出版社,2004.

[44] 张栋.机械失效的痕迹分析[M].北京:国防工业出版社,1996.

[45] 张栋,等.机械失效的实用分析[M].北京:国防工业出版社,1997.

[46] Bernard Challen, Rodica Baranescu. Diesel Reference Book[M]. 2nd ed. Warrendale: SAE, Inc., 1999.

[47] Bernd Waldhauer, Uwe Schilling, Simon Schnaibel, Johann Szopa. Piston damages[M]. MSI Motor Service International GmbH, 2005.

[48] Brosinsky. Das öldruck-kennfeld[J]. MTZ, 1969, 30 (2).

[49] Duffy/Smith. Auto Fuel Systems, principles, Diagnosis, service of Carburator, Gasoline Injection, and Diesel system[M]. South Holland, Illinois: The Goodheart-Willcox company, INC., 1987.

[50] Erich J Schulz, Ben L Evridge. Diesel Mechanics [M]. 3rd ed. Singapore: McGraw-Hill Book company, 1989.

[51] Eugen W Huber, Wolfgang Schaffitz. Kavitationsverschleiβ in Kraftstoff-Einspritzanlagen[J]. MTZ, 1971, 32(10).

[52] Frank J Thiessen, Davis N Dales. Automotive principles and Service[M]. 4th ed. New Jersey: Prentice Hall Career & Technology Englewood Cliffs, 1994.

[53] Glyco-Metall-Werke Daelen & Hofmann K G. Beurteilung gelaufener Gleitlagerschalen von Verbrennungsmo-toren[M]. Wiesbaden-Schierstein: Ausgabe, 1979.

[54] Harald Maass. Der Kolbenbolzen, ein einfaches Maschinenelement [M]. Düsseldorf, Deutschland: Fortschr. -Ber. VDI zeitschriften Reihe 1 Nr. 41, 1975.

[55] Harald Maass. Ideas and Hypotheses on plain-Bearing Failures [M]. New York: ASME 77-DGP-13, 1977.

[56] Harold T Glenn. Automechanics[M]. 2nd ed. Peoria, Illinois: Chas. A. Bennett Co. Inc., 1969.

[57] Heinz Heisler. Advanced Engine Technology[M]. London: Edward Arnold, 1995.

[58] Heinz Heisler. Vehicle and Engine Technology[M]. 2nd ed. London: Arnold, 1999.

[59] Herbert E Ellinger. Automechanics [M]. 4th ed, Englewood Cliffs, New Jersey: Prentice-Hall Inc., 1988.

[60] James E Duffy. Auto Engines, principles, Diagnosis, Service of Engines and Related Systems[M]. South Holland, Illinois: The Goodheart-Willcox Company, Inc., 1988.

[61] Karlheinz Prescher, Wolfgang schaffitz. Verschleiβ von Kraftstoff-Einspritzdüsen für Dieselmofor infolge Kraft-stoffkavitation[J]. MTZ, 1979, 40(4).

[62] Klaus Mollenhauer (Hrsg.). Handbuch Dieselmotoren[M]. Berlin: Springer-Verlag, 1997.

[63] Maass H. Modellbetrachtungen zur Gleitlagerkavitation[J]. Deutz technica, 1978(3).

[64] Mahle. kleine kolbenkunde[M]. Stuttgart: MAHLE GMBH, 1989.

[65] Miba Gleitlager AG. Engine Bearing Manual[M]. Laakirchen, Austria, 1985.

[66] Munro R, Mech E M I, Hughes G H, Mar E M I. Current piston & Ring Practice and the Problem of Scuffing in Diesel Engines[M]. London: Wellworthy, 1970.

[67] Murakami Y. Stress intensity factors handbook Vol. 1[M]. Oxford: Pergamon Press, 1987.

[68] Pandey R K. Failure of diesel-engine crankshafts[J]. Engineering Failure Analysis, 2003, 10: 165-175.

[69] Reinhard Müler, Erich Roemer. Der Einfluβ der Alterung der Stahlstützschalen auf Verhalten von Gleitlagern[J]. MTZ, 1967, 28(2).

[70] Richard van Basshuysen, Fred Schäfer. Shell Lexikon Verbrennungsmotor. Internal Combustion Engine Handbook: Basics, Components, Systems, and Perspectives[M]. SAE International, 2004.

[71] Rolfe S T, Barsom J M. Fracture and fatigue control in structures[M]. Englewood Cliffs, New Jersey: Prentice Hall, 1987.

[72] Rolfe S T, Novak S R. Slow bend KIC testing of medium strength high toughness steels[M]. ASTM STP 463, Philadelphia, 1970.

[73] Wolfram Lausch, Georg Wachtmeister, Peter Eilts. Bewegungs und Dichtungsverhalten der Kolbenringe [J]. MTZ, 1993, 54(12).

[74] Zheng X. A further study on fatigue crack initiation life-mechanical model for fatigue crack initiation[J]. International Journal of Fatigue, 1986, 8(1): 17-21.